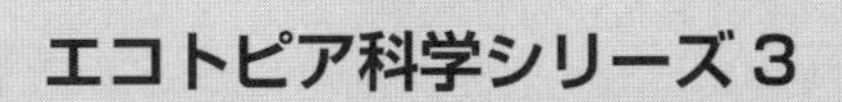

EcoTopia

環境調和型社会のための

エネルギー科学

名古屋大学未来材料・システム研究所

編

コロナ社

執筆者一覧（執筆順）

長﨑（ながさき）　正雅（たかのり）	名古屋大学	まえがき，序章，各章冒頭
森（もり）　竜雄（たつお）	愛知工業大学	1章（1.1節）
長谷川（はせがわ）　豊（ゆたか）	名古屋工業大学	1章（1.2節）
板谷（いたや）　義紀（よしのり）	岐阜大学	1章（1.3.1～1.3.4）
長谷川（はせがわ）達也（たつや）	名古屋大学	1章（1.3.5～1.3.10）
梶田（かじた）　信（しん）	名古屋大学	1章（1.4節）
成瀬（なるせ）　一郎（いちろう）	名古屋大学	2章（2.1節）
森田（もりた）　成昭（しげあき）	大阪電気通信大学	2章（2.2節）
伊藤（いとう）　孝至（たかし）	名古屋大学	2章（2.3節）
早川（はやかわ）　直樹（なおき）	名古屋大学	3章（3.1節）
小島（こじま）　寛樹（ひろき）	名古屋大学	3章（3.1節）
花井（はない）　正広（まさひろ）	福岡大学	3章（3.2節）

（2015年11月現在）

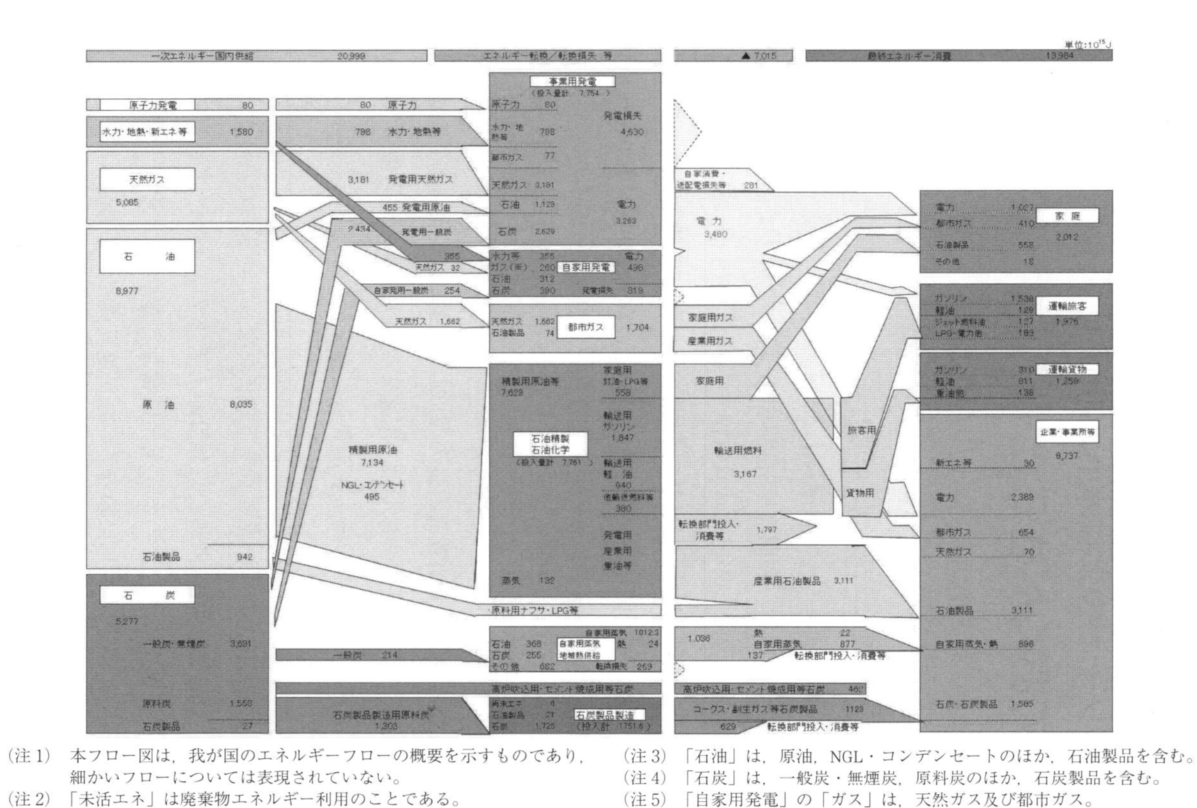

（注1） 本フロー図は，我が国のエネルギーフローの概要を示すものであり，細かいフローについては表現されていない。
（注2） 「未活エネ」は廃棄物エネルギー利用のことである。
（注3） 「石油」は，原油，NGL・コンデンセートのほか，石油製品を含む。
（注4） 「石炭」は，一般炭・無煙炭，原料炭のほか，石炭製品を含む。
（注5） 「自家用発電」の「ガス」は，天然ガス及び都市ガス。

出典：資源エネルギー庁ウェブサイト[1]（資源エネルギー庁が「総合エネルギー統計」を基に作成）

図1 日本のエネルギーバランス・フロー概要（2013年度）

序章

EcoTopia

エネルギーの未来に向けて知っておくべきこと

現代の社会は，きわめて大量のエネルギーを消費することで成り立っている。**図 1**[1] は，わが国における 2013 年度 1 年間のエネルギーの流れを示したものである。最終エネルギー消費量は $1.398\,4\times10^{19}$ J であり，これを 365 日 ×24 時間 / 日 ×3 600 秒 / 時間（$=3.153\,6\times10^{7}$ s）で割れば，最終エネルギー消費速度として 4.43×10^{11} W（=443 GW），さらに 2013 年の日本の人口 $1.272\,98\times10^{8}$ 人[2] で割れば，一人当りの最終エネルギー消費速度として 3.48 kW/ 人という値が得られる（ちなみに，生物としての人間のエネルギー消費速度は 100 W/ 人程度である）。かなり強烈な値だと思うがいかがだろう？

kW という単位から電力を連想し，「えっ？　うちではそんなに電気使っていないよ？」と思う人もいるかもしれない。しかし，図 1 を見ればわかるように，家庭の消費電力量は全消費電力量の 30 %，最終エネルギー消費量の 7 % にすぎない。すなわち，日本全体では，家庭で使用している電力量の 14 倍のエネルギーを消費しているのである。消費量に損失量を加えた一次エネルギー供給量を見れば，さらにその 1.5 倍である。

では，この大量のエネルギーをどうやってまかなっているのだろうか？　**図 2**[1] は，一次エネルギー国内供給の推移を示したものである。東日本大震災（2011 年 3 月）の前でも，一次エネルギー供給量の 80 % 以上をいわゆる化石燃料（石炭，石油，天然ガス）に頼っていた。震災後，原子力発電所が停止したためにその割合はさらに大きくなり，2012 年度以降は 90 % を超えている。しかも，日本はその化石燃料のほぼ全量を輸入しているのである。

化石燃料以外の一次エネルギーは，図 2 では「原子力」，「水力」，「新エネル

3章 新しいエネルギー輸送・貯蔵・利用技術

目次

EcoTopia

まえがき

EcoTopia

現代の社会は，膨大なエネルギーを消費することで成り立っている。この物質的に豊かな社会を維持する，あるいはさらに発展させるためには，持続的なエネルギー源が不可欠である。ここで「持続的」とは，長期間継続的に使用するのに十分な量があり，かつ長期間継続的に使用しても地球環境に致命的な悪影響を及ぼさないという意味である。しかるに，現代のエネルギー消費の大部分を支えている化石燃料は，いずれは枯渇する。しかも現在進行している地球温暖化の元凶とも言われている。

では，将来，どのようなエネルギー源を使ってどのような社会を築いていくべきだろうか？　この問いについては，政治や経済から個人の価値観に至るさまざまな要素が関係しており，科学のみで答を出すことはできない。しかしながら，エネルギー問題について，科学的事実を無視した議論が散見されるのも事実である。そのような議論はやはり不毛と言わざるを得ない。

そこで本書では，科学的な見地から，新しい持続的エネルギー生産技術，新しいエネルギー変換技術，新しいエネルギー輸送・貯蔵・利用技術について，原理と特徴，開発の現状，および今後の課題を解説した。紙数に限りがあるので，関連技術を網羅することは意図していない。特に，対象とするエネルギーが少量にとどまる技術については，思い切って割愛した。ただし，現役の研究者が執筆にあたっていることを生かすため，各執筆者が実際の研究で見出した興味深い話題について，あえて紙数をさいて紹介したところもある。

本書が持続可能な環境調和型社会を築くための議論の一助となれば幸いである。

2015年10月

著者を代表して　長﨑　正雅

になう附置研究所として創設されました。私たちは，この創設以来エコトピアの実現を目指す知の拠点として，この新しい科学の創成に挑んでおります。

本シリーズは，エコトピア科学がどのようなものであるかを知っていただくため，第1巻「エコトピア科学概論」，第2巻「環境調和型社会のためのナノ材料科学」，第3巻「環境調和型社会のためのエネルギー科学」，続巻の「環境調和型社会のための環境科学」，「環境調和型社会のための情報・通信科学」の5巻構成になっております。第1巻においてエコトピア科学について入門していただき，第2巻以降で各論を学んでいただきたく考えております。

最後に本書および本シリーズを刊行するにあたり，「エコトピア科学プロジェクト」を手がけられ，本書のきっかけを作られたエコトピア科学研究所の初代所長の松井恒雄名誉教授，副所長を務めました伊藤秀章名誉教授，北川邦行教授，片山新太教授，現職の田中信夫所長，大日方五郎副所長，片山正昭副所長に，また編集・刊行に御尽力いただきましたコロナ社に心より御礼申し上げます。

繰り返すようですが，エコトピアを築くことは，現在に生きる私たちの責務であります。次世代にエコトピアを手渡すため，本シリーズに皆様の御支援をよろしくお願いいたします。

2012年3月

編集委員長　高井　　治

本シリーズは名古屋大学エコトピア科学研究所の編集書籍として発行を開始し，これまでに1，2巻を発行しましたが，2015年10月1日よりエコトピア科学研究所が未来材料・システム研究所へ改組したことに伴い，3巻「環境調和型社会のためのエネルギー科学」は，本研究所にて継続して発行することになりました。引き続き，本シリーズをご愛読ください。また，新体制の未来材料・システム研究所への一層のご支援をよろしくお願いいたします。

2015年11月

未来材料・システム研究所　所長　興戸　正純

刊行のことば

EcoTopia

現在，私たちは環境問題，エネルギー問題，資源問題，災害・事故問題等々，さまざまな地球規模での問題に直面しており，その解決に急いで取り組まなければなりません。しかし，その解決策を得るには，学問，また技術の裏付けが必要です。そこで誕生したのが「エコトピア科学」です。全5巻にわたる本シリーズは，エコトピア科学がどのようなものであるかをわかりやすく解説しています。

本シリーズの執筆者は，名古屋大学エコトピア科学研究所の所員および共同研究者です。ここで，エコトピア，エコトピア科学およびエコトピア科学研究所について説明いたします。

私たちは，安全・安心で豊かな美しい社会を将来にわたって持続的に発展させていくためには，地球環境負荷を低減した環境調和型社会の実現が必須であると考えました。そして，このような社会は21世紀の私たちが目指す理想社会であると位置づけ，この社会を「エコトピア（EcoTopia）」と呼びます。エコトピアを築いて，明日の世代に手渡すことは，現代に生きる私たちに課せられた責務です。この実現のためには，「もの，エネルギー，情報の循環・再生と人間との調和」を切り口にして，自然科学のみならず，人文科学や社会科学をも含む，幅広い知の統合・融合が重要となります。このように，エコトピアを実現させるためには，現在の地球規模での諸問題を総合的に解析し，その問題を解くための幅広い知の統合・融合に基づく新しい科学の創成が必要になりました。そこでエコトピア実現に向けての新たな科学の誕生を願い，この科学を「エコトピア科学」と名付けました。「エコトピア科学研究所」は，エコトピア科学をささえる材料，エネルギー，環境，情報・通信等の基盤研究分野で従来から顕著な実績をあげてきている知と新たな文理融合型・理系横断型の知を結集し，2006年4月1日に名古屋大学に最大規模の部局横断型研究拠点を

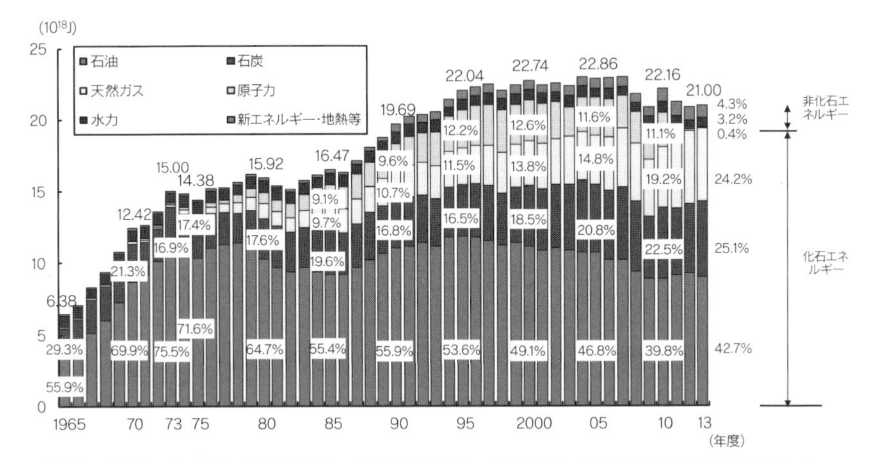

（注 1）「総合エネルギー統計」では，1990 年度以降，数値について算出方法が変更されている。
（注 2）「新エネルギー・地熱等」とは，太陽光，風力，バイオマス，地熱などのこと。

出典：資源エネルギー庁ウェブサイト[1)]（資源エネルギー庁が「総合エネルギー統計」を基に作成）

図 2　一次エネルギー国内供給の推移

ギー・地熱等」に分類されている。太陽光，風力，バイオマス（生体由来有機物）等の自然エネルギーは，すべて「新エネルギー・地熱等」に含まれる。かなり身近になってきた太陽光発電や風力発電も，量的に見れば「その他諸々」のエネルギー源の一つにすぎない。

化石燃料は，太古の植物が太陽エネルギーを有機物として固定したことに由来する。現代に生きるわれわれからすると，過去何億年にもわたる「貯金」が残されている状況である。したがって，当然のことながら使えばなくなってしまう。原子力発電の燃料であるウランも，地球誕生時に存在していたものが残っているだけであり，やはり使えばなくなってしまう。

資源がどのくらい残っているかを示す指標の一つに可採年数がある。これは各年末における確認埋蔵量（現在の技術的・経済的条件のもとで，確実に回収可能と推定される埋蔵量）をその年の生産量で割った値である。**表 1** に世界の化石燃料およびウランの消費量シェアと可採年数を示す。

新しい資源が発見されたり技術の進歩によって採掘コストが下がったりすれ

表1　世界のエネルギー資源の消費量シェアと可採年数

種　別	消費量シェア〔%〕	可採年数〔年〕
石油	32.3	53
天然ガス	23.6	54
石炭	29.9	110
ウラン	4.4	124

ウランの可採年数のみ2012年の値[3]，
ほかは2014年の値[4]

ば，可採年数は増加する。取引価格の上昇も可採年数を押し上げる要因である。逆に，経済発展で需要が高まり生産量が増えれば，可採年数は減少する。その結果として，例えば石油の可採年数は，1980年代以降ほぼ40年程度で推移してきた。最近数年は，むしろ増加する傾向にある[1]。しかし，残っている資源が減少していることに変わりはなく，ひとたび確認埋蔵量の増加と生産量とのバランスが崩れれば，一気に枯渇に向かう可能性がある。実際，石炭の可採年数は，中国の消費量の急激な増加などによって，2002～2007年の5年間で199年から124年へと，じつに75年(38％)も減少した[4]。

また，原子力については，消費量シェアが低いことに注意する必要がある。高速増殖炉，トリウム燃料炉，海水からのウラン回収等の新しい技術が実用化されない限り，必ずしも化石燃料より資源が豊富とはいえない。

一方，太陽エネルギーは，われわれの時間感覚からすると無尽蔵といってよいだろう。持続可能な社会を実現するためには，その利用を進める必要がある。ただし，無尽蔵といっても，単位時間当りに得られる量すなわちエネルギー生産速度には限りがある。ここで生産とは，いわばわれわれのエネルギー供給・消費システムの外にあったものを内に持ってくるプロセスである。太陽エネルギーについては，地球に降り注いでいる太陽放射のエネルギーを，電気や燃料などの利用できる形態に変換するプロセスである。

では，太陽エネルギーのエネルギー生産速度は，日本ではどれくらいなのだろうか？　以下で大まかに見積もってみよう。地球と太陽の平均距離において，太陽光線に垂直な単位面積に単位時間当り入射する太陽の放射エネルギーは，1 366 W/m^2 である。そのうち，直接あるいは大気などで散乱されて地上に到達する量は，緯度，季節，時刻，天候等によって異なるが，日本では平均130 ～ 160 W/m^2 程度[5] である。ここでは 150 W/m^2 とし，これに日本の陸地面積 3.78×10^{11} m^2[6] を掛ければ，5.67×10^{13} W という値を得る。この太陽エネルギーを利用した代表的なエネルギー生産プロセスとしては，太陽光発電（太陽電池），風力発電，バイオマスがある。

太陽光発電の場合，太陽電池の変換効率を 20 ％とすれば，その単位面積当りエネルギー生産速度は 30 W/m^2 となる（実際の太陽光発電所の単位面積当りエネルギー生産速度は，例えば 2015 年 1 月に営業運転を開始した「メガソーラーしみず」で 7 W/m^2 程度[7] である）。一方，日本のエネルギー最終消費速度は 4.55×10^{11} W であるから，かりにこれをすべて太陽電池でまかなうとすれば，太陽電池本体だけで 1.52×10^{10} m^2＝15 200 km^2 の面積が必要である。これは，日本の陸地面積の 4 ％，可住地面積[6] の 12 ％に相当する。

風力発電の単位面積当りエネルギー生産速度は，風の状況，風車単体のエネルギー変換効率に加えて，風車の設置密度に依存する。風車の風下では風の状況が乱れるため，風車の設置密度には上限が生じる[8]。その結果，単位面積当りエネルギー生産速度は，設備容量（設計上の最大発電量）で計算しても 10 W/m^2 程度[9] である（日本における風力発電所の設備利用率は 20 ％程度[10] なので，実際の単位面積当りエネルギー生産速度は 2 W/m^2 程度となる）。

植物系バイオマスによるエネルギー生産速度は，基本的には光合成の効率で決まる。陸生植物の光合成の効率は，最適条件下で約 3 ％であり，日本の気候では 1 ％にも満たない[11]。単位面積当りエネルギー生産速度は高々 1 W/m^2 程度であり，太陽光発電よりもはるかに小さい（ただし，藻類の中には高い効率で光合成を行うものがあり，その利用をめざした研究が進められている）。

なお，その他の自然エネルギー（水力，地熱，波力，潮汐力，海洋温度差等）は，そもそもその賦存量（理論的なエネルギー生産速度）から考えて，日本のエネルギー供給の主役にはなり得ない[11]。

上述のエネルギー生産速度の見積りは，きわめて単純化したものである。それでもなお，日本で消費しているエネルギーを太陽エネルギーでまかなおうとすれば，とにかく大きな面積が必要であることはわかっていただけるだろう。食料生産その他の土地利用とのバランスも考えつつ，そのような広大な土地を確保することは，日本のように国土が狭くかつ平地が少ない国では，きわめて困難な課題である。陸地だけでは非現実的であり，海上・海洋を活用することも必要と思われる。

核融合についても一言触れておこう。核融合炉はいまだ研究段階にあり，実用化の見通しは立っていない。しかしながら，重水素同士の核融合反応（D-D反応）を用いる核融合炉が実現されれば，燃料は海水から採ることができ，事実上無尽蔵となる。太陽や地球の営みとは関係のない人為的なエネルギー源として，唯一，持続的とみなせるものである。

もちろん，その他のさまざまな小規模分散型エネルギー源が無意味というわけではない。特に，大規模なシステムに比べて災害に強いことは重要な利点であり，災害時に最低限の生活や社会機能を維持するエネルギー源として期待される。また，一人当りのエネルギー消費速度の小さい発展途上国では，エネルギー消費のそれなりの部分をまかなえる可能性もある。ただ，現時点での知見に基づくと，日本のエネルギー生産に量的に大きな貢献が期待できる国産の持続的エネルギー源は，太陽光と風力しかない。将来性に注目しても，バイオマスと核融合が加わるだけである。このことは強調しておきたい。

図0.1からもう一つわかるのは，供給量と消費量に大きな差があることである。その最大の原因は，火力発電における損失である。燃料の燃焼によって得られた熱エネルギーを，発電機を回転させるための運動エネルギーに変換する際には，熱源の温度で決まる理論的な限界（カルノー効率）がある。そのため，例えば東京電力の火力発電所の平均熱効率は，2014年度でも48.1％（低位発熱量基準）にすぎない[12)]（原子力発電所の熱効率はさらに低く，例えば東京電力柏崎刈羽原子力発電所の熱効率は，34％程度[13)]である）。熱エネルギーの半分以上は，電気に変換されずに廃熱として環境に放出されているのである。また，図1には現れていないが，輸送用燃料の持つエネルギーのかなり

の部分が，内燃機関などで運動エネルギーに変換される際に，熱エネルギーとして環境に捨てられていることにも注意が必要である。

これらの廃熱を減らすことあるいは利用することができれば，言い換えればこれまでエネルギー供給・消費システムの外に捨てていたものを減らすことができれば，新たなエネルギー源を獲得したことと同等になる。もちろん，エネルギーの生産から貯蔵，供給，消費に至るあらゆる過程について，同様のことがいえる。

以上のような現状認識に基づき，以降の各章では，新しいエネルギー生産技術，新しいエネルギー変換技術，および新しいエネルギー輸送・貯蔵・利用技術について，その原理と特徴，開発の現状および今後の課題をまとめた。

1 章

EcoTopia

新しい持続的エネルギー生産技術

持続的な社会を実現するためには，持続的なエネルギー源が必要である。現在，利用あるいは開発が進められている持続的エネルギー生産技術のうち，近い将来，日本のエネルギー供給に量的にそれなりの寄与が期待できるものは，太陽光発電と風力発電しかない。本章では，その「二本柱」およびバイオマス，核融合発電を取り上げる。

バイオマスには多くの種類があるが，陸上でエネルギー生産専用の植物を栽培するのは，エネルギー効率が低いこと，食料生産と競合することから，得策ではない。現状ではむしろ，これまで廃棄物とみなされていたものをエネルギー資源として活用することに，バイオマスの意義がある。一方，核融合発電は，既に実用化されている太陽光発電や風力発電と比較できるような段階にない。しかしながら，太陽エネルギーとは起源を異にする持続的エネルギー源として，その将来に期待がかけられている。

1.1　太陽電池と太陽熱発電

1.1.1　太陽エネルギー

〔1〕 太　陽

太陽は地球から平均距離 150 000 000 km（正確には 149 597 870 km であり，これを 1 天文単位，1 AU と呼ぶ）も離れているが，太陽から地球には約 174 PW（1.74×10^{14} kW）というエネルギーが降り注いでいる（**図 1.1**）。

このエネルギー源は，太陽内部で 1 秒間に 430 万 t の質量が熱核融合により失われ，3.8×10^{26} J のエネルギーに変換されることによる。430 万 t（4.3

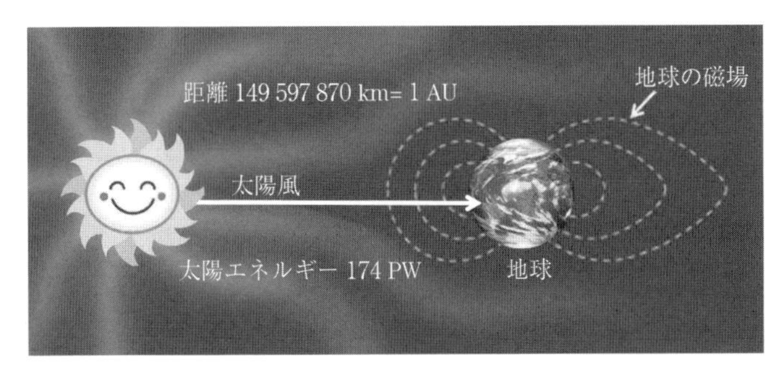

図 1.1　太陽と地球の位置関係

$\times 10^9$ kg）というのは，あの小惑星イトカワの推定質量（3.5×10^{10} kg）の約1/8である。現在の太陽の質量はおよそ 2×10^{30} kg であるので，このまま太陽が燃え続けていることができると考えれば残り約 1.5×10^{13} 年の寿命となる。地球の歴史はおよそ 46 億年（4.6×10^9 年）といわれているので，これまでよりもはるかに長い年数に渡って地球に太陽エネルギーを与え続けてもらえる。

太陽エネルギーとして，地球には太陽中心核から発せされた電磁波（黒体放射）と核融合から生じたガンマー線やニュートリノが降り注ぐ。これら以外にプロトン，α 粒子などの荷電粒子からなる太陽風が地球に到達する。電磁波以外は，地球の磁場，大気により地上への到達は大幅に制限されるので，われわれは幸運にも穏やかな電磁波のみを享受することができる。

〔2〕　黒体放射

黒体放射は，黒体（すべての波長の放射を完全に吸収する物体。それゆえ完全な黒体の存在は難しい）から発せられる熱放射のことである。その放射エネルギー S は絶対温度 T の 4 乗に比例し，式（1.1）によって表される。

$$S=\sigma T^4 \tag{1.1}$$

ここで比例定数 σ をシュテファン-ボルツマン定数と呼び

$$\sigma=\frac{\pi^2 k_B^4}{60c^2\hbar^3}=5.67\times10^{-8}\ \mathrm{W/(m^2{\cdot}K^2)} \tag{1.2}$$

である。ここで k_B はボルツマン定数（1.38×10^{-23} J/K），c は光速（3.0×10^8 m/s），$\hbar=h/2\pi$ は換算プランク定数（1.05×10^{-34} Js）である。

黒体放射から得られる電磁波のスペクトルは式（1.3）の**プランクの法則**により得られる。

$$u(\lambda,\ T)=\frac{8\pi hc}{\lambda^5}\frac{1}{\exp\left(\frac{hc}{\lambda k_B T}\right)-1} \tag{1.3}$$

$u(\lambda,\ T)$ は単位体積，単位波長当りのエネルギー密度，λ は波長である。このエネルギー密度を利用して，スペクトルを示したものが**図 1.2** である。温度の上昇とともに，ピーク波長が短波長側にシフトし，ピーク強度も増大していく。可視光領域（350 ～ 780 nm）にエネルギーがかかってくるのが，$T = 500$ K 程度からである。太陽の放射スペクトルは約 5 800 K のスペクトルにほぼ一致する。そしてこのピーク波長が可視光領域となる。図を見れば明らかなように，ピーク波長がシフトするといっても横に平行移動するのではなく，温度上昇とともにより短波長側の波長強度が増大することでピーク波長がシフトする。そのため，長波長側の成分は減少するわけではないので，太陽光には可視光，赤外光と少量の紫外光が含まれる。

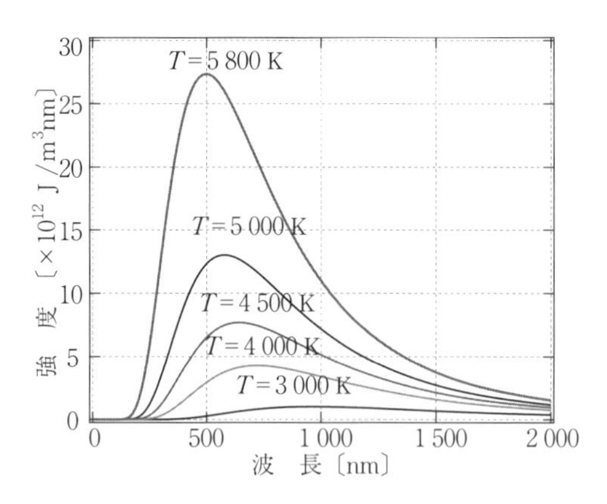

図 1.2　黒体放射における温度とエネルギースペクトル

〔3〕 太陽光スペクトル

図 1.3 は地上における**太陽光スペクトル**である。黒体放射スペクトルは連続であるが，図 1.3 のスペクトルにはかなり凹部が認められる。（太陽および宇

宙空間での吸収もあるが）これらは大気中のオゾン，酸素，水の吸収の影響によるものである。実際大気圏外では 1.366 kW/m^2（これを太陽定数という）のエネルギーが，地上に到達すると約 1 kW/m^2 と減少してしまう。この減少量は大気による吸収と散乱が原因であり，太陽光が通過した大気の厚みと関係がある。この関係を**エアマス**（Air Mass, AM）と呼び，太陽光の減衰の程度を表す。**図 1.4** に示すように大気圏外の太陽光を AM 0 とすると，太陽光が地表に垂直に入射して到達した場合を AM 1.0 と呼ぶ。中緯度の入射角41.8° を考えるとき，大気の厚みが 1.5 倍になるので，AM 1.5 と表記する。実際には日々の天候・大気の状態により，減衰量や散乱量は大きく異なる。また波長によっても散乱の影響が異なり，短波長の光は長波長の光に比べて散乱の影響が大きいので，太陽位置が水平に近い朝夕は短波長成分が減少し，赤の成分が多

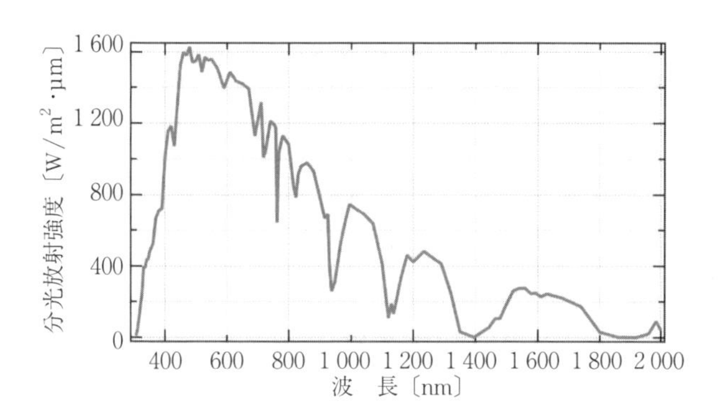

図 1.3　地上における太陽光スペクトル

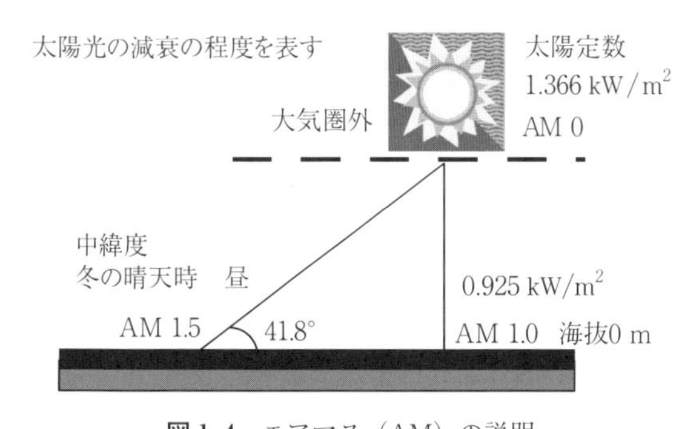

図 1.4　エアマス（AM）の説明

い朝焼け夕焼けが見られることになる。

図1.3のスペクトルを見たとき，可視光領域の放射強度が最も強いが，赤外領域においても放射強度が決して小さくないことがわかる。特に太陽光発電では，1光子を吸収して，1電子が得られるので，長波長領域では光子エネルギーが小さくとも電子数はかなり得られる。可視光領域と赤外領域のエネルギー比はおおよそ1：1である。太陽光発電（太陽電池）は光子を電子に変換する光電変換を利用し，太陽熱発電は熱源として太陽光を利用している。以下にその詳細を説明する。

1.1.2 太陽電池

〔1〕 太陽電池とは

太陽電池は英語では solar cell とか photovoltaic cell（PV と略称される）と記述される。前者を直訳すると「太陽電池」であり，後者の直訳では「光起電力電池」となる。どちらも「電池」という言葉が付くが，太陽電池は燃料電池と同様に本来「発電器」と呼べる代物である。通常の電池とこれら二つの電池との違いは，電気を発生させる化学反応などに利用する活物質を持っている閉じた系であるか，外部からの供給による開放した系であるかである。前者の多くは化学電池であることが多く，活物質がなくなると電気が供給できなくなる(二次電池は充電すれば再度利用できるが)。活物質を外部から供給する電池には物理電池に多い。こちらの場合には，活物質の供給が止まれば電気は発生しない。太陽電池で活物質に相当するのは太陽光なので，太陽光のない夜間はまったく発電できないし，雨天・曇天では発電量が落ちてしまう。これは太陽電池の致命的な欠点である。

〔2〕 太陽電池の種類

図1.5に太陽電池の種類と形状を示す。現在，最も利用されている太陽電池(90％以上）は**シリコン太陽電池**である。太陽電池の種類を材料で分類すると，無機系材料と有機系材料に分けられる。無機系材料には，シリコン以外に化合物半導体がある。その中には GaAs, GaN などの III-V 族系，CdTe などの

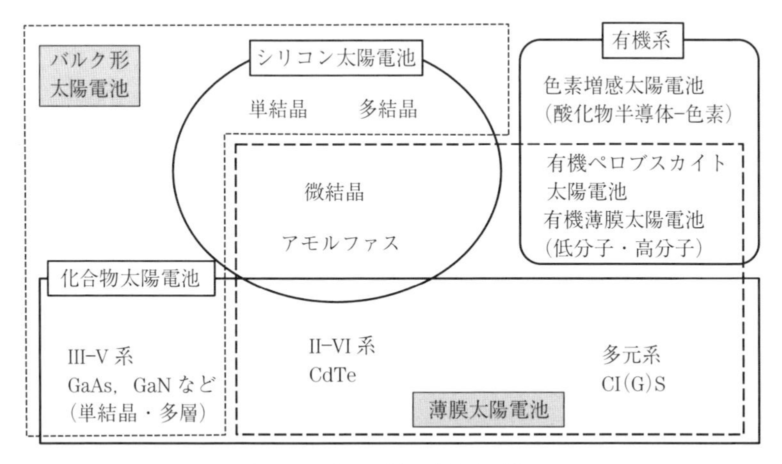

図 1.5 太陽電池の種類と形状

II-VI 族系，Cu-In-Se 系（CIS），Cu-In-Ga-Se 系（CIGS）と呼ばれる多元系の化合物半導体が含まれる。有機系材料としては，活性層が有機材料（とフラーレン）である有機薄膜太陽電池，TiO_2（もしくは酸化物半導体）ナノ粒子を焼結して有機色素を吸着させた光電極を利用する色素増感太陽電池（DSC）が含まれる。厳密には，DSC は有機と無機のハイブリッドといえる。同様な有機-無機ハイブリッド太陽電池として，有機ペロブスカイト太陽電池があり，高いパフォーマンスから急速に研究が進められている[1)]。

電力用として利用されているシリコン太陽電池の大半は単結晶か多結晶という形で用いられている。一方，電卓やゲーム機などには薄膜太陽電池が利用されている。薄膜太陽電池には，アモルファス（非晶質），微結晶という形状で利用されている。化合物半導体のうち，CI(G)S や CdTe は単結晶ではなく薄膜太陽電池である。**表 1.1** に太陽電池の現在の効率を示す[2)]。

太陽電池の変換効率はセル面積が大きく依存する。ここでは米国 NREL（National Renewable Energy Laboratory）の Best Research-Cell Efficiencies によるが，セル面積は 1 cm^2 以上である。変換効率の認証機関は，WPVS（World Photovoltaic Scale）Qualified laboratory に所属する NREL，日本の産業技術総合研究所，ドイツの PTB（Physikalisch-Technische Bundesanstalt）

表 1.1 各種太陽電池の変換効率例（2015 年 10 月現在）

種　類	シリコン			化合物半導体				有機系		
	単結晶	多結晶	アモルファス	単接合 GaAs	集光型多接合 GaAs	CIGS	CdTe	色素増感	有機ペロブスカイト	有機薄膜
変換効率〔%〕	25.0	20.8	13.6	22.5	46.0	21.7	21.5	11.9	20.1	11.5

出典：NREL ウェブサイト[2)]

の中のフラウンホーファー研究機構（Fraunhofer Institute for Solar Energy Systems），中国の TIPS（Tianjin Institute of Power Sources）の 4 か所がある。

図 1.6 にそれぞれの**セル構造**を示す（有機系に関しては他書を参照[1)]）。シリコンのバンドギャップ付近の光吸収係数は必ずしも大きくなく，光をすべて吸収させるには単結晶シリコン膜厚が 150 ～ 300 μm 程度必要である。従来型のシリコン単結晶太陽電池は図（a）に示すように p 型基板をベースにドーピングにより n 層を形成して，表面に櫛（くし）形電極と裏面電極を組み合わせたものが多かった。p 型基板を利用したほうが少数キャリアである電子のキャリア寿命

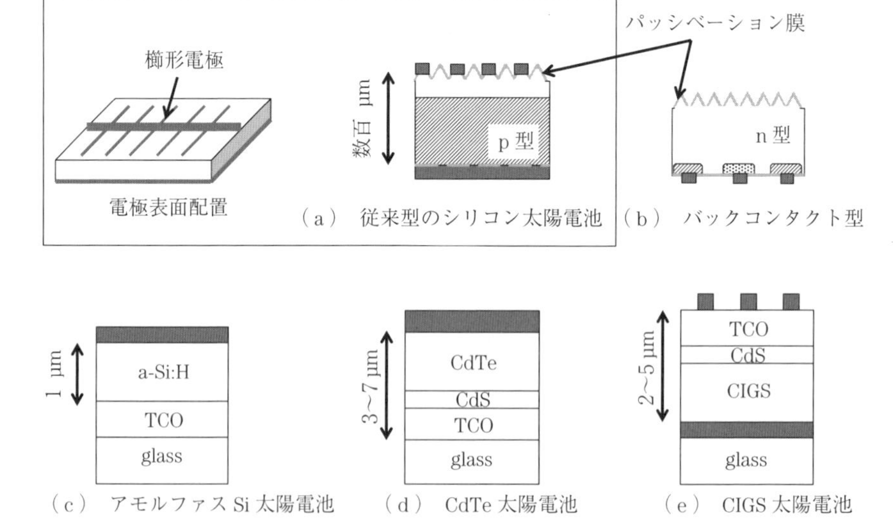

図 1.6 無機系太陽電池の典型的なセル構造

が長く，結果としてキャリアの拡散長が長くなる。その結果としてn型界面まで電子が到達して光キャリアとして取り出せるので有利だからである。しかしながら，n型基板を利用したほうが不純物（酸素や不純物の鉄イオン）の耐性が高く，表面封止用のSiO_2やSiNに対してp型基板では有効に寄与しない。

さらに，これまでは表面の櫛形（くしがた）電極から電子を，裏面電極から正孔を取り出していた。この場合には櫛形電極の部分は光が入射しないので，面積当りの効率が低下する。これを改善したものが図（b）に示す背面電極を利用した（バックコンタクト型）シリコン太陽電池である。これまでの太陽電池では，pn接合が膜厚方向に形成されていたが，バックコンタクト型ではバルク自体はほぼ真性層でpn接合は横方向に形成されている。そのため，従来よりも欠陥や不純物の少ない結晶材料が要求される。また，従来型では，表面の電極は当然表面パッシベーション層であるSiO_2やSi_3N_4膜に穴を開けて活性層とコンタクトしなければならなかった。セルやパネルの劣化として電極部での接触不良や不純物の侵入が挙げられるが，バックコンタクト型ではこうした発生要因が小さくなる。バックコンタクト型の登場により，20％を超えるパネル変換効率（SunPower社，SPR-E20-327など）が実現されている。

単結晶化合物半導体を含めた結晶型太陽電池を除く，ほかの太陽電池では透明電極（TCO）側から光を取り込んで発電する。アモルファスシリコンではガラス基板に透明電極を形成した後，アモルファスシリコン層をCVD法により形成し，さらに電極を形成する。CdTe太陽電池はアモルファスシリコン太陽電池と似たような構造であり，光を吸収する活性層をCdSとCdTeに置き換えた構造である。CIGSはガラス基板上に電極を形成した後，活性層を形成し，上部に透明電極を形成する。こちらは従来型の単結晶シリコン太陽電池と同様な構造である。

〔3〕 太陽電池の発電原理

ここではシリコン単接合型の太陽電池を中心に紹介する。基本的な構造はpn接合を利用したpn構造であるが，光吸収層を大きくするためにp層とn層の間に真性領域（i層）を持ったpin構造もよく用いられる。バックコンタクト型はこの究極の構造ともいえる。この詳細については他書を参照されたい[3)]。

図 1.7 は太陽電池の**等価回路**と**光電流特性**を示す。セルは pn 接合を有しているので，太陽電池の暗電導特性は，以下に示すようにダイオード特性を示す。この場合では第 4 象限側が順方向となる。この特性に光電流が重畳されるので，光起電力分だけ正方向にシフトしたような特性が得られる。出力としての電力は電流と電圧の積なので，図中の P（J, V）のように極大値（最大取出し電力 P_{max}）が現れるので，最適な条件での利用が必要となる。変換効率を高くするためには，光短絡電流 J_{sc} を大きく，開放電圧 V_{oc} を大きく，得られる電流カーブをできる限り方形にすることが重要である。電流カーブが方形かどうかを表すパラメーターとして，フィルファクター（fill factor, FF）があり，次式のように定義される。$J_{\mathrm{SC}} \cdot V_{\mathrm{OC}}$ の積は理想取出し電力 P_{amax} である。

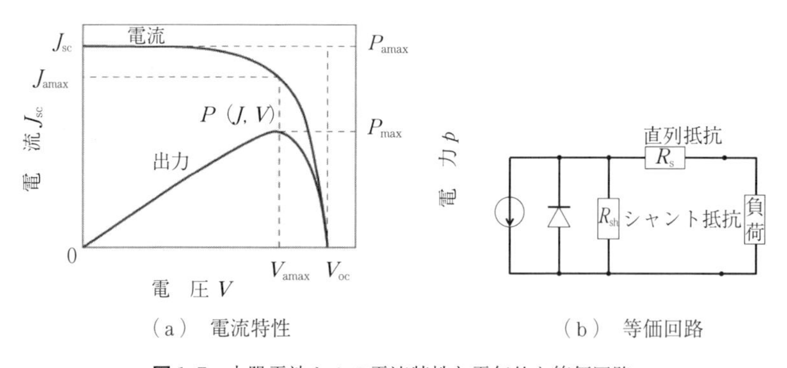

（a） 電流特性　　（b） 等価回路

図 1.7 太陽電池セルの電流特性と電気的な等価回路

$$FF = \frac{P_{\mathrm{max}}}{J_{\mathrm{SC}} \cdot V_{\mathrm{OC}}} \tag{1.4}$$

FF は太陽電池の直列抵抗 R_{s} とシャント抵抗 R_{sh} の大きさと関係がある。理想的には直列抵抗は 0 で，シャント抵抗は無限大である。直列抵抗の実験値は図 1.7 の電流電圧特性の開放電圧付近の傾きから，同じくシャント抵抗は短絡電流付近の傾きから求めることができる。変換効率 η〔%〕はつぎのように表すことができる。

$$\eta = \frac{J_{\mathrm{SC}} \times V_{\mathrm{OC}} \times FF}{P_{\mathrm{in}}} \times 100 \quad〔\%〕 \tag{1.5}$$

ここで P_{in} は照射光の入力パワーであり，AM1.5 で 1 kW/m^2（100 mW/cm^2）が用いられることが多い。光短絡電流は光吸収量に依存するので，バンドギャップが小さいほど J_{sc} は大きくなる。一方，開放電圧はバンドギャップと内蔵電圧に依存するので，単にバンドギャップを小さくしていくと電流は増えるが，開放電圧が小さくなり，どこかに最適値があることになる。これが**Shockley-Queisser の限界**である[4)]。文献 4）によれば 1.34 eV のエネルギーバンドギャップを持っている材料が最適であり，その理論変換効率は 33.7 % である。シリコンのバンドギャップは 1.1 eV であるので，最適ではない。CdTe のバンドギャップが 1.44 eV であり，これに近い。

単結晶シリコンの最大変換効率は 28.9 %[5)] といわれているが，販売されているモジュールの変換効率はせいぜい 17 %程度である。シリコンセルの開放電圧は約 0.8 V であるが，実用的には 0.5 V 付近で利用される。モジュールの出力電圧は 15 ～ 30 V であるので，もし 30 V であれば，60 個近くのセルが直列に接続されている。また，セル単独の電流密度は約 40 mA/cm^2 であり，10 cm 角であれば約 4 A の電流が得られるので，数個の直列セル列が並列に接続されている。**モジュールの変換効率**は，次式で表される。

$$\text{モジュール変換効率〔\%〕} = \frac{\text{モジュールの最大出力〔W〕/面積〔m}^2\text{〕}}{\text{入力〔W/m}^2\text{〕（一般には1 000 W/m}^2\text{）}} \times 100$$

分子は単位面積当りの出力に相当する。この面積にはセル以外の面積，接続部分や枠部分などを含むので，セルの変換効率に比べて大きく低下することになる。

太陽電池ではすべての太陽光を最終的に電流として取り出すことができるわけではない。光を吸収し，電子正孔対が生成・解離して，光キャリアが電極まで移動する間に損失となる原因には ① 光の損失（吸収領域の制限，反射（表面反射，内部反射）），② 再結合損失（少数キャリアの再結合，空乏層内の再結合），③ 基板や電極の抵抗による損失などがある。変換効率を向上させるためには，太陽光をすべて吸収し，電子に変換し，それを損失なく外部に取り出すことに尽きる。ただし，光を効率よく吸収するためには，バンドギャップを狭くしたほうがよいが，バンドギャップを小さくすると開放電圧が小さくなり，大きな電力として取り出すことはできなくなる。短絡電流の増加と開放電圧の増加は両立できない。それを避けるためにタンデム構造を利用し，電圧と電流との関係を実現させている。それでも，無限のタンデム構造を利用しても理論変換効率は86 %程度である[6)]。この理論変換効率を打破すべく検討されているのが，量子ドット太陽電池であるが，それについては他書に譲る[1)]。

1.1.3 太陽熱発電

白昼虫眼鏡を利用して焦点部分に紙を置くと煙が上がりつつ黒く変色し発火するという実験は小学校の理科でやった記憶をお持ちのかたも多いであろう。**太陽熱発電**[7)~9)]は，レンズや反射炉を用いて集光する（太陽炉）ことで熱源として利用する発電方式である。太陽電池と比較して，メリットとしては，回路的な必要設備は不要であること，**蓄熱技術**を利用すれば24時間（太陽光のない夜間でも！）発電が可能なことがあげられる。

〔1〕 集光・集熱の原理

太陽エネルギーを熱エネルギーに変換する部分を集熱器（collector）と呼ぶ。集熱器には**集光型集熱器**（concentrating type solar collector）と**非集光型集熱器**（non-concentrating type solar collector）に分けられる。後者の典型的な例は比較的身近にみられる屋根置きの太陽熱温水器（**図1.8**（a））である。一方，集光型の場合には，太陽電池と同様に太陽位置が移動するとともに太陽を追いかける**追尾式**と**非追尾式**がある。

追尾式には，二軸追尾式と一軸追尾式がある。さらに，二軸追尾式には，平面鏡の中央部に位置するタワーコレクタに太陽光を集光して採熱する，タワー式太陽熱発電（solar power tower system，図（b）），またパラボラ鏡の焦点部にコレクタを位置させたディッシュ式太陽熱発電（parabolic dish system，図（c）がある。一軸追尾式には，曲面鏡によって焦点部にあるパイプを過熱する，パラボラトラフ型コレクタ太陽熱発電（parabolic trough system，図（d））がある。追尾式では集光した箇所での温度は1 000 ℃にも達する（特に

出典：チリウヒーター株式会社ウェブサイト[10]

（a） 屋根置き太陽熱温水器

出典：CSP today ウェブサイト[11]

（b） タワー式太陽熱発電プラント

出典：Clean Technica ウェブサイト[12]

（c） ディッシュ式太陽熱発電

出典：NREL ウェブサイト[13]

（d） パラボラトラフ式太陽熱発電プラント

図 1.8 太陽熱発電プラントおよび機器

大規模なタワー式)。トラフ型では，線状曲面鏡の焦点部にレシーバーと呼ばれるパイプを配管し，それに流れる熱媒体を順次加熱し，高温化していく。温度は 400 ℃程度である。

〔2〕 発電技術

発電手法は火力発電と同じで水蒸気を発生させ，それによりタービンを回し発電する。ただし，水を直接加熱しているわけではない。太陽光により熱媒体を加熱し，それを利用し間接的に水を水蒸気に変える。熱媒体は低温であれば 300 ℃程度，高温であれば 600 ℃であり，それより 10 ～ 15 ℃低い過熱水蒸気を利用してタービンを回す。タービンを通過した水蒸気はコンデンサ（復水器）により冷却される。熱サイクルにおいて，温度差が発電効率に大きく関わってくるので，冷却過程は重要である。

〔3〕 蓄熱技術

集光して太陽熱により水を直接蒸気化すれば，太陽光のない夜間には発電できない。そこで太陽熱で水以外の溶媒に熱を与える（蓄熱）。蓄熱の種類には，潜熱蓄熱，顕熱蓄熱，化学蓄熱などがある。潜熱蓄熱とは，物質が相変化を起こすときに出入りする熱を利用するものである。

実際には，シリコーンオイルや溶融塩と呼ばれる蓄熱媒体を利用する。シリコーンオイルは種々あるが，主鎖骨格にシリコンを含んでおり，耐熱性，安定性に優れている。しかも，低温から高温まで粘度変化が少ない。そのため，高信頼性が必要なもの，例えば新幹線（難燃性を重視）などに利用されている。しかしながら，シリコーンオイルの利用温度はせいぜい300℃未満なので，蓄熱量としては小さくなる。一方，溶融塩は，NaClと同様に陽イオンと陰イオンからなる化合物が，高温で液状となったものである。太陽熱発電では，硝酸ナトリウム（融点308℃）と硝酸カリウム（融点333℃）からなる硝酸系溶融塩がスペインのプラントでは利用されている。

太陽光発電では，曇のある晴天が運用上，最も難しく，発電量がパルス的に大きく変動する。ところが，太陽熱発電では**蓄熱技術**を利用すれば数分どころか1時間近く太陽光発電量が減少しているときでも影響なく発電できる。

〔4〕 太陽熱発電の問題点

太陽熱発電は蓄熱技術を利用することにより太陽光発電に比べて天候の変動の影響も小さく，高価な二次電池に頼ることなく24時間電力を供給することが可能である（**図1.9**，**図1.10**）[14]。図1.9のように蓄熱技術を利用しなければ太陽光発電と同様な発電状態であるが，6時間蓄熱技術を利用すれば真夜中の24時まで発電できる。太陽光発電に比べて欠点としては，太陽光は日の出とともに発電が開始されるが，太陽光は加熱に時間がかかるのでラグが生じる。その代わり，太陽光の間欠による影響ははるかに少ない。

商業用電力を供給するためには，年間の**直達日射量**2 000 kWh/m^{2}が必要となるが，日射量が多いということは，雨曇が少ないことを意味する。太陽熱発電はほかの発電所と同じ蒸気タービンを利用するため，大量の冷却水が必要と

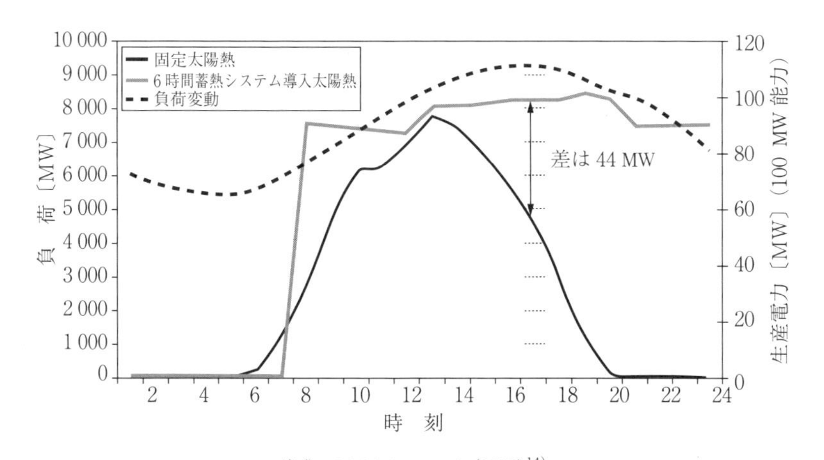

出典：M. Mehos *et al.* (2009)[14]

図 1.9　太陽熱発電における蓄熱技術の有用性

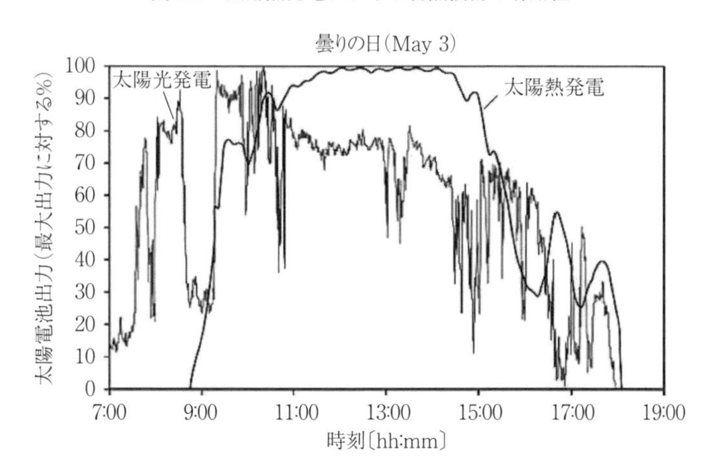

出典：M. Mehos *et al.* (2009)[14]

図 1.10　太陽光発電と太陽熱発電との比較

なる。それゆえ，冷却水が確保できない砂漠地帯では利用しづらい。次項以降にこうした点を見ていこう。

1.1.4　太陽エネルギー発電の生産量とコスト

太陽光には直接届く**直達光**と大気中で反射・拡散されて届く**散乱光**がある。太陽電池のうち，結晶系シリコン太陽電池は散乱光での発電ポテンシャルはあまり高くなく，アモルファスシリコン太陽電池や有機系太陽電池は散乱光での発電効率は比較的良い。一方，太陽熱発電では散乱光はほとんど利用できない。特に集光型においては集光そのものの原理として散乱光（光の進行方向が基本的にランダム）は集光できないためである。

図 1.11 に示すように直達光の多い地域[15]は，北・南回帰線周辺にあり，**サンベルト**（Sunbelt）**地域**と呼ばれる。アメリカ南西部（狭義にはこの地域を指すことがある），南スペインを含む地中海沿岸，北アフリカ，中東，南アフリカ，オーストラリア，南アメリカ（チリ，アルゼンチン，ブラジル）は日射量が多い。これは赤道付近で暖められた気流が上空で乾燥して下降するため，これらの地域が高気圧に覆われやすく晴天に恵まれていることが原因である。残念ながら，比較的日射量に恵まれているとはいえ，日本はサンベルトに含まれていない。サンベルト地域では，年間の直達日射量（direct normal isolation）は 1 800 kWh/m^2 以上であり，非常に恵まれた場所は 2 800 kWh/m^2 を超える。これは日本の標準的な直達日射量 1 000 kWh/m^2 の 3 倍近い。前述したように商業運転可能な太陽熱発電のためには，2 000 kWh/m^2 が必要だが，

図 1.12 に示すように日本国内にはこの条件を満たす箇所はなく，せいぜい

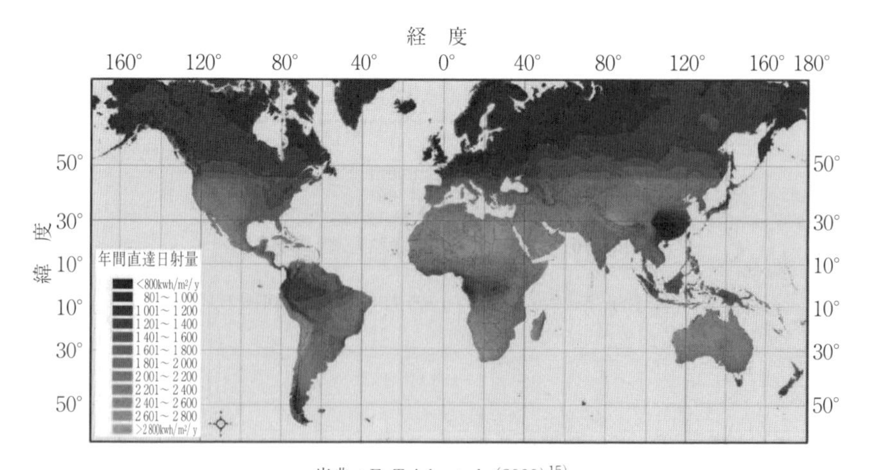

出典：F. Trieb *et al.* (2009)[15]

図 1.11 世界における直達日射量の豊富な地域（1983 年 7 月から 2005 年 6 月まで）

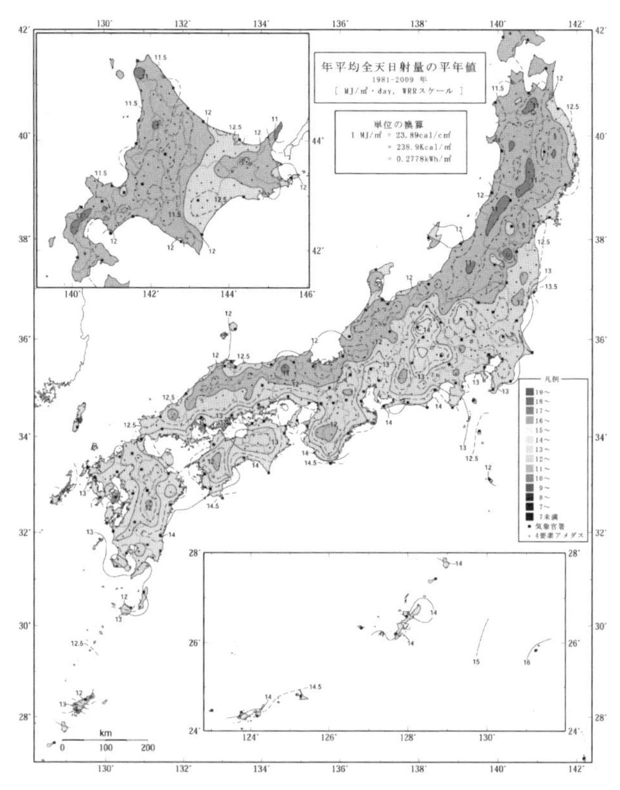

出典：NEDO 日照量データベース閲覧システムウェブサイト[16)]
図 1.12 日本における直達日射量分布

1 500 kWh/m^2 である[16)]。そのため，1981 年から香川県現三豊市において集光型太陽熱発電の実証試験が行われたが，最終的に実用的な施設は建設されていない。

一方，太陽光発電は，**再生可能エネルギーの固定価格買い取り制度**，特に 2013 年 3 月までに申請された場合には，42 円 /kWh（4 月からは 37.3 円）という買い取り価格が魅力となり，多くの事業者がメガソーラーを導入した。ただし，家庭用電力料金が 20 円 /kWh 前後，業務用が 10 円 /kWh 強，事業用が 10 円 /kWh 未満に比べると，金額設定として歪（いびつ）であり，設置者はともかく電力事業者としては好ましい金額ではない。しかも，現在の太陽電池パネル市場では一部の国が生産コストを度外視して生産を続けたために，製品の値崩れを起こしている状況である。その状況でかろうじて家庭用電力料金と比較して**グリッドパリティー**（系統電力と同等なコストになる状況）を達成している。そのため，太陽電池パネル生産者がつぎつぎと倒産や事業撤退に追い込まれている。これにより，供給と需要のバランスが正常化するとともに，円安などにより生産コストが上昇するとパネル価格の上昇（適正化？）が生じ結果的に発電コストの上昇を招く。一方で，化石燃料の価格低下は考えにくく，今後の価格上昇の推移によっては，相対的に太陽電池のコストが見合ったものになることも考えられる。

1.1.5 資源としての太陽エネルギー

サンベルトに含まれない日本においては，四季の変化，不安定な気象条件などから必ずしも安定的に太陽エネルギーを利用できる環境下にはない。また，東西南北に長い日本列島を活用すれば，若干発電可能時間の延長も可能であるが，東西の電力周波数の違いがことを難しくしている。自転している地球上で途切れることなく太陽エネルギーを利用するためには，大陸との連携が不可欠である。しかしながら，電力連携の玄関口として期待される，朝鮮半島や千島・樺太は国家レベルで厳しい状況にあり，国家間電力送電システムの構築は時間がかかる。

そこでサンベルト地域で，発電プラントを建設するとともに，その太陽エネルギーを利用して別のエネルギー源に変換して，日本に輸送することが考えられる。例えば，発電した電力を利用して，水を電気分解し水素に，また，二酸化炭素と水からメタノールなどに，窒素と水からアンモニアなどに変換することができれば，コストはかかるが日本に輸送することができる。ところが，サンベルトがサンベルトたるゆえんは前述したように常時高気圧に覆われるからである。すなわち，降水量が少ないことを意味する。集光型太陽電池では，冷却用に水を利用する必要があり，その上に消費してしまう水を確保することはよほど恵まれた地域を選択する必要がある。単なる砂漠地帯では，集光型太陽電池を設置することすら非常に難しい。大河地域や海上にあるサンベルト地域を利用すれば，冷却水や原料の問題は少ないかもしれない。

もう一つは，太陽電池基地を宇宙空間，衛星軌道上や月面に設置して，マイクロ波などで地上にエネルギーを送信することが考えられる。送信されたマイクロ波はレクテナによって電気変換される。コストはつねに問題であるが，それ以外には利用する太陽電池の種類（現在衛星用に利用されているのは，超高率化合物半導体太陽電池であるが，非常に高価）の選択と設置面積をどの程度確保するかということである。さらにマイクロ波送信はアンテナ以外に照射すれば，すなわち兵器になりかねない。

今後，化石エネルギー資源の高騰により，太陽エネルギーを活用できる閾値を低下させることなく，実用化がしやすい環境が整うことはあまり好ましいことではない。安価な太陽エネルギーを積極的に利用することが可能となれば，化石資源も次世代に有効に引き継げるだろう。

1.2 風力発電

風力エネルギーをはじめ水力，太陽光エネルギーなどの自然エネルギーは，資源が広範に賦存する純国産のエネルギーである。また，風力発電は水力，太陽光などほかの自然エネルギーとあわせて確実に二酸化炭素の発生を防止し，地球環境問題の対策に資するクリーンエネルギーである。

本節では，風力発電設備の現状と風力エネルギー利用技術の基礎となる風車の流体力学につき概説する。また，風力発電を導入促進するための技術課題と現在採用されている解決手法を説明する。最後に，次世代の風力発電技術として期待される超大型風車，洋上風車についても紹介する。

1.2.1 風力エネルギー利用技術

〔1〕 風力発電設備の現状

図 1.13 は 2001 年時点での欧州における風力発電コストをほかの既存電源と

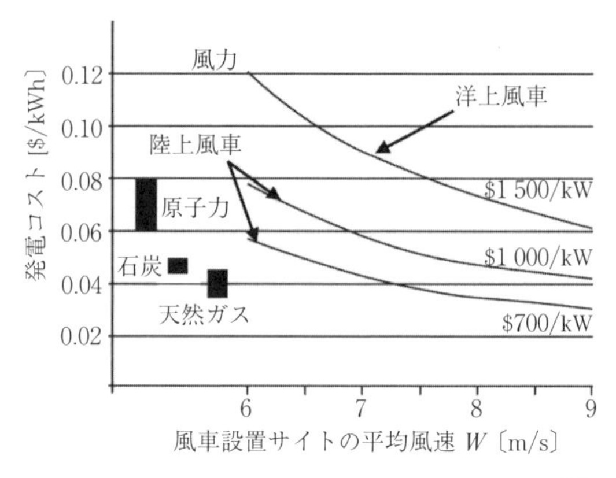

図 1.13 風力発電コストの比較（Wind Force 12）[17)]

比較したものである[17)]。陸上に風車を設置する場合，風速 6 m/s 以上の地域では，原子力，石炭および天然ガスとほぼ同等である。したがって，平均風速の高いサイトであれば，風力発電も十分ほかの電源と経済的に競合できることを示している。

1990 年代より本格的な導入が始まった風力発電は，このような比較的高い経済性と各国のエネルギー政策に後押しされた結果，さまざまな国で普及が進んでおり，全世界の風力発電設備容量は 2014 年末時点で 369.5 GW に達する[18)]。特に中国（2014 年末時点での風力設備容量：114.6 GW），米国（65.9 GW），ドイツ（39.2 GW），スペイン（23.0 GW）での導入が進んでおり，近年ではインドでの市場が急成長している（22.5 GW）。残念ながら日本での設備容量は 2.79 GW（世界の 1 % 未満）であり，その成長も停滞傾向である。

このような普及状況にある風力発電に対して，国内外の市場は，さらなる経済性・信頼性の向上と，低環境負荷化ならびに電源系統への調和性を求めており，風力発電設備の導入促進に向けて，数多くの技術課題が残されている。

〔2〕 風車の分類

風力発電設備は，風の持つ運動エネルギーを風車ロータ（回転翼車）により機械的エネルギー（軸動力）に変換し，発電機によりこれを電気エネルギーへと変換する。ここでは流体力学的見地より風車の分類方法・種類を紹介する。

風車ロータ回転軸の方向に基づき大別すると，**水平軸風車**（horizontal axis wind turbine, HAWT）と**垂直軸風車**（vertical axis wind turbine, VAWT）に分けられる。水平軸風車は風向が変化した場合には，ロータ回転面を風向に正対させる制御（ヨー制御）が必要である。しかし，この条件を満足させれば風車翼に対する相対流れは時間的に定常となるため，風車ロータの特性解析とそれに基づくロータ形状の最適化が比較的容易となり，高効率なシステムが構築しやすい。一方，垂直軸風車は風向変化に伴う制御の必要はないが，回転翼に対する相対流れはロータ回転に伴い周期的に変化するため，ロータ特性解析と形状の最適化は比較的難しい。

回転する風車翼に対して周囲の相対流れが及ぼす流体力は，相対流れに対して垂直に働く流体力成分である**揚力**（lift）と，相対流れ方向に働く成分である**抗力**（drag）に分解されるが，おもに揚力を利用してロータを回転させる**揚力型風車**（lift type wind turbine）と抗力を利用する**抗力型風車**（drag type wind turbine）とに分類できる。前者は高効率であるが，小型風車の場合には低風速時に静止したロータを回転させる流体力学的なトルクが小さいため，起動特性が悪くなる。後者は低効率ではあるが，静止ロータに働く回転トルクが大きいため，起動特性は良好であり，比較的低風速な場所に小規模発電設備を設置する際（商用電源系統から外れた場所で，発電コストを重要視しない場合）に適している。

垂直軸風車は比較的小規模な発電設備に利用されており，その代表として揚力型であるダリウス風車と抗力型であるサボニウス風車が挙げられる。水平軸風車の代表例であるプロペラ形風車は揚力型風車であり，近年の大型発電設備にはもっぱら水平軸のプロペラ形風車が利用されている。

〔3〕 水平軸風車ロータの流体解析手法

（1） 流体解析手法の概略

ロータ形状の設計および特性解析に利用される流体モデル，解析手法はロータの種類によりさまざまである[19)]。以下ではプロペラ形の水平軸風車を対象に，風車ロータの特性解析手法，ロータ周り流れの解析手法を概説する。

水平軸風車の特性解析手法は，ヘリコプター，プロペラ推進機の分野で発展した流体力学の知見を応用したものであり，**図 1.14** に示すとおり，運動量理論，渦理論などの非粘性解析手法と，乱流モデルなどを用いた粘性解析手法に分類される。いずれの解析手法においても重要な点は，風車ロータ通過時の風速減少量をいかに推定するかである。

非粘性解析手法
- ●運動量理論：運動量・角運動量の法則に基づき構築
  - 作動円盤理論
  - 環状運動量理論（翼素·運動量理論）
- ●渦理論：ビオサバールの法則に基づき構築
  - 揚力線理論
  - 揚力面理論（渦格子モデル）
    自由後流モデル　or　固定後流モデル

粘性解析手法
- ● CFD：NS 方程式，RANS 方程式を支配方程式に利用した数値解法
  - DNS：NS 方程式の直接解法
  - 乱流解析：乱流モデルを利用した RANS 方程式の解法
    k-ε, k-ω, LES, DES
  - 渦法：離散渦を利用した NS 方程式の解法

図 1.14　風車ロータの流体解析手法

運動量理論は，ロータ全体を作動円盤もしくは環状部の集合に置き換えて，ロータを通過する流れにつきロータ前後での運動量・角運動量の変化を調べることにより，ロータに対して回転軸方向に働く軸推力，ロータに働く回転トルク，ロータ軸出力を求めるものである。最も単純な**作動円盤理論**においては，ロータ通過流れを定常一次元軸方向流れ（回転軸方向のみの速度変化を対象）とみなし，ロータ上流・下流流れとロータ通過流れの関係を導く。その詳細は（2）で述べる。ロータを作動環状部として取扱う場合には，ロータ通過流れは速度 2 成分（軸方向と周方向速度）を伴う定常二次元流れ（軸方向と半径方向に変化）とみなす。また，風車の各翼は半径方向に翼素として分割され，各翼素における流体力学特性は局所での相対流れに対して二次元的に取り扱う。

渦理論は風車翼ならびに翼から発生する後流を渦要素により表現し，ビオサ

バールの法則に基づきすべての渦要素（渦系）から誘起される速度を導出することにより，風車翼周りの三次元流れを求める考え方である。風車翼の渦による表現方法の違いにより渦理論は二つに分類され，各翼を翼幅方向への一本の渦線により表す**揚力線理論**（lifting line theory）と，翼弦方向への負荷分布を考慮するため複数の渦線を配置する**揚力面理論**（lifting plane theory）に分けられる。また，後流の渦構造は翼回転の影響により螺旋構造となるが，この形状をあらかじめ指定する**固定後流モデル**（fixed wake model）と，流出した渦要素を局所速度で移動させることにより渦形状を決定する**自由後流モデル**（free wake model）が存在する。物理現象に近く，非定常現象にも対処できる点で後者が優れているが，計算負荷が大きくなる欠点を有する。

近年の計算機能力と解析技術の向上に伴い，風車の特性ならびに風車周り流れの解析に対して，粘性を考慮した数値流体解析（computational fluid dynamics, CFD）が適用され始めた。今後これらの成果を大いに期待したいが，風車周り流れは外部流れであり計算領域がきわめて広くなること，高レイノルズ数流れであること，翼面上境界層厚さからロータ直径までさまざまな長さスケールの渦が存在することなどが，その進展の障害となっている。

（2） 作動円盤理論

作動円盤理論に基づき風車ロータを通過する流管内の流れを調べるとともに，ロータに働く軸推力・トルク・軸出力を算定する。ここで用いる仮定は以下のとおりである。

- ロータ上流流れは定常一様な軸方向（回転軸方向）流れ
- ロータの作用は作動円盤により表現される
- 作動円盤前後で流れは連続的に変化する（$V_1 = V_2 = V$ とする）
- 作動円盤を通過する流体は流管により外部の流れと区別される
- 流管内の各断面内で流れは一様であり，軸方向成分のみを持つ
- 流れは非圧縮・非粘性とする

流管内の流れを調べるに当たり，**図 1.15** の破線で示す空間に固定された領域を検査体積にとる。ロータに対して十分上流と下流の断面をそれぞれ断面

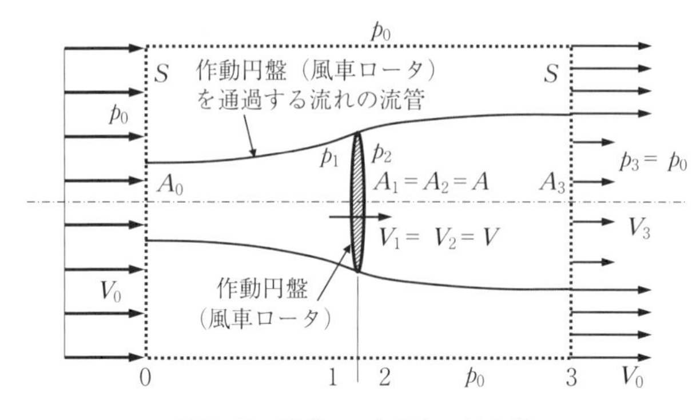

図 1.15 風車ロータ周りの流れ場

0，断面 3 とし，作動円盤の直前・直後の断面をそれぞれ断面 1 と断面 2 とする。また，それぞれの断面における流管の断面積を A_0，A_1，A_2，A_3（$A_1=A_2=A$）とするとともに，検査体積の断面積を S で表す。

上流断面 0 からの流入速度は V_0 で一定であるが，下流断面 3 からの流出速度は流管内で V_3（$<V_0$）であるので，連続の条件（質量保存則）より検査体積の上下面から流出する流量は次式となる。

$$\varDelta Q=V_0[(S-A_0)-(S-A_3)]=V_0(A_3-A_0) \quad [\mathrm{m^3/s}] \tag{1.6}$$

ロータに対して十分に大きな検査体積をとると，検査体積の表面（検査表面）上の圧力はいずれの場所（十分下流の断面を含む）でも大気圧 p_0 となる。また，検査表面上のせん断応力の影響は十分に小さく無視することができる。

検査体積に対して運動量の法則を適用すると，流入・流出する運動量流束 $\dot{M}_{\mathrm{in}}$，$\dot{M}_{\mathrm{out}}$ と作動円盤に下流側へ働く軸推力 D との関係が以下のとおり求められる。

$$\begin{aligned} D&=\dot{M}_{\mathrm{in}}-\dot{M}_{\mathrm{out}}=\rho V_0^2 S-[\rho V_0^2(S-A_3)+\rho V_3^2 A_3+\rho\varDelta Q V_0] \\ &=\rho V_0^2 A_0-\rho V_3^2 A_3 \quad [\mathrm{N}] \end{aligned} \tag{1.7}$$

ここで，ρ は空気の密度である。上式に連続の条件 $A_0V_0=AV=A_3V_3$ を用いることにより，軸推力は次式となる。

$$D=\rho A_0V_0(V_0-V_3)=\rho AV(V_0-V_3)=\rho A_3V_3(V_0-V_3) \quad [\mathrm{N}] \tag{1.8}$$

流管内の流れはロータ前後の断面 1 と 2 の間で圧力ならびに全エネルギーの

不連続が存在し，全エネルギーの差が作動円盤に吸収される。流管内の断面0～1，2～3間のそれぞれの流れに対してベルヌーイの定理を適用し，$V_1=V_2=V$ と $p_3=p_0$ の関係を用いると次式が得られる。

$$
\begin{aligned}
&0\sim1\text{ 間}：\frac{V_0{}^2}{2}+\frac{p_0}{\rho}=\frac{V^2}{2}+\frac{p_1}{\rho}\quad\text{〔J/kg〕}\\
&2\sim3\text{ 間}：\frac{V^2}{2}+\frac{p_2}{\rho}=\frac{V_3{}^2}{2}+\frac{p_0}{\rho}\quad\text{〔J/kg〕}
\end{aligned}
\tag{1.9}
$$

軸推力 D はロータ前後の圧力差 p_1-p_2 にロータ面積 A を乗じることでも求められ，上式を利用して次式となる。

$$
D=A(p_1-p_2)=\rho A(V_0{}^2-V_3{}^2)\quad\text{〔N〕}\tag{1.10}
$$

式（1.8）と式（1.10）より，ロータを通過する流速は次式で表されるとおり，ロータから十分な距離だけ離れた上流と下流での流管内の流速の平均値となる。

$$
V=\frac{V_0+V_3}{2}\quad\text{〔m/s〕}\tag{1.11}
$$

つぎに，風車ロータ通過時に流体が失うエネルギーをすべてロータが吸収するものとして，風車の理論仕事率（理論出力）$P_{\rm th}$ を推定する。ロータを通過する際に単位質量当りの流体が失うエネルギー $\varDelta E$ は断面1～2間の全エネルギーの差であるから，式（1.9）から次式となる。

$$
\varDelta E=\frac{V_0{}^2-V_3{}^2}{2}\quad\text{〔J/kg〕}\tag{1.12}
$$

単位時間にロータを通過する質量流量が ρAV により与えられるので，式（1.11），式（1.12）を用いて風車の理論仕事率 $P_{\rm th}$ は次式のとおり求められる。

$$
\begin{aligned}
P_{\rm th}&=\rho AV\varDelta E=\rho A\frac{(V_0+V_3)}{2}\frac{(V_0{}^2-V_3{}^2)}{2}\\
&=\rho A\frac{(V_0+V_3)^2(V_0-V_3)}{4}=2\rho AV^2(V_0-V)\quad\text{〔W〕}
\end{aligned}
\tag{1.13}
$$

上式中の (V_0-V_3) は風車後流による軸方向の誘導速度であり，ロータ通過に伴う減速量を表す。また，ロータ通過時に上流での流速 V_0 から減速しないと仮定すると，ロータ面積 A（作動円盤）を単位時間に通過する運動エネルギー流束（利用可能な全エネルギー）P_W は次式で与えられる。

$$P_W = \rho A \frac{V_0^3}{2} \quad [\mathrm{W}] \tag{1.14}$$

すなわち，風車が利用可能な風の運動エネルギー流束（風の持つ流体動力）は空気密度 ρ，風車ロータ面積 A に比例し，風速 V_0 の 3 乗に比例する。

実際の風車ロータの動力（仕事率）を P としたとき，運動エネルギー流束 P_W との比は出力係数と呼ばれ次式により定義される。

$$C_P = \frac{P}{P_W} = \frac{P}{\rho A V_0^3/2} \quad [-] \tag{1.15}$$

また，風車の運転状態・出力特性を比較・評価するうえで，翼端の周速度 $R\omega$（R：ロータ半径，ω：ロータ回転角速度），ロータ軸トルク T，軸推力 D も重要な量である。これらを無次元表示したものは，それぞれ周速比 λ，トルク係数 C_Q，軸推力係数 C_D として以下のように表される。

$$\lambda = \frac{R\omega}{V_0} \quad [-] \tag{1.16}$$

$$C_Q = \frac{T}{\rho A V_0^2 R/2} \quad [-] \tag{1.17}$$

$$C_D = \frac{D}{\rho A V_0^2/2} \quad [-] \tag{1.18}$$

風車動力 P が作動円盤理論に基づき算出された風車の理論動力 P_{th} に等しいとして，出力係数の理論値を求めると次式となる。

$$C_{P\mathrm{th}} = \frac{P_{\mathrm{th}}}{P_W} = \frac{2\rho A V^2 (V_0 - V)}{\rho A V_0^3/2} = \frac{4V^2 (V_0 - V)}{V_0^3}$$

$$= 4\frac{(V_0 - V)}{V_0}\frac{[V_0 - (V_0 - V)]^2}{V_0^2} = 4a(1-a)^2 \quad [-] \tag{1.19}$$

ここで，$a = (V_0 - V)/V_0$ は軸誘導速度比と呼ばれ，風車ロータ上流風速 V_0 に対するロータ通過時の減速量（$V_0 - V$）の無次元値である。誘導速度比が $a = 1/3$ の場合，すなわちロータ通過時の風速が $V = 2V_0/3$ に減速したとき，出力係数の理論値は最大値 $C_{P\max}=16/27\fallingdotseq0.593$ をとり，この値を Betz の**限界**と呼ぶ。

理論動力 P_{th} と比較して実際の風車動力 P は低下するが，その要因には以下の項目が挙げられる。

- ロータ周り流れの流動損失
- ロータ後流中の周速度成分が持つ運動エネルギー
- 風車軸系の機械損失

その結果，実際の風車の出力係数は Betz の限界よりも小さな値をとる。

以上に示したとおり，作動円盤理論に基づき風車ロータの理論仕事率 P_{th} とロータ上流下流での流速・ロータ通過時の流速との関係が導かれる。しかし，風車ロータの設計ならびに特性解析を行うためには，ロータ回転速度などの風車運転条件やロータ形状とロータ通過流れの関係をさらに明らかにする必要がある。例えば，環状運動量理論（翼素運動量理論）は回転するロータ翼と翼通過する相対流れ相互作用を取り扱うことが可能であり，風車設計・特性解析における基本的なツールとして活用されている[19)]。

1.2.2 風力発電導入促進への技術課題

わが国において，風力発電が助成などを伴わない独立した事業として成立し，さらなる導入が促進されるためには，現状として多くの問題点を抱えている。以下に，風力発電の導入促進を妨げる問題点を列挙するとともに，その対策につき技術の現状と課題を紹介する。

〔1〕 低い信頼性，求められる日本規格（J クラス）

風力発電設備，特に風車翼は設置後 20 年間の寿命が期待され，風車メーカーはこれを満足できるように設計・製造し認証機関で型式認証されている[20)]。風力発電事業者はこの寿命 20 年よりも短期間で，売電などにより設置・メンテナンスに必要なコストの償却を目指すわけである。しかしながら，風力発電設備は自然環境下（屋外）に設置されるため，気象現象等によりさまざまな被害を受け，導入コスト償却前に破損・破壊されることも多い。そのため，火力発電・原子力発電・水力発電など既存の発電設備に比べて信頼性が低いのが現状である。

国際電気標準会議（IEC）は，規格 IEC61400-1[20] により，例えば，**極値風速**（50 年に 1 度の再現が予想される最大風速），**乱流強度**（風速変動の標準偏差を平均風速で無次元化した値），雷の電荷・落雷対策方法などを詳細に規格化している。風車メーカーはこの規格により分類された極値風速のクラス，乱流強度のカテゴリーならびに設備容量に応じた，複数機種の風力発電設備を設計・製造している。一方，発電事業者は，風力発電設備を設置するサイトでの風況（局地の風に関する統計データ）に合わせて機種選定を行う。すなわち，風力発電設備はコスト低減を図るために，基本的に既製品であり特注品ではない。この点と，IEC 規格がおもに欧州での自然環境（とくに風況）に基づき制定され，日本の自然環境はそれとは大きく異なっているという事実が，特に日本における風力発電に対する低い信頼性をもたらしている。

日本では台風襲来などによる強風発生要因が存在するため，極値風速が IEC 規格を大きく上回る可能性が高く，80 m/s を超える事例も報告されている。また，国土の大半が山岳丘陵地であり，風車設置可能な地域における風が複雑地形の影響により，IEC 乱流強度モデル[20] のカテゴリー A（最も強度の強いカテゴリー）を上回る強い乱れ成分を含むことが多く，**図 1.16** に示す青森県竜飛岬での測定結果[21] はその典型である。IEC 規格を上回る高極値風速，高

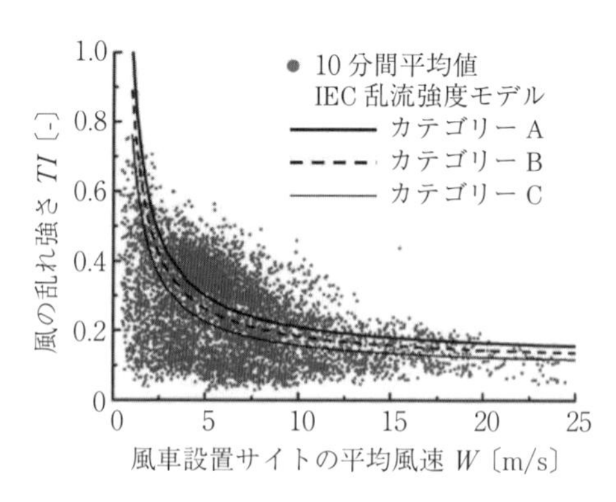

図 1.16 青森県竜飛ウィンドファームにおける乱れ強度分布[21]

乱流強度は風車翼・タワーに働く極限負荷，疲労負荷の増大をもたらし，それぞれ破損と寿命の短縮化に直接つながる。**図 1.17** は 2003 年に台風 14 号の強風（最大瞬間風速 80 m/s 以上）により破損した宮古島の風車[22] である。

図 1.17 台風に伴う強風により破損した宮古島の風車[22]

現状の対応策は，IEC 規格の枠外として個別に風況条件の設定を行い（S クラス），これに適用するよう風車を設計・製造（特注品に相当）するが，導入に関わるコストが嵩（かさ）むうえに，統一的な対応技術が蓄積されないなどの弊害がある。

そのため日本では，IEC 規格を超える自然条件に対応する新しい規格として，「J クラス」の検討が進められている。規格「J クラス」の制定は日本における風車に対する信頼性向上をもたらすとともに，国内風車メーカーの技術開発に多大なメリットを与えるものと期待される。さらに，規格制定のための風況データ収集の過程で，日本と同様な自然条件を持つ東アジア・東南アジアとの連携を進められれば，日本発の規格が IEC 規格に反映されることも期待される。

「J クラス」には，地震対策ならびに落雷対策に関しても規格化されることになる。世界有数の地震発生国である日本では，大規模建築物・構造物に関する地震対策は十分な経験を持っているが，運転時の対策については新たな検討が必要になる。また，日本海側で冬季に発生する冬季雷は夏季雷との極性の違いなどにより，一般に雷撃電流の継続時間が長く，夏季雷の 100 倍以上となる場合もあるため，落雷時の被害は甚大である。冬季雷への対策については，今後のデータの蓄積と実績評価が必要とされている。

〔2〕 高いコスト，求められる経済性

風力による発電コストを低減するために必要とされる課題，要素技術を以下に挙げる。

- 風況予測・風況精査技術の確立
- エネルギーコスト（COE）の低減
- 施工・設置コストの低減
- 保守・点検コストの低減

紙面の都合上，これらの課題・技術の内から二つを選んでその内容を以下に紹介する。

（1） 風況予測・風況精査技術

風力発電設備導入の初期段階において，発電コスト低減に最も有効な手段は，より平均風速の高い風力発電設備設置可能なサイトを低コストで選定することである。EU でのサイト選択には「European Wind Atlas」[23] がおもに用いられており，マクロスケールでの風力エネルギー賄存量マップ（**図 1.18** 参照），マップ作成の基礎データとなる 220 か所での気象観測データ，局所風況予測モデル「WAsP」（the Wind Atlas Analysis and Application Program）[24] 等から構成される。

日本では，例えば NEDO による委託研究に基づき開発された風況予測シス

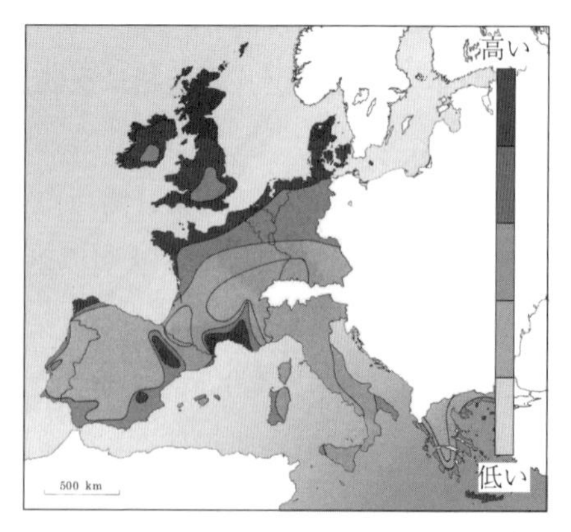

図 1.18 欧州の風力エネルギー賄存量マップ[23]

テム「LAWEPS」(Local Area Wind Energy Prediction System) が利用可能である[25)]。これは，気象観測結果と気象モデル解析により得られた年間風況分布 (5 km，1 km，500 m メッシュの全国風況マップ) と工学モデル計算システム (PC 上での計算可能) により構成されたシステムで，複雑地形においても 100 m，10 m メッシュの年平均風速分布を高精度で予測できることを目指して改良が進められている。

上述した二つのシステムはいずれも，平均風速に関する情報を比較的高い精度で予測できるが，現在はその適用範囲の拡大 (例えば地形勾配がきわめて大きな複雑地形への適用)，乱流強度・乱流スケール等のさらに高度な情報予測，台風・突風等による極値風速予測が求められている。そのために必要な要素技術としては，先端的数値流体力学 (CFD) を比較的低コストで運用する計算システムの開発，高高度での風況精査 (乱流強度計測を含む) を行うためのリモートセンシング技術が挙げられ，それぞれ研究開発が進められている。リモートセンシング技術に関しては，例えばレーザ利用による LIDAR (light detection and ranging)[26)] が有望視されており，計算システムについては，例えば，九州大学応用力学研究所による RIAM-COMPACT[27)] などがある。

(2) エネルギーコスト (COE) の低減

商用風車は**図 1.19** に示すとおり年々大型化しており[28)]，大型化に伴い風車の重量は増加している。単純に風車をスケールアップした場合，風車重量は風車ロータ直径 D の 3 乗に比例し，取得エネルギーは D の 2 乗に比例する。風車コストが重量に比例すると仮定すると，風車にかかる**エネルギーコスト** (cost of energy, **COE**) は，直径 D の 3/2 乗に比例して増加する。したがって，風車の COE を低減するには取得エネルギーを D^2 以上とするためのエネルギー変換効率向上技術，ならびに重量を D^3 以下とする軽量化技術が必要となる。

大型風車の構成部品では，タワー，翼，パワートレインにかかるコストが高く，翼 + パワートレインが風車全体の 47 % を占めるとの報告もある (REpower 社製，5 MW 機)。したがって，風車本体に関連する技術として，

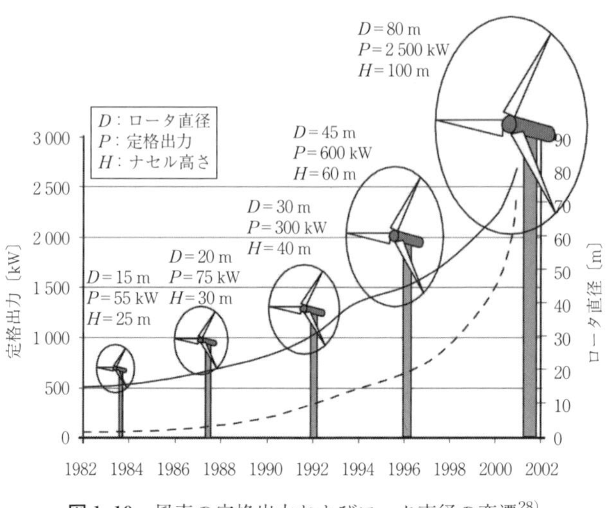

図 1.19 風車の定格出力およびロータ直径の変遷[28)]

翼・パワートレインの軽量化・高効率化が COE 低減に向けて重要な技術課題となる。

風車翼に関する要素技術としては，翼構造と翼形状に関連するものに大別され，全体としては風車出力当りの翼価格をいかに低減するかが課題である。翼形状に関しては，1990 年代はより大きな出力を得るために，揚力係数 C_L が大きな翼型（翼断面形状）が採用されていた。しかし，現在は重量ならびにコストをいかに低減するかにも注意が払われるようになり，C_L を多少犠牲にしても構造上の剛性を優先させる（特に翼根部での翼厚を増す）ことが行われている。その結果，翼の重量・コストはロータ径 D に対して 2.3 乗まで低減されている[29)]。

翼の主要構造材は，現在，ガラス繊維強化プラスチック（GFRP）が主流であるが，剛性向上と軽量化を目指して，より機械的特性に優れる炭素繊維強化プラスチック（CFRP）の活用も進められている。しかし，CFRP は GFRP と比べて非常に高価であるため，COE 低減の観点から例えば，CF/GF ハイブリッド構造翼の開発が求められている。

また，風車翼に関して，COE 低減，信頼性向上，環境負荷低減を目指して，例えば以下の要素技術の確立が進められている。

プリベント翼：翼は空力荷重により下流側にたわむため，あらかじめ上流側に翼を曲げて運転時に最適形状とする。

翼状態監視システム：例えばひずみゲージ，加速度センサ，温度センサ，落雷センサ等を翼内に設置する。

後退翼：低風速地域でのエネルギー変換効率向上のため，翼端に後退角を持たせた後退翼を採用する。

翼端形状の最適化：翼端付近での空力騒音発生を抑制するために翼端形状を最適化する。

〔3〕 騒音・振動・景観問題，環境負荷の低減

風車は発電過程においてCO_2などを排出しないが，騒音・振動・景観被害など周辺住民に対して環境負荷を与えるとともに，野鳥・家畜などの周辺生態系への影響も懸念されている。したがって，風力発電設備のさらなる導入促進を図るためには，環境負荷の低減が大きな課題となる。

（1） 騒音低減技術

風車騒音には，風車翼から発生する空力騒音と，パワートレインのおもに変速機などから発生する機械騒音がある。空力騒音のうち高周波数帯域での乱流騒音は，翼端付近（翼端渦騒音）と翼後縁部より発生し，これとは別に，翼とタワーとの干渉により低周波数騒音も発生する。高周波数騒音の音圧は，翼端速度の約6乗に比例するため，風車の低速化（低周速比化）は騒音低減にきわめて有効であり，1990年代初頭には商用風車の翼端速度は約90 m/s前後であったが，現在は翼端速度を60～70 m/sにまで低下させている。ただし，低速化（低周速比化）はエネルギー変換効率の低下をもたらすため，発電コストと環境負荷の両面から運転速度を検討する必要がある。例えば，離岸距離の大きな洋上風車では騒音問題が存在せず，発電コストなどの観点から高速運転が望まれる。

風車空力騒音の低減には，低速化以外に，翼端付近での渦構造制御，翼面上での剝離抑制が有効であるとされており，例えば東京大学の荒川らによる翼端

形状に関する研究[30)] ならびに，ゼファー株式会社による特殊な翼表面[31)] の開発を参照されたい。

機械騒音の低減方法として，多極同期発電機の利用により変速機を排除したドライブトレインの採用が考えられるが，高コスト・大重量の欠点も考慮する必要がある。風車による振動は，翼・パワートレイン・タワーの振動が風車基礎構造・地中を経由して伝播されるものと，翼・タワーの干渉により発生した低周波数騒音が空気中を伝播されるものがある。地盤構造によっては騒音問題よりも遠方にまで振動問題が及ぶことがあり，風車設置に当たっては事前の地質調査が必要である。

（2） 視覚的刺激評価法の確立

風車の視覚的刺激（visual impact）も問題となっている。すなわち，風車は目障り，景観を損なうとの問題であり，定量的な評価方法の確立が求められている。現在検討されている評価方法は，実際の景色に風車を合成したフォトモンタージュ画像・動画を作成し，これを利用して多数の被験者によるモニタ調査を行う方法であり，すでに建築物・土木構造物の設置に当り同様の手法により視覚的刺激を評価・推定している。ただし，風車の場合は運転時に翼が回転するとともに，風向きによりロータの向きが変化するため厄介である。風車の視覚的刺激の大きさは，翼枚数，回転周波数，ロータ直径等に依存すると考えられ，例えば，翼枚数は２枚よりも３枚が望ましく（**図 1.20**（a），（b）参照），また視野上を占める風車の立体角が同一である条件下では，回転周波数が小さいほうが（すなわち大型風車のほうが）視覚的刺激が小さいといわれている。

今後，視覚的刺激の評価方法を確立することにより，景観被害を軽減できる風車形状・彩色の検討が可能になると考えられる。また，ウィンドファームにおける複数風車の配置方法などについても，発電コストに加えて景観保全を考慮することが，風力発電の導入促進につながるはずである。

（a） コペンハーゲン（デンマーク）沖の3枚翼風車

（b） アイセル湖（オランダ）の2枚翼風車

図 1.20 視覚的刺激に与える風車翼枚数・彩色の影響

1.2.3 次世代風車に向けた技術開発

〔1〕 超大型風車

風車のサイズは年々大きくなる傾向が見られ（前出の図1.19および**図 1.21**参照），現在はロータ直径およびナセルの高さが90 m以上の2 MWを超える大型の風車が普及しており，2014年末時点ではロータ直径164 m，出力8 MWに達している[32)]。風車大型化のメリットとしてつぎの点が挙げられる。

図 1.21 大型風車（ロータ径126 m，出力5 MW，ドイツ）

- 風の受風面積が増え，またナセルを高くすることにより上空の高風速エネルギーが利用可能となる。その結果，複数風車を直線上に配置した場合，単位 km 当りの発電量はロータ径を 2 倍にすると 2 倍以上に増加し，大型風車の設置が効率的であるといわれている。
- 大型風車は小型風車に比べて低回転数で回転するため，視覚的刺激を軽減できる。
- 洋上風車（次節で詳述）の設置コストは基礎のコストに依存し，大設備容量の風車を設置することでコストの低減が可能となる。

したがって，欧州を中心にさらなる大型化，例えば単機 10～20 MW クラスの風車開発に向けた要素技術の開発が進められている。翼・パワートレイン・系統連係に関する要素技術のさらなる向上に加えて，超大型風車の開発には柔構造設計手法の確立と，そのために必要な空力-構造連成解析計算コードの開発が必須であると考えられる。

大型化に伴い風車回転周波数はロータ直径 D の約 1 乗に反比例して低下する。一方，風車翼・マストなどの構造系が持つ固有振動数は軽量化・高剛性化の結果，直径 D の約 1.3 乗に反比例して低下している。比較的小型の風車では，構造系各部位の固有振動数は風車回転の周波数およびその翼枚数倍の周波数（励起周波数）を大きく上回るため，フラッタ現象を除けば風車運転中に共振現象を引き起こさないが，大型化に伴い励起周波数と固有振動数は徐々に近づくため，メガワット以上では同程度となる危険性がある。共振対策の一つとして，翼 1 枚ごとにピッチ角制御を行うことにより，高さ方向の風速勾配に起因する空力変動を低減する技術が採用され，効果を発揮している。しかし，超大型風車においてはさらなる対策が必要となるため，共振を避けるために構造系を柔らかくする（固有振動数を低下させる）方法が考えられている。これを柔構造ならびに柔構造設計手法と呼ぶ。

柔構造設計された翼は空力荷重により大きくたわみ，風速・風向変動に伴う空力変動荷重と重力の影響により大きく振動する。その際には，構造系の振動が例えば翼周りの相対流れに影響を及ぼすため，風車周りの流動現象と風車構造系の振動現象の相互作用を考慮した解析手法，すなわち空力-構造連成解析手法の確立が必要となる。

翼の振動には翼が上流側・下流側へと振動するフラップ方向振動（風車回転軸方向への振動），エッジ方向振動（回転方向への振動）と翼ピッチ方向のねじれ振動が想定される。このうちエッジ方向振動には空力作用による振動減衰効果が大きくは期待できないため，構造系に減衰効果を持たせる必要が生じる。例えば，エッジ方向には高減衰，フラップ方向には高剛性の機能を持たせた異方性複合材料の開発・採用も必要である。

〔2〕 洋上風力発電

欧州では，陸上での風車設置場所が限られすでに飽和しつつあること，また，陸上設置の場合に生じる景観あるいは騒音などの問題から，風車を沿岸部の沖合に設置する**洋上風車**（offshore wind turbine）による洋上風力発電が，研究・開発を目的として1990年頃から始められている。2000年以降は実証試験用のプロジェクトも多数開始され，イギリス，デンマーク，ドイツ，ベルギー，オランダ等では，大規模な洋上風力発電設備の導入が促進されている。2014年末時点で，全世界の総発電容量は8.76 GW，そのうちの91 %（8.05 GW）が欧州の11か国に設置されている[18]。また，欧州以外ではアメリカ，中国，韓国，台湾等でも，洋上風力発電の実証試験が始まりつつあり，世界の風力発電は洋上風力発電の導入拡大が潮流となっている。図1.20（a）はデンマークのコペンハーゲン沖に設置された世界初の商用ウィンドファームであり，2 MW機20基からなる。風車の配置は，アンケート調査により住民の意見を採り入れて円弧状を形成するように決められた。

洋上風力発電のおもな長所・短所を陸上風車と比較して以下に列挙する。

【洋上風力発電の長所】

- 広い面積が利用可（巨大プロジェクトの展開が可能）
- 高風速，ウィンドシアが小さい（小さな表面粗さ，大気の安定度）
- 風の乱れ強度が低い（小さな表面粗さ，大気の安定度）
- 高速化・高効率化が可能（騒音問題からの解放）

【洋上風力発電の短所】

- 建設費の増大（海中基礎構造に多大のコスト）
- 送電コストの増大（商用系統までの距離増大）
- 保守費用の増大（アクセス性低下，塩害）
- 波力による変動荷重（海中基礎構造に働く波力による変動荷重）
- 漁業補償問題の発生（浅い海は絶好の漁場）

（1） 洋上風車ロータの特徴

洋上では陸上と比べて地形起伏・表面粗さが小さいため，風速が比較的高く，また，風の乱れや高さ方向の風速変化（ウィンドシア）が小さいのが特徴である。したがって，陸上風車と同一のロータ径を用いた場合に利用可能な風力エネルギー賦存量が増大し，かつ，風の乱れ・ウィンドシアが小さいため，ロータ翼に働く変動荷重が低減し，翼疲労寿命の延びが期待される。ただし，小さな風の乱れは風車下流側の減速領域（後流域）の速度回復を遅らせるため，ウィンドファームにおける複数風車の設置間隔は，陸上ウィンドファームと比べて大きくとらなければいけない，との短所をもたらす。

陸上風車では，風車の空力騒音低減のためにロータ翼先端の周速度を60～70 m/s程度に抑えているが，洋上では陸上ほどには風車騒音が問題とならないため，100 m/sを超える翼端速度での運転，すなわち回転速度の高速化が可能になる。回転機械における高速化は，同一出力に対してトルク低減を導くため，ドライブトレインの軽量化，さらにはタワーの軽量化が可能となる。また，高速運転は高周速比での運転を実現するため，ロータ空力効率の向上が図られる。

（2） 洋上風車のコスト

現状では，洋上風車のコストは陸上風車のコストと比較して，1.5～2倍といわれている[33)]。その理由を明らかにするために，陸上風車と洋上風車における発電システムの要素別コスト例[33)]を**図1.22**に比較して示す。いずれも設置地形，商用系統線までの距離により変化するが，おおまかな比較は可能であると考える。

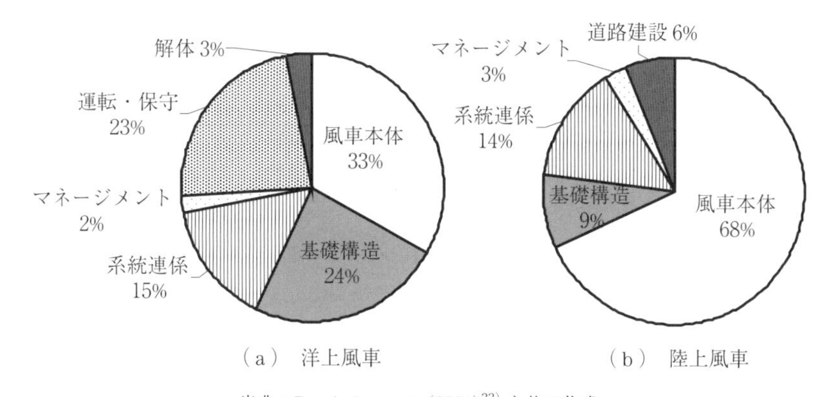

出典：Duwind report（2001）[33] を基に作成

図 1.22 洋上風車と陸上風車の要素別コストの比較例

陸上風車の場合，風車本体（タワー・ナセル・ブレードなど）のコストが全体の 60 ～ 70％であり，現状の洋上風車本体は陸上風車を改良したものであるため，本体のコストは大差がないと考えられる。したがって，洋上風車の高コストは，基礎構造コストを含む設置費用，系統連係費用，保守・点検・修理費用の増加に起因することがわかる。つまり，洋上風力発電の普及にはこれらを低コスト化する技術の開発が必要であり，一つの解決方法として大型風車の導入により発電コストの低減を図ることがある。

（3） 洋上風車支持構造

洋上風車本体の設置場所が水面上であり，これを支持する方法として以下の二つが考案されている。

着床式：風車を含む発電施設自体を海底に固定（**図 1.23** 参照）

浮体式：風車を浮体上に設置し，浮体をカテナリなどで海底に固定（**図 1.24**[34] 参照）

このうち，現在欧州にて採用されているのは着床式であり，水深 60 m までの比較的浅い海に対して適用が可能であると考えられている。海岸線からの離岸距離が 100 km に及ぶものも計画されているが，基本的には着床式洋上風力発電設備からの電力は，海底に敷設する送電ケーブルにより陸上の商用電源系統に連系される。

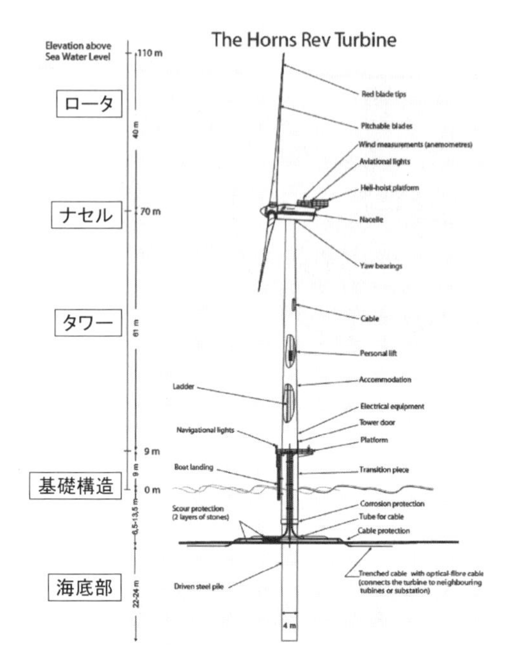

図 1.23 着床式洋上風車の例（Vestas V90）

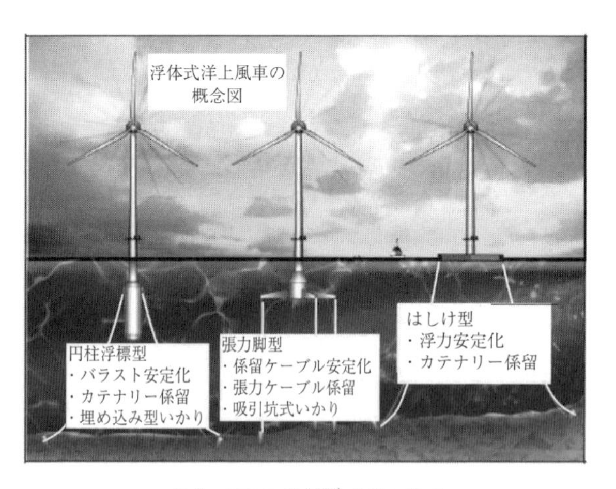

出典：NREL 資料[34]を基に作成

図 1.24 浮体式洋上風車の概念図

一方，浮体式は大深度での洋上風車設置に対して考案されているもので，特に周辺が大深度の海洋に囲まれているわが国において研究が進められている。なお，離岸距離がきわめて大きい場合には，陸上との系統連係が困難であるため，電気分解により水素（H_2）などの化学エネルギーにいったん変換する方法も検討されている。ただし，水素の貯蔵法・運搬法は一般の化石燃料ほど容易ではないため，例えば，火力発電所などから回収した二酸化炭素を浮体まで輸送し，浮体上で，水素と二酸化炭素を反応させ，メタンをはじめとする炭化水素を合成することも選択肢として考えられている。

着床式洋上風車の構成例が図 1.23 に示されている。風車本体（ロータおよびナセル）・タワーは陸上風車とほぼ同一であり，水面上で基礎構造（図 1.23 ではモノパイル）と連結される。基礎構造には，以下に示すような種類（**図 1.25** 参照）があり，水深ならびに海底の地盤・傾斜などの条件により適用が異なり，建設・設置のコストも大きく変化する（**図 1.26**[35] 参照）。

モノパイル式　　　　　　：水深 <30 m，やや堅牢な地盤，海底傾斜も可
重力式　　　　　　　　　：水深 <30 m，堅牢な地盤，平坦な海底
ジャケット（トラス）式：水深 <60 m，軟弱な地盤，海底傾斜も可
トリポッド式　　　　　　：水深 <60 m，軟弱な地盤，海底傾斜も可
トリパイル式　　　　　　：水深 <60 m，軟弱な地盤，海底傾斜も可

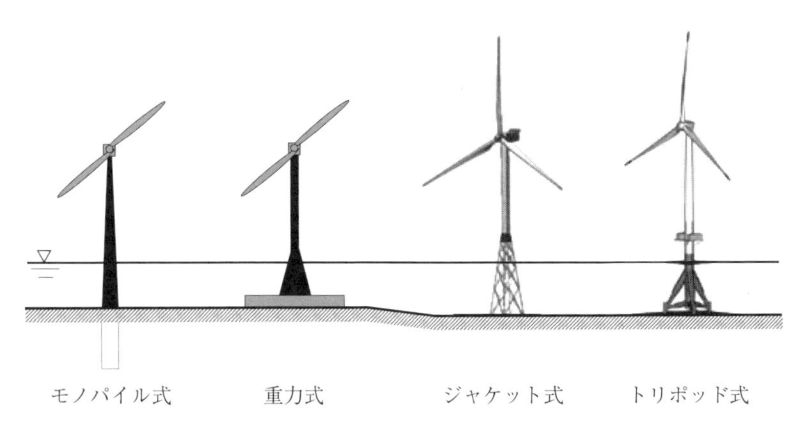

図 1.25　図着床式洋上風車の水中基礎構造の種類

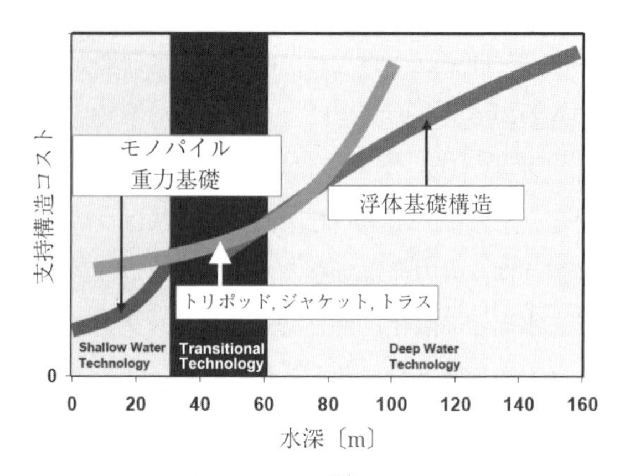

出典：NREL 資料[35] を基に作成

図 1.26 水深に対する支持構造コストの試算例

（4） 利用可能率向上のための要素技術

洋上風力発電設備は，特に離岸距離の大きな海域に設置された場合，簡単には風車に到達（アクセス）できず，陸上施設と同じレベルで日常点検を行うことがきわめて困難である。したがって，発電設備の高い利用可能率を確保し，洋上風車の経済性を向上させるためには，陸上とは異なる保守管理体制を整備する必要がある。

以下に利用可能率を次式で定義する。

$$\text{風車利用可能率} = \frac{「\text{風車利用可能時間}」}{「\text{全時間}」} = \frac{「\text{全時間}」-「\text{風車停止時間}」}{「\text{全時間}」} \tag{1.20}$$

ここで，「風車停止時間」は故障・修理・保守・点検により風車を停止した時間を示す。利用可能率はすなわち風力発電設備が利用可能な時間割合であり，風速が起動風速以下で風車が発電しない時間も「風車利用可能時間」に含める。洋上風力発電設備の利用可能率を向上するには，例えばつぎの三つの点について要素技術の確立・改善が求められる。

設備・システム信頼性の向上：発電設備ならびに運用システムの信頼性を向上させることにより故障の発生頻度，保守の必要頻度を低減できる。ただし，これはコスト上昇につながるため最適化が必要である。

遠隔監視システムの開発：コンディションモニタリング技術を開発し，設備に直接アクセスしなくても遠隔地（陸上）から設備・システムの点検がある程度まで可能になる。

アクセス方法の改良：洋上風車へのアクセス性は，風車にアクセスできる時間割合により評価され，通常の船舶を利用する場合，有義波高が1mを超えるとアクセスが困難となる。季節風が強まる日本の冬季には，アクセス性はきわめて低下する。

図1.27は，洋上風車のシステム信頼性とアクセス性が利用可能率に及ぼす影響を試算したものである[33]。信頼性については

- 「陸上風車と同程度の信頼性」
- 「信頼性：良（故障頻度が陸上風車の2／3)」
- 「信頼性：優（故障頻度が陸上風車の1／3)」

の3種類を想定した。陸上風車（アクセス性100％）の場合，いずれの信頼性においても利用可能率は高いが，アクセス性の低い洋上風車（例えば40％）

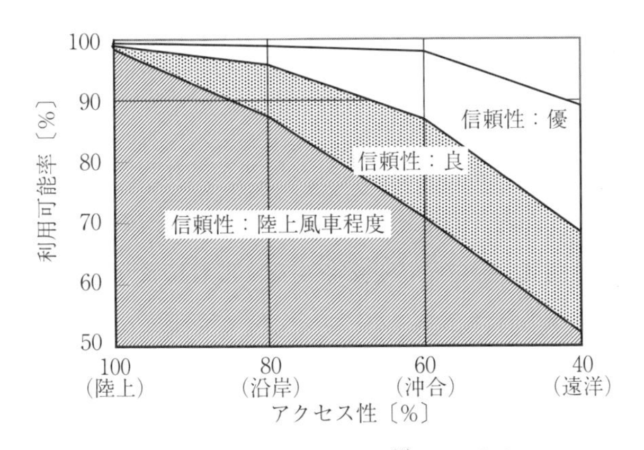

出典：Duwind report (2001)[33] を基に作成

図1.27 利用可能率に及ぼすアクセス性・信頼性の影響

の場合，信頼性の違いは利用可能率に大きく反映されることがわかる。

洋上風車へのアクセスとしておもに船舶が利用されているが，船舶との接触により風車基礎部に損傷を与える危険性を避けるため，母船からゴムボートに乗り移るアクセス方法も一部で採用されている。また，風車ナセル上にヘリポートを設置し，ヘリコプターによりアクセスする場合もあるが，強風時には危険を伴うためあまり高いアクセス性は期待できない。船舶利用によるアクセス性を改善するために，欧州では船舶から風車基礎部へ渡す特殊な通路（船舶の揺れによらず通路先端が定点を維持する）を有する船舶が開発された[36)]。

（5） 洋上風力発電施設に関わるその他の技術課題

洋上風力発電の推進に必要となる，その他の技術課題を以下に列挙する。

基礎構造の設計・製造・施工技術：現状の技術では水深 60 m 程度の着床式が限界であり，水深 100 m までの着床式ならびに浮体式の開発が望まれる（経済性・信頼性向上）。

波力による基礎構造への変動荷重予測技術：洋上風車は，風力によるロータ・タワーへの変動荷重に加えて，波力による基礎構造への変動荷重が複合的に作用する。この波力による影響を評価する際には，構造系と流体系の連成振動予測技術の確立が不可避であり，疲労調査技術の開発とあわせて現況は開発途上にある。今後，変動荷重予測と疲労寿命予測に関して，着床式／浮体式モデルの構築および検証が，洋上風車の経済性・信頼性を向上させるうえで求められている。

洋上での気象・海象調査：洋上における風速・乱れ強さなどの気象観測，波力・波高・海流速・潮流・潮位・津波等の海象観測について，観測技術ならびに予測システムを開発・確立する必要がある。これにより，特に現在不明確な日本における海上風の特性を明らかにすることが可能となり，洋上風力発電の経済性・信頼性の向上につながると考える。

環境影響評価・調査：日本における洋上風力発電のための環境評価手法は未開発である。特に，洋上風車が生態系（海生生物，鳥類）に及ぼす影響，景観に及ぼす影響につき評価手法を確立するとともに，周辺海域における漁業といかに協調できるか，その方策の検討が急務である。

以上，洋上風力発電に関わる技術課題を列挙したが，いずれも欧州において約 25 年前から取り組まれている。わが国では，2010 年より開始した NEDO 洋上風力発電プロジェクト[37] により銚子沖に 2.4 MW 単機着床式風車が設置され，実証研究が実施されると共に，2011 年開始の福島復興･浮体式洋上ウィンドファーム実証研究事業[38] により，福島県沖にて浮体式風車を用いた実証研究が進められている。

1.2.4 風力発電の今後

風力発電には多くの技術課題が残されており，特に日本での導入促進には厳しい自然環境・狭隘（きょうあい）な平坦地など多くの障害が存在する。しかし，「J クラス」の規格化をはじめとする多くの技術課題を克服すれば，環境問題・エネルギー問題を克服するための一つの選択肢として，風力発電が成立するものと期待される。また，本節では割愛したが，電源系統への調和性を高める技術の確立も，風力発電設備のさらなる導入に必要である。

1.3 バイオマス

1.3.1 バイオマスの種類とエネルギー

再生可能エネルギーの一つである**バイオマス**は，カーボンニュートラルな環境に優しいエネルギー資源として注目を集めている。しかし，バイオマス資源は多岐にわたり，また，その利用も経済性の問題などにより，いまだ多くのバイオマスは未利用資源となっているのが現状である。本節では，バイオマスエネルギーの動向と現在有望視されているバイマスのエネルギー利用形態であるバイオガスの現状について概説する。

バイオマスは大量に生成する生物由来の有機物質であり，その多くは自然に放置または焼却処理されることが多い。しかし，バイオマスは自然界で炭素循環するカーボンニュートラルとはいえ，自然に放置するにしても焼却処理でも結果として炭酸ガス排出することになる。また，未利用バイオマスは大量の廃棄物として排出されることから，自然に放置するにしても最近では最終処分地の容量不足や腐敗に伴う環境問題の原因となっているだけでなく，山林では間伐材などの放置により森林の荒廃にもつながっている。一方，バイオマスの種類によっては多くの水分を含むため，焼却処理過程で化石燃料の助燃が必要になることもある。このような状況から，未利用バイオマスのエネルギー資源化により，エネルギー資源の多様化と化石エネルギー消費を少しでも削減することは今後のエネルギーセキュリティーおよび環境保全の観点から重要課題であり，利用システムの構築および燃料としてのアップグレード化，さらにはそのための多岐にわたる要素技術の開発が現在推進されている。

バイオマスの種類を発生源に基づき分類すると，以下のとおりである。

1） **木質系**：木材，林地残材（間伐材），廃材（製材所，建設），剪定（せんてい）材，おが屑，バーク（樹皮）等
2） **農産系**：わら，もみ殻，その他農産残渣（ざんさ）
3） **畜産系**：乳・肉用牛汚泥，養豚汚泥，養鶏汚泥等
4） **食品系**：生活系厨芥（ちゅうかい）類（生ごみ），事業系厨芥類（食品廃棄物），動植物系残渣
5） **汚泥系**：下水汚泥

バイオマスは生物由来のため，必然的に水分を含んでおり，発熱量は含水率に大きく依存する。**図 1.28** に各種バイオマスの含水率と発熱量の関係を例示した[39]。

有効発熱量（その状態で燃焼したとしたときに，正味発生する発熱量。以降，単に発熱量と表記する）〔MJ/kg〕が 0 以下では水の蒸発潜熱が有機成分の発熱量と同等またはそれを上回ることを意味する。また多くの灰分を含むバイオマス中ほど，低い含水率でも発熱量が 0 以下となる。例えば，汚泥は含水率が 70 ～ 90 %にも及ぶため，汚泥そのものの発熱量よりも水の蒸発潜熱のほうが大きく，熱回収ができない。一方，乾燥木材は高い発熱量を有しており，高品位のエネルギー資源に位置づけることができる。このようにバイオマスの

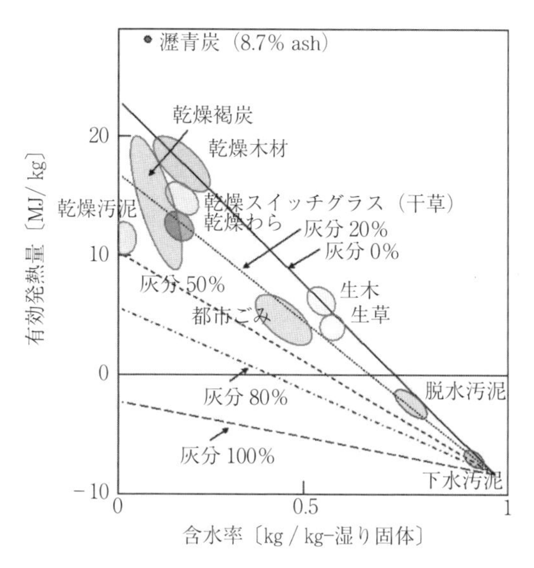

図 1.28　バイオマスの含水率と有効発熱量

エネルギー利用方式によっては，乾燥などの有効な含水率低減操作が前処理として重要な課題となる。

1.3.2　日本の地域分散バイオマスエネルギー動向

日本ではバイオマスは，地域ごとで種類に特色を有するものの偏在は少なく，むしろ比較的均等に分散しているエネルギー資源といえる。一方，図1.28で示したように，代表的な固体の化石燃料である石炭（瀝青炭）と比べて発熱量は低く，含水率が高くなると著しく低下する。このようなバイオマスの特質からは，広域的に大量のバイオマスを回収して集中的にエネルギーシステムを構築することは，経済的にも輸送効率（輸送できるエネルギー密度やエネルギー消費量）の観点からも困難であり，地域分散型のエネルギー利用が有利と考えられる。そこで本節では，ある特定地域のバイオマス賦存量を一例として紹介し，それが現状のエネルギー消費量に対してどの程度寄与しうるかを概説する。

バイオマスの賦存量や利用可能量にはいくつかの表記があり，以下に各用語の定義を示す。

（1） **賦存量**：バイオマスの利用の可否にかかわらず理論上1年間に発生，排出される量で，質量で表記する。〔t/年〕

（2） **（有効）利用可能量**：賦存量よりエネルギー利用，堆肥，農地還元利用等，すでに利用されている量を除き，さらに収集などに関する経済性を考慮した量で，質量で表記する。〔t/年〕

（3） **潜在賦存量**：エネルギーの取得や利用についての実現性や種々の制約要素等は考慮しない理論的に算出される潜在的な資源エネルギー量。すなわち，各バイオマスに対する上記賦存量にそれぞれの発熱量を掛けて合算した全エネルギー換算量。〔GJ/年〕

（4） **最大可採量**：潜在賦存量を熱や電気等のエネルギーに変換した場合のエネルギーで，次式のようにエネルギー形態に対応するエネルギー変換効率を潜在賦存量に乗じた量。〔GJ/年〕

(最大可採量)＝(潜在賦存量)×(エネルギー変換効率)

（5） **期待可採量**：最大可採量に，地理的要因，エネルギー源の利用状況等の制約要因を考慮したうえで，エネルギーとして開発利用の可能性が期待されるエネルギー量〔GJ/年〕

(期待可採量)＝(最大可採量)×(技術的・地理的な制約を考慮した係数)

（6） **利用可能量**：期待可採量に，経済性，利用者の意識・指向や社会動向等を考慮したエネルギー量。項目（2）ではバイオマス質量で表記するのに対して，エネルギーに換算した量で表記する。〔GJ/年〕

(利用可能量)＝(期待可採量)

×(経済性，利用者の意識・指向や社会動向等)

各種バイオマス賦存量や利用可能量は，国立研究開発法人新エネルギー・産業技術総合開発機構（NEDO）で地域ごとのデータが公表されている[40]。さらに詳細な統計データは，バイオマスの種類によって農林水産省[41]，環境省[42]，国土交通省[43] 等の省庁調査や地方自治体調査等で公表されている。著者らはかつて，これらのデータを収集して，愛知県内で有数のバイオマス資源を保有する愛知県豊川周辺地域での各種バイオマス賦存量などを調査した。**図1.29**は，豊川周辺6市町村（豊川市，蒲郡市，新城市，設楽町，東栄町，豊根村）の畜産系，食品系，汚泥系，木質系および農業系バイオマス潜在賦存量を示す。

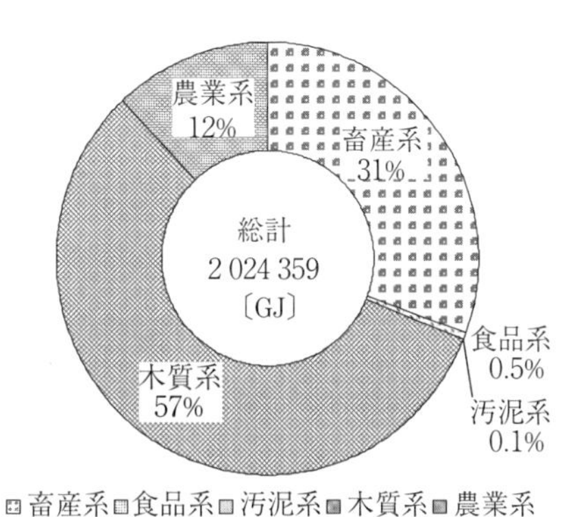

図1.29 愛知県豊川周辺地域におけるバイオマス潜在賦存量

具体的なバイオマスは，以下のとおりである。

1) 畜産系：乳･肉用牛汚泥，養豚汚泥，採卵鶏・ブロイラー汚泥
2) 食品系：生活系および事業系厨芥類，動植物系残渣
3) 汚泥系：下水汚泥
4) 木質系：林地残材，製材所廃材，果樹剪定，講演剪定，建築解体廃材，新・増築廃材
5) 農業系：稲わら，もみ殻，麦わら

この地域では山林面積が大きく，木質系バイオマスが57％を占めているのに対して，人口が少ないため食品系と汚泥系はごくわずかであった。6市町村の潜在賦存量総量は2 024 TJ/年であり，これは日本全体の最終エネルギー消費の約0.014％，愛知県でのエネルギー消費に対しては0.28％に相当する。このような調査結果から，化石燃料の代替としてバイオマスエネルギー資源に過剰な期待を抱くことはできないが，これまで未利用で廃棄されていたバイオマスをエネルギーリサイクルとして有効利用することは，一次エネルギー供給

の削減に加え環境保全と廃棄物の減容化にもつながり，持続可能な循環型システム構築の一環として要素技術の開発を推進して行く必要がある。**図 1.30** に日本の一次エネルギー供給の動向が示されているが，2011 年以降は原子力への依存性がきわめて不透明であり，再生可能エネルギーを含めて多様なエネルギー資源の利用が求められる。

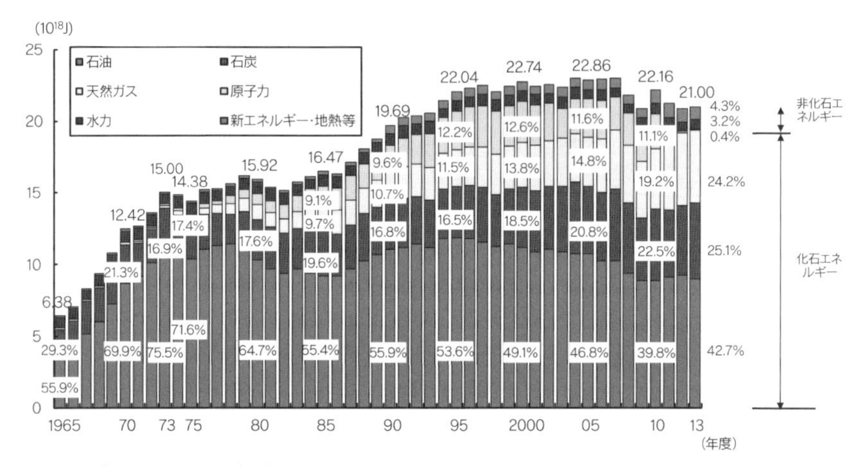

（注 1）「総合エネルギー統計」では，1990 年度以降，数値について算出方法が変更されている。
（注 2）「新エネルギー・地熱等」とは，太陽光，風力，バイオマス，地熱などのこと。

図 1.30　一次エネルギー国内供給の推移（序章：図 2 の再掲）

バイオマスエネルギー利用技術は，直接燃焼，液体燃料化（油化），ガス転換（ガス化）に大別することができる。直接燃焼はボイラーやストーブのようにバイオマスを燃焼させて，熱回収を行う方式で，熱効率は高い。蒸気タービンや外燃機関のスターリングエンジンでの発電も試みられているが，前者は数百 MW 以上の火力発電規模に大型化しないと高い熱効率を得ることができず，通常のバイオマス回収規模では発電効率が一般に低いのに対して，後者は現状の技術では出力が数十 kW 以下の低い設備しかないことが実用化の大きな障害になっている。液体燃料化は，発酵によるエタノール合成やエステル化反応による油脂のディーゼル燃料化などの直接法，バイオマスをいったんガス化して水素と一酸化炭素に転換したあと，メタノール合成またはフィッシャー・トロプシュ法（Fischer-Tropsch process，FT 法）により液体炭化水素燃料を合成する間接法がある。ガス転換は，固体または液体状態から気体燃料に変換して，バイオガスとして利用する方式である。液体燃料化とガス転換は，バイオマスを高品位で利用しやすい形態に変換するエネルギー資源のアップグレード化に位置づけることができる。なかでもガス転換したバイオガスは，輸送や取扱いが容易になるだけでなく，ガスエンジン発電や都市ガス代替等利用方法が多様化かつ高度利用が可能となり，今後さまざまな展開が期待される。次項では，バイオマスからのガス転換技術を中心に解説する。

1.3.3 バイオマスガス転換技術の分類と特徴

バイオマスからガスへの転換技術は，熱化学的変換と生物化学的変換に大別できる。熱化学的変換は熱化学反応を利用する方式で，熱分解や部分燃焼によりガス化される。生物化学的変換は微生物による発酵を利用する方式で，メタンや水素が生成される。

〔1〕 熱分解ガス化

バイオマスを500℃程度以上に外部から間接加熱することによりバイオマスを分解して可燃性ガスを生成するガス化法である。無酸素状態で蒸し焼きにするため，一酸化炭素や水素だけでなく炭化水素系の可燃ガス成分が多く生成し，発熱量が高いことが多い。バイオマスを高温に加熱するための熱源には，熱分解後の炭素と灰を主成分とする固形残渣（炭）であるチャーや生成したガスの一部が利用される。本方式では常温では液状のタール成分の副生が多く，これが装置内の低温部に付着してトラブルの原因になるとともに，ガスへの転換率低減につながるため，タール成分の分離や分解処理の対応が必要となる。チャー中の残留炭素を低減してガス化率を向上するために，水蒸気や二酸化炭素等のガス化剤が熱分解炉内に導入されることもある。熱分解炉には**図 1.31**に示すような間接加熱が容易なロータリーキルン方式[44]がよく用いられる。また過熱水蒸気をガス化剤と同時に直接熱交換熱源に利用する過熱水蒸気ガス化方式もある。

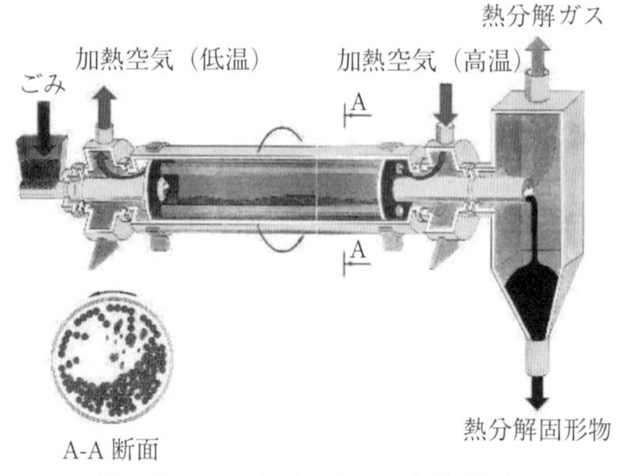

図 1.31　ロータリーキルン式熱分解炉

〔2〕 部分燃焼ガス化

空気または酸素をガス化剤に利用して，部分燃焼による発熱反応によって炉内を高温に維持してガス化する方式である。このようなガス化では，第一段階として炉内に投入されたバイオマスが昇温してまず熱分解が生じる。第二段階では，ガス化剤として供給された酸素と熱分解ガスやチャーとの酸化反応が進行して急速な発熱昇温，第三段階では第二段階までに生成した水蒸気や二酸化炭素とチャー中の残留炭素とのガス化反応と気相反応が生じる。このようなガス化過程のおもな反応は以下のように表すことができる。

熱分解：バイオマス $=H_2+CO+CO_2+$ HC(炭化水素) $+$ C(チャー) $+$ タール

酸化反応：$H_2+(1/2)O_2=H_2O$

$CO+(1/2)O_2=CO_2$

$HC+O_2=H_2O+CO_2+CO+H_2+\cdots$

$C+O_2=CO_2$

$C+(1/2)O_2=CO$

固気反応：$C+H_2O=H_2+CO$

$C+CO_2=2CO$

気相反応：$CO_2+H_2=CO+H_2O$

$HC+H_2O=H_2+CO+CO_2+\cdots$

ガス化装置には，固定床または移動床，流動床，噴流床があり，**表 1.2** にそ

表 1.2　バイオマスガス化方式とその特徴

ガス化方式および炉型式	固定床		流動床		噴流床	ロータリーキルン	
	ダウンドラフト式	アップドラフト式	バブリング式	循環式		内熱式ロータリーキルン方式	外熱式ロータリーキルン方式
ガス化炉概略図 （F：木質バイオマス O：酸化剤（空気，酸素，蒸気） P：発生ガス）	F, O, P	F, P, O	P', F, O	P, F, O	P, F, O	F, O, P	F, P, O
ガス化温度〔℃〕	700 ～ 1 200	700 ～ 900	800 ～ 1 000	800 ～ 1 000	1000 ～ 1 500	850 ～ 1 000	700 ～ 850
ガス出口温度〔℃〕	600 ～ 800	100 ～ 300	500 ～ 700	700 ～ 900	1 000 ～ 1 200	800 ～ 950	650 ～ 800
タール含有量	低い （<0.5 g/m^3N）	非常に高い （30～150 g/m^3N）	中 （<5 g/m^3N）	中 （<5 g/m^3N）	非常に低い （<0.1 g/m^3N）	中 （<5 g/m^3N）	中 （<3 g/m^3N）
制御性	良	非常に良い	中	中	複雑	中	良
運転性	負荷変動：敏感 減量運転： 40～100%	負荷変動：敏感ではない 減量原料運転： 50～100%	負荷変動：敏感 減量運転： 30～100%	負荷変動：敏感 減量運転： 30～100%	負荷変動：敏感 減量運転： 30～100%	負荷変動：敏感 減量運転： 30～100%	負荷変動：それほど敏感でない 減量運転： 30～100%
原料の条件	制約厳しい（含水率：<25 w%，サイズ：20～100 mm，灰分含有量：<6 d%）	制約あり（含水率：<60 w%，サイズ：5～100 mm，灰分含有量：<25 d%）	制約少（含水率：<60 w%，サイズ：20 mm，灰分含有量：<25 d%）	制約少（含水率：<60 w%，サイズ：20 mm，灰分含有量：<25 d%）	制約厳しい（含水率：<10 w%，サイズ：微粉，灰分含有量：<25 d%）	制約あり（含水率：15 w%，サイズ：50 mm）	制約あり（含水率：40 w%，サイズ：50 mm）
適正容量	<5 MW	<20 MW	20<MW<60	>60 MW	>100 MW	?	<600 MW
備　考	欧米の設備数の約75%を占める 変形型にオープンコア式がある	左記との中間型にクロスフロー式がある		常圧式のほかに加圧式（IGCC 用）がある	最近では小規模向けの開発がなされている		制約は工場製作による搬送性から現場組立ならば大型可能 タール分は後段高温改質で <0.05 g/m^3N 程度まで除去する

出典：城子克夫（2004）[46]

れらの装置の概略と特徴[45]を分類して示す。固定床はバイオマスを充填してゆっくり反応が進行する方式で，ガス化炉単位体積当りの充填密度が最も高い。連続的なガス化ではバイオマスを炉上部から供給して残渣を下部から排出して，バイオマスが徐々に降下する過程でガス化反応が生じることから，移動床ということもある。ガス化剤は炉上部から下部へ流通させるダウンドラフト方式と下部から上方へ流通されるアップドラフト方式がある。後者はバイオマスとガスの流れが逆方向のため，バイオマスの降下に伴い熱分解，ガス化，燃焼反応の順に進行するのに対して，前者は同じ方向のために熱分解，燃焼，ガス化反応の順となる。

流動床はガス化炉下部から供給されるガス化剤により流動化させつつガス化させる方式で，バブリング式（気泡流動床方式）と循環流動床方式がある。バイオマスは，800℃程度の高温の流動層（ベッド部）に直接供給するため，急速昇温して反応も急速に開始される。バイオマスはまず熱分解され，引き続きチャーはベッドでガス化剤と反応して酸化（燃焼）する。反応が進行してチャー粒子が微細化すると，気流に同伴してベッド上部空間のフリーボード部（循環流動床では希薄層ということもある）に到達し，そこでガス化反応が継続して進行する。熱分解ガスはフリーボード部でさまざまな気相反応ならびにチャーのガス化反応を起こし，最終的に炉外へ排出される。炉から排出されたガスは，固形粒子（灰またはチャー）とガスがサイクロンで分離される。

噴流床は気流床とも呼ばれ，細かく粉砕したバイオマスを炉内（ライザー）下部から上部へとガス化剤で気流搬送しながらガス化する方式で，1 000℃以上の高温でガス化できるため，反応速度が速くタール成分の生成も著しく低減することができる[47]。

〔3〕 生物化学的ガス変換

生物化学的ガス変換は，空気を遮断した嫌気性雰囲気で菌の発酵作用でバイオマスの有機物質を分解してガスを発生させる方式で，このようなガスをバイオガスと呼んでいる。メタン菌でのメタン発酵が一般的であるが，水素菌による水素発酵も試みられている[48]。発酵は熱化学的変換のように高温にする必要がなく，常温または若干加温した100℃以下の温度で操作できるため，簡易的にガス変換することができるだけでなく，湿式操作でよい，すなわち含水率の高いバイオマスでも乾燥の必要がないという特徴を有している。また設備コストも低く，かなり小規模の分散型システムでも実用性が高いため，幅広い展開が期待される。しかし，反応速度は熱化学的変換に比べて非常に遅いため，処理量が多い場合には発酵槽が大型化してしまう。したがって，発酵速度を促進するために菌とバイオマスとの接触性の向上を図る菌担持方法，阻害要因の除去，発酵活性の高い菌の探索などの開発が行われている。

1.3.4　日本のバイオガスエネルギー動向

前項の1.3.2項で分類したバイオマスの中で，木質系と農業系バイオマスはセルロース，ヘミセルロースおよびリグニンを主成分とし，比較的含水率が低く，高品位のエネルギー資源となりうる。このようなバイオマスでは，直接燃焼，熱的化学変換法であるガス化によるガス製造，エタノール発酵による液化が利用法の中心となっている。図1.29で図示した木質系，農業系および畜産系の一部（採卵鶏とブロイラーの汚泥）の潜在賦存量は，直接燃焼による利用方法を想定して，次式のようにバイオマス発生量である賦存量と**発熱量**との積で算出してある。

潜在賦存量〔GJ/年〕＝賦存量〔t/年〕× 単位発熱量〔GJ/t〕

各バイオマスの燃焼発熱量は**表1.3**のとおりである。

表1.3　バイオマスの燃焼発熱量

バイオマスの種類	発熱量〔GJ/t〕
林地残材，製材所廃材，新築廃材，建築解体廃材	15.6
果樹剪定枝，公園剪定枝	7.95
稲わら，麦わら	13.6
もみ殻	14.65
採卵鳥排泄物，ブロイラー排泄物	10.47

一方，畜産系，食品系，汚泥系は含水率および灰分が高く，発熱量が一般にはきわめて低い。また，窒素，硫黄，リン等を含み，これらは燃焼することにより窒素酸化物や硫黄酸化物等の環境汚染物質やリン酸などを排出するなど，エネルギー資源としては低品位に位置づけられる。これらのバイオマスに対しては，メタン発酵などの生物化学的変換によるバイオガス製造が有効なエネルギー変換法のひとつであり，次式で試算した結果を図1.29に示してある。

1）畜産系，食品系（動植物性残渣）

潜在賦存量〔GJ/年〕＝賦存量〔t/年〕×全固形物割合〔%〕/100×有機物分解率〔%〕/100×バイオガス発生率〔m^3/t〕×メタン濃度〔%〕/100×メタン発熱量〔GJ/m^3〕

2）汚泥系

潜在賦存量〔GJ/年〕＝濃縮汚泥量〔t/年〕×(1−平均含水率〔%〕/100)×平均有機分〔%〕/100×ガス発生量〔m^3/t〕×メタン濃度〔%〕/100×メタン発熱量〔GJ/m^3〕

3）食品系（厨芥類）

潜在賦存量〔GJ/年〕＝賦存量〔t/年〕×(1−平均含水率〔%〕/100)×ガス発生係数〔m^3/t〕×メタン濃度〔%〕/100×メタン発熱量〔GJ/m^3〕

ただし，メタン発熱量はいずれも0.037 18 GJ/m^3である。

各種バイオマスのパラメータを**表1.4**，**表1.5**および**表1.6**に挙げる。

表1.4　畜産系および食品系バイオガス試算パラメータ

バイオマス	畜産系		食品系
	乳牛，肉牛	養　豚	動植物性残渣
全固形物〔%〕	9	9	15
発揮性有機物分解率〔%〕	35	55	75
バイオガス発生率〔m^3/t-分解VS〕	808	1 069	880
メタン含有率〔%〕	60	65	57.8

表 1.5 下水汚泥系バイオガス試算パラメータ

平均含水率〔%〕	98
平均有機分〔%〕	78
ガス発生量〔m^3/t〕	450
メタン含有率〔%〕	65

表 1.6 食品系（厨芥類）バイオガス試算パラメータ

バイオマスの種類	食品系	
	生活系厨芥類	事業系厨芥類
含水率〔%〕	80	86
ガス発生係数〔m^3/t〕	7.4	
メタン含有率〔%〕	62	

バイオガス生成の原料となる畜産系，汚泥系，食品系のバイオマス潜在賦存量は，図 1.29 の例から全バイオマス潜在賦存量の 30 %程度が期待できることがわかる。また，木質系もガス化への試みが数多く実施されており，今後の動向次第ではさらに高いバイオガス潜在賦存量を有している。

1.3.5 小規模バイオガス発生装置

メタン発酵装置（**バイオガス発生装置**）は，嫌気性細菌の働きにより有機物からバイオガスを安全かつ効率良く回収することを目的とした装置である。発酵温度，槽内構造，攪拌（かくはん）方法等のさまざまな選択肢があることから，運転の安定性，経済性，信頼性等を考慮し，処理目的および対象原料に適した方式を選定する必要がある。

また，東日本大震災のような災害時に，電力，ガス，輸送用燃料等のエネルギー供給が絶たれたことを考慮すると，原料となる資源が入手しやすく，枯渇の心配が少ない地域単位の小規模分散型のバイオガス発生装置の開発が求められる。

ここでは，著者らの研究室で開発した，小規模分散型バイオメタンエネルギーシステム（**図 1.32**）[49),50)] について述べる。このシステムは，地域で発生する食品残渣などの含水バイオマスを原料とする小規模バイオガス発生装置に，ガス精製装置と低圧ガス貯蔵タンクを組み合わせたものである。メタンガスの利用方法を変えることで，需要に応じて電力，燃料の供給を柔軟に変えることができるという特徴を持つ。

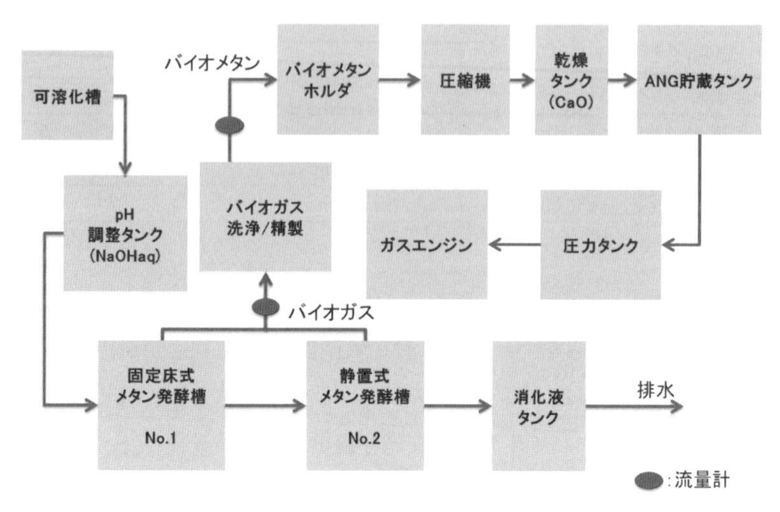

図 1.32 メタン発酵システム概要

本システムでは，原料として，食品廃棄物（現在は，大学内の食堂から出る廃棄物を利用）を水と混合して用いている。

まず，メタン発酵の前処理として，原料を粉砕し，可溶化（加水分解）処理を行う。通常，原料として，1 日に 10 kg（食品残渣 1 kg ＋ 水 9 kg）が可溶化槽（直径 50 cm，高さ 60 cm）（**図 1.33**）に投入される。投入された食品残渣は，約 2 日間，約 37 ℃で加温，ミキサーで攪拌により可溶化，加水分解される。可溶化・加水分解後，廃棄物中の有機物は酸生成菌によって有機酸（酢酸，ギ酸等）を生成する。混合物（以後，「基質」と呼ぶ）を含む槽内の pH は有機酸生成に伴って，3.0 ～ 3.5 まで下がる。

メタン発酵に用いるメタン菌の最適 pH 範囲は 6.0 ～ 8.0 であり，この範囲外では死滅（失活）するため，発酵槽に移送する前に，pH 調整槽（**図 1.34**）で pH を調整する必要がある。pH 調整槽では水酸化ナトリウム（NaOH）を添加し，常時 pH の調整を行う。

前処理をした基質はメタン発酵槽に供給され，バイオガスを生成する。発酵方式には，タンク内にスポンジ状の担体を充填した固定床式を用いている[50)]。

これによりメタン菌を発酵槽内で高濃度に保つことができ，次式に示すように，高濃度のバクテリアによりバイオガスの発生量が増大する（**図 1.35**）。

$$\frac{d[\mathrm{biogas}]}{dt}=A[\mathrm{bacteria}][\mathrm{substrate}]\exp\left(-\frac{4000}{T}\right) \tag{1.21}$$

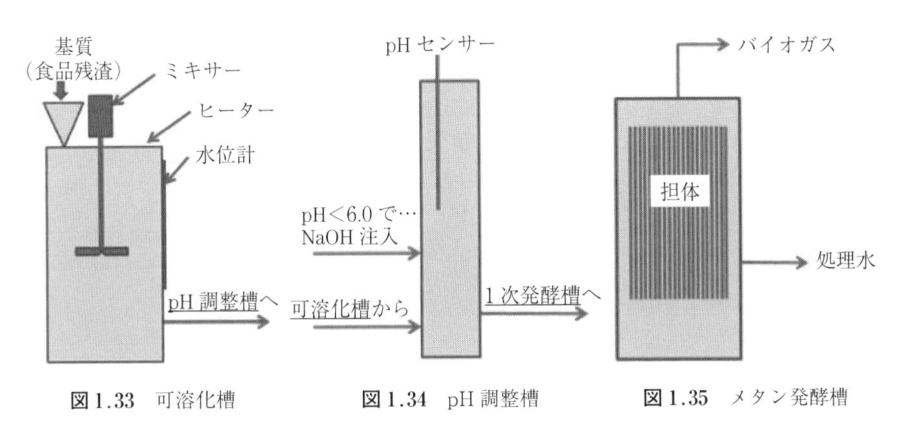

図 1.33　可溶化槽　　**図 1.34**　pH 調整槽　　**図 1.35**　メタン発酵槽

発酵槽は二槽式で，第一槽（一次発酵槽，直径 30 cm，高さ 90 cm）は固定床（担体）を通して基質を循環させることによって発酵がより促進される。このため，バイオガスの 90 %以上は，第一槽で生成する。第二槽（二次発酵槽，直径 30 cm，高さ 60 cm）は静置式で，おもに第一槽からオーバーフローするメタン菌の系外への流出を防ぐ働きをしている。発酵槽内では，可溶化槽で生成した有機酸（酢酸，ギ酸，プロピオン酸等）が嫌気性のバクテリアによりメタンと二酸化炭素に分解される。

反応例：$CH_3COOH \longrightarrow CH_4 + CO_2$（主反応）

$4H_2 + CO_2 \longrightarrow CH_4 + 2H_2O$

本システムで用いている固定床式メタン発酵法は，有機酸からメタンへの変換がわずか 2 日間で完了し，通常の非固定床式発酵槽では 7 日間要するのに比べて，きわめて高効率である。

発酵で生じるガスは**バイオガス**と呼ばれ，概略メタン 60 %，二酸化炭素 40 %の組成となっており，高濃度（500 ～ 1 000 ppm）の硫化水素も含んでいる。燃料としての熱量価を高めるためには，二酸化炭素を除去してメタン濃度を高くする必要がある。また，硫化水素は人体に有害であるうえ，燃焼時に腐食性のガスを発生するため除去が必要となる。

本システムでは，バイオガスを塩化第二鉄水溶液を入れた精製槽（直径 25 cm，高さ 40 cm，**図 1.36**）に通すことで硫化水素が除去され，つぎに水酸化ナトリウム水溶液を入れた精製槽（直径 25 cm，高さ 40 cm，図 1.36）に通すことで，二酸化炭素が除去され，バイオガスは**バイオメタン**（メタン濃度 95 %，硫化水素 1 ppm 以下）となる。精製用の水酸化ナトリウム水溶液は二酸化炭素を吸収することによって徐々に炭酸ナトリウムに変化していき，pH が中性に向かって下がっていく。pH が下がりすぎると二酸化炭素の除去能力が落ちるので，定期的に水溶液を交換する必要がある。

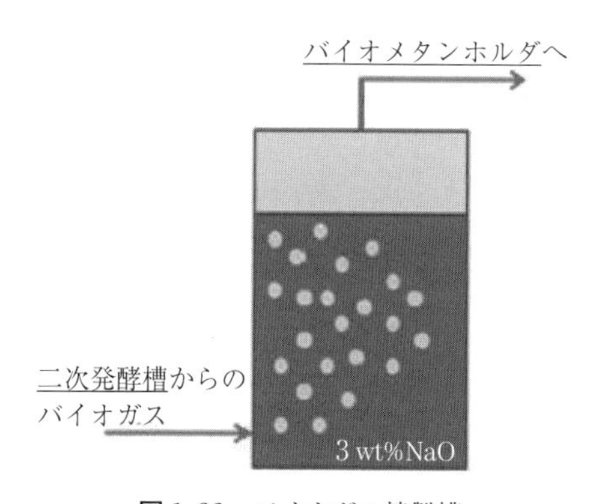

図 1.36　バイオガス精製槽

バイオメタンは水への溶解度が低いことから，水封式のガスタンクに効率的に貯蔵することができる（**図 1.37**）。タンクの上下によってガス保持可能体積が変化することから，タンク内の圧力を一定に保持することが可能である。ガスが一定量以上貯蔵されると，タンク蓋上部のセンサにより，コンプレッサーが稼働してタンク内の精製バイオメタンは乾燥塔へ移送される。

バイオメタンホルダより移送されたバイオメタンは微量の水分を含んでいるため，精製バイオメタンを貯蔵する前に酸化カルシウムを用いて乾燥する。乾燥塔（**図 1.38**）の水分除去剤としては，石灰石と酸化カルシウム（CaO）を用いる。

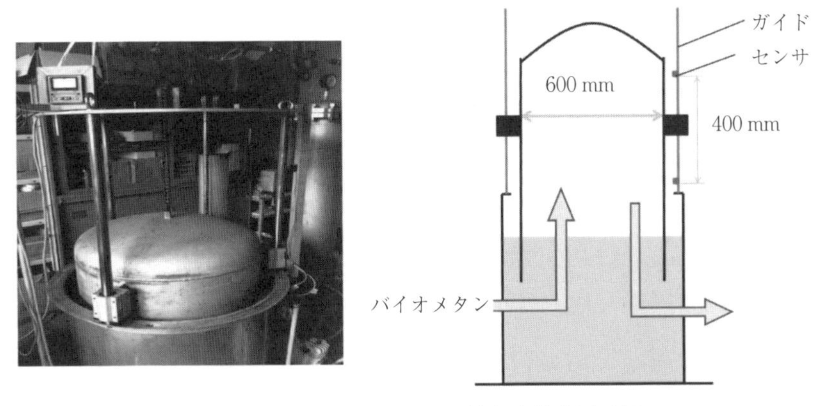

図 1.37　バイオメタンホルダ（左）と模式図（右）

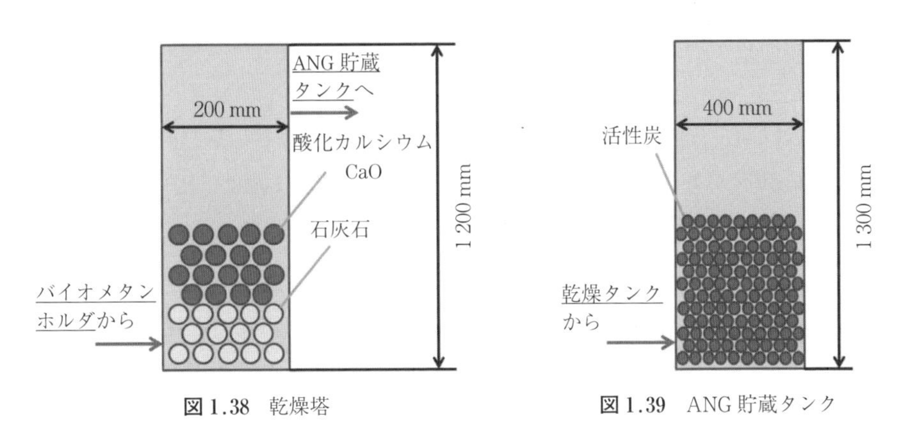

図 1.38　乾燥塔

図 1.39　ANG 貯蔵タンク

この際，バイオメタンが槽内の酸化カルシウム相を通過することによって，水分とともに残留する二酸化炭素も除去され，メタン純度は 98 % まで上昇する。

$$CaO + H_2O \longrightarrow Ca(OH)_2 \quad (脱水)$$

$$CaO + CO_2 \longrightarrow CaCO_3 \quad (CO_2 除去)$$

乾燥された精製バイオメタンは最終的に貯蔵タンク（**図 1.39**，直径 40 cm，高さ 130 cm）に貯蔵される。貯蔵タンク内には活性炭が充填されており，バイオメタンをこの活性炭に吸着させて貯留する方式であるため，**ANG**（adsorbed natural gas）**貯蔵タンク**と呼ばれる。

活性炭は細孔構造による非常に大きな表面積（比表面積 1 000 ～ 2 000 m^2/g）を持つため，活性炭にバイオメタンを吸着させることで，低圧でも多量のバイオメタンを貯蔵することが可能となる。本システムの場合，30 kg の活性炭をタンクに充填（体積 0.06 m^3 相当）すると，1 MPa で 3.0 m^3 以上のメタンガス（活性炭体積の 50 倍以上に相当）が貯蔵可能である。

投入する食品廃棄物中の含水率，化学成分組成やその分解率等から推定される 1 日（食品廃棄物 1 kg）当りのバイオガス，バイオメタンの発生量に比べて，固定床式発酵法を用いる本システムにおけるバイオガス発生量（実測値）は，1 日当りで推定値の 2 倍以上となり，バイオメタン発生が非常に高効率であるといえる（1.3.6 項参照）。この理由として，担体充塡による発酵槽内メタン菌の高密度担持と，原料の適切な前処理（効率的な加水分解）が挙げられる。

発酵の段階で分解しきれない残渣は消化液として排出される。消化液は液肥としての利用が可能で，小型水処理装置（回転円盤法または FRP 分離膜使用処理）により下水に放流することもできる。

2009 年時点で，日本では食品廃棄物は年間 2 200 万 t 排出され[51]，この内 60 %以上は焼却，埋立処分されている。これらの未利用食品廃棄物をメタン発酵し，発電（効率 30 %）を行った場合，0.35 GW もの電力が得られると推定され，これは福島第一原子力発電所 1 号機（0.46 GW）に匹敵する。このように現在利用されずに処分されている食品廃棄物は非常に大きな利用価値を有している。

1.3.6 固定床式メタン発酵槽

メタン発酵法には，発酵温度（低温発酵 20 ～ 25 ℃付近，中温発酵 30 ～ 40 ℃，高温発酵 55 ℃前後），用いられる有機物の水分含量（湿式：固形分 15 %以下，乾式：固形分 20 ～ 25 %以下）等による分類のほかに，発酵方式（固定床式，UASB 式，浮遊式，膜分離式等） の違いによる分類もある。

一般に，メタン発酵に食品廃棄物や農産廃棄物（稲わら，籾殻（もみ））等の固形廃棄物を用いる場合，処理速度やメタン発酵の安定性に問題がある。このため，メタン発酵にかかわる微生物群を高濃度に保持し，処理の安定性を図るため，固定床式メタン発酵法が利用されるようになっている。ここでは，担体充塡によって発酵槽内に高密度のバクテリアを担持し，高効率にメタン発酵できる固定床式発酵槽を用いた技術を紹介する。

固定床式発酵法の発酵槽内部にはポリ塩化ビニリデン製スポンジ（**図 1.40**）や炭素繊維等の担体が充塡されている。嫌気性バクテリアを担体に付着させて槽内の濃度を高める。この高濃度のバクテリアは，基質の加水分解で生成した有機酸（酢酸，ギ酸，プロピオン酸等）を高効率にメタンに分解する効果をもたらす。**図 1.41** に微生物が付着した固定床担体の例を示す。

図 1.40　担体（ポリ塩化ビニリデン製スポンジ，密度 0.04 g/cm^3）

図 1.41　微生物が付着した固定床担体の例

既存データに基づいてバイオガス発生量を推定したところ，生ゴミを原料とした場合，固定床式の高効率メタン発酵装置は，同規模の非固定床式発酵装置の 2 倍以上のバイオガスを発生するという結果が得られた。実際に同一原料を同量用いた流動式の固定床式発酵（担体あり，基質循環あり）と静置式（担体なし，基質循環なし）発酵方式の比較試験を行ったところ，静置式発酵槽のバイオガス発生量は 100 L/d であったのに対し，固定床式発酵槽の場合は 240 L/d で静置式発酵槽に比べて 2.4 倍となり，文献値による推定と同様に，固定床式の高効率メタン発酵装置は，同規模既存装置（静置式）の 2 倍以上の発酵効率を有することが実証された[52]。

また，静置式メタン発酵槽では，未分解基質とバイオガスの異常混合により突発的にスカムが発生し，発酵効率が一時的に低下する現象がしばしばみられるが，固定床式メタン発酵槽では，スカムにより発酵効率が一時的に低下しても，メタン菌が担体に高濃度で担持されているため，発酵槽容量が小型の場合でも，短時間で酢酸分解率が回復し，バイオガス発生量が増加することも明らかになった（**図 1.42**）。このことから，固定床式発酵法は小規模のメタン発酵装置でも安定した運転が可能であるといえる。

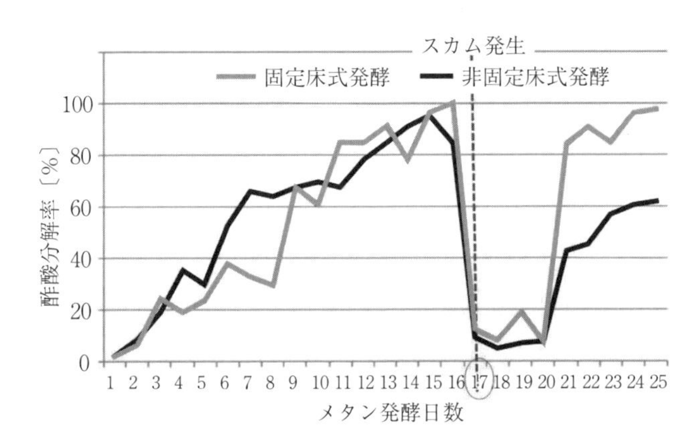

図 1.42　スカム発生後の酢酸分解率の回復状況

また，処理速度やメタン発酵の安定性に問題がある固形廃棄物・農産廃棄物の中から稲わらを選択し，固定床式メタン発酵を行い，発酵能力（稲わら分解とメタン生成）と微生物菌叢（きんそう）への担体の影響をみると，担体充填した固定床式発酵槽では担体未充填の発酵槽と比べて，稲わらの残存量が減少し，酢酸の分解促進によりメタン生成量が増加することがわかっている[53),54)]。この場合も，固定床式発酵槽内では，担体上において細菌群集が多様化し，高密度に存在するために稲わらの分解能力が向上すること，メタン生成阻害の原因となる酢酸を除去する能力を持つ酢酸資化性メタン菌の割合と数が担体上で増加し，酢酸の蓄積を防ぐことが可能となったためメタン生成量が増加した，と考えられる。

しかし，担体充塡に伴う微生物菌叢の多様化と変化過程や，それがもたらす有機物分解やメタン発酵への効果についてはいまだ不明な点も多く，今後，さらに検討が必要である。

1.3.7 ANG 低圧メタン貯蔵装置

現在，天然ガスの貯蔵は圧縮式が一般的で，液化プロパンガス（LPG），液化天然ガス（LNG）や圧縮天然ガス（CNG）として貯蔵する方法が実用化されている。しかし，貯蔵量を増やすためには高圧に耐えるボンベが必要になる。これに対し，吸着式では，活性炭などの吸着剤の微小な細孔の内部で，ガスが液体に近い密度で吸着されるという現象を利用するため，圧縮式に比べ，低い圧力でも多量のガスを常温で貯蔵できるというメリットがある。

一方で，日本で運転されているバイオガス発生装置から発生したバイオメタンはその数十%程度しか利用されていないという現状がある。その原因として，バイオガス精製，貯蔵技術の開発が遅れていることが挙げられ，高効率，低コストのバイオガス精製装置，貯蔵装置の開発が急がれる。

現在，高効率の **ANG**（adsorbed natural gas）メタン貯蔵装置を開発するため，バイオメタンを通常より低い圧力（～数 MPa）で，かつ常温で大量に濃縮貯蔵できる活性炭やその他の吸着剤の開発が進められているが，貯蔵効率，安全性，簡便性の一層の向上のためには，より大きいメタン吸着能を有する吸着剤が必要である。活性炭に高効率吸着性を付与するためには，吸着剤粒子としての特徴（破砕状態，粒度調整），高密度性，高細孔（ミクロポア）容積，改質された表面等に関して，一層の向上が必要となる。ANG 低圧貯蔵装置の応用例として ANG バイオメタン自動車（**図 1.43**）を紹介する。この自動車は活性炭を詰めた燃料タンクを搭載しており，これに貯蔵されたバイオメタンを燃料として走行する。従来の CNG 自動車のような高圧（20 MPa）の燃料タンクではなく，タンクのメタン充塡圧力は 1 MPa 未満である[49]。例えば，燃料タンク（35 L）に活性炭 20 kg を詰めると，バイオメタン 2 000 L（2 m^3）を充塡することができる。このバイオメタンを燃料として約 40 km 走行が可能

図 1.43　ANG バイオメタン自動車

である。今後は吸着剤の改質や燃料タンク構造の改良により，メタン吸着能力をさらに向上させ，走行距離を伸ばせると予想される。

1.3.8　メタン吸着剤

吸着剤には，活性炭，シリカゲル，アルミナ，ゼオライト，樹脂等がある。これらは，活性炭などの非極性吸着剤と，シリカ，アルミナ系の極性吸着剤に大別される。前者は非極性分子を選択的に吸着するのに対し，後者は水その他の極性分子を選択的に吸着する。したがって，メタンのような極性のない有機物を吸着するには，活性炭のように表面が疎水性である吸着剤を用いるほうが妥当である[55]。

これまでに多くのメタン吸着剤の検討がなされた中で，活性炭は優れたメタ

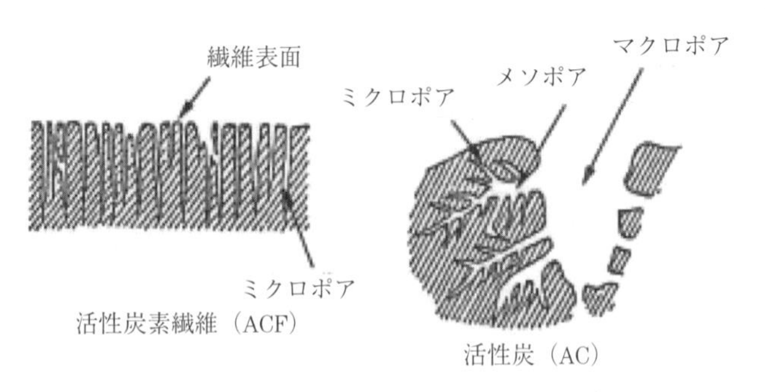

出典：H. Marsh *et al.*；活性炭ハンドブック[56]

図 1.44　活性炭，活性炭素繊維の細孔構造モデル

ン吸着性能を有している。活性炭の吸着性が大きい理由は，その多孔性構造にあると考えられる。一般に，吸着剤中にはさまざまな孔径の細孔が分布し（**図 1.44**，**図 1.45**），孔径に応じて異なる機能が発揮される。

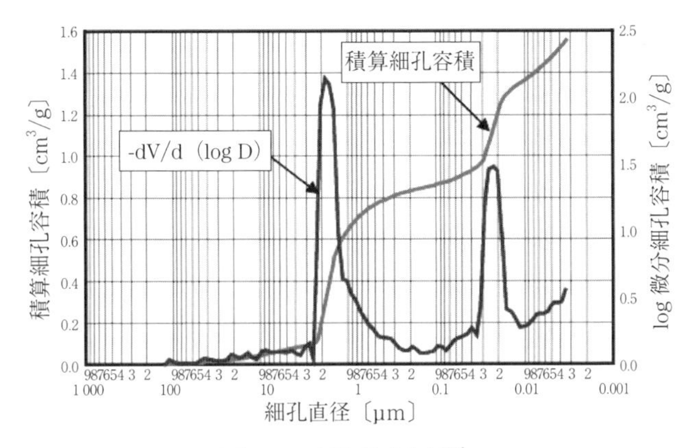

図 1.45　細孔径分布例[57]

ミクロポア（細孔直径：<2 nm）は大きな表面積を提供し，強力な吸着作用を示す。メソポア（2～50 nm）は触媒や脱臭用薬剤等を担持，添着するために利用でき，それぞれの薬剤によって異なる機能が期待できる。マクロポア（>50 nm）はそこに微生物や菌類を繁殖させることにより，無機の炭素材料がバイオ機能を発揮するようになる。水処理においては，この多孔性構造による吸着能力を利用している。

活性炭の原料（石炭系，木質系，その他石油ピッチ系等）と細孔径分布との関係では，ヤシ殻活性炭は石炭系活性炭に比べ孔径の小さなところに分布が集中し，孔径の大きな細孔が少ないのが特徴である。そこで，ヤシ殻活性炭は分子のサイズが小さな気相吸着を対象として多用される。石炭系の中でも，石炭化のあまり進んでいないリグナイト（亜炭）やピート（泥炭）を原料にしたものは，メソポアが多く生成される傾向がある。したがって，このような活性炭は分子サイズの大きな高分子量の物質（着色物質やフミン酸）の液相での吸着に使用されている。

過去10年以上にわたり天然ガス自動車の燃料貯蔵法検討のため，多くのメタン吸着剤を用いて，より低い圧力で天然ガスを高密度にタンクに貯蔵する技術の研究開発がなされてきたが[58]，そのうち最高の性能を示した活性炭においても吸着性能が不十分で，現在のところガソリン車並の走行距離を可能にするまでには至っていない。

その理由として，既存の吸着剤（**活性炭**，ゼオライト）は，細孔径の制御が困難であり，吸着剤中のメタン吸着用細孔（ミクロポア）の占める割合が小さいため，メタン吸着量が低いことがあげられる。例えば，これまで知られている中でメタン貯蔵量が最も多い活性炭（**図1.46**）のポア構造の中には，メタンなどの分子のファンデルワールス力による吸着貯蔵に寄与する直径2 nm以下のミクロポアのほかに，メタン貯蔵にあまり寄与しない直径2 nmを超えるメソポアや直径50 nm以上のマクロポアなどのむだなスペースが多く含まれている。

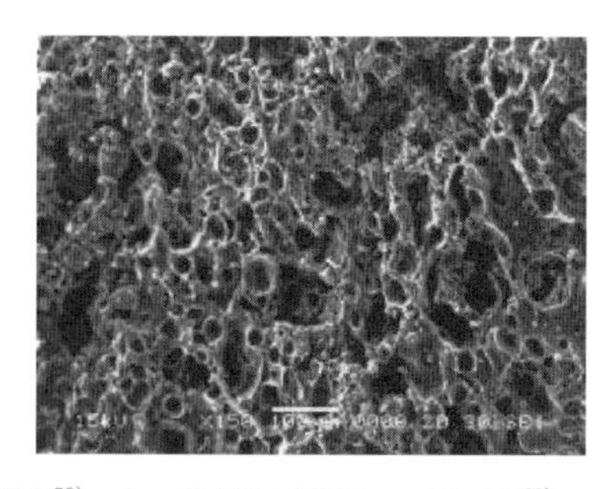

出典：左：北見市ウェブサイト，高度浄水処理[59]，右：東京都水道局ウェブサイト[60]
図1.46　粒状活性炭（左）と活性炭の電顕写真（右）

細孔構造を改質してメタン貯蔵に寄与する構造にすることは，メタン貯蔵量増大のための課題である。

米国ペンシルベニア大学のマイヤーらは，活性炭の分子構造シミュレーションから，計算上は3.5 MPaの圧力下で$198\ \mathrm{Ncm^3/cm^3}$（0℃，0.1 MPa換算）の吸着性能を達成できると報告している[61]が，この性能を持った活性炭の製造は困難なうえに，たとえ理論値に近い吸着能力を持った活性炭ができたとしても高価になると予測される。

また，活性炭などの多孔質炭素材料を酸化した酸化生成物からなるメタン吸着剤も報告されている。

近年では，すべての細孔がメタン吸着に寄与する細孔（メソポア）のみで，その細孔を構築するための骨格ができるだけ少ない構造を有する理想の吸着剤も考案されており，これまでに検討されたことのなかった新規な金属錯体による高性能メタン吸着剤の合成も試みられている[62]。このようなミクロ細孔性の固体は，そのミクロポア内に強いポテンシャルを有しており，メタンのように常温で超臨界状態にある気体でも物理吸着が起こる。

また，今後，さらに革新的な性能を発揮する吸着剤を生み出すためには，細孔という場の物理的な吸着力に頼るのみでなく，メタンと吸着剤表面との間に新たな界面現象を導入する表面構造の改質も不可欠である。

例えば，金子らは，酸化マグネシウムの担持によって活性炭素繊維のメタン吸着能が向上することを報告している[58]。これは気体との間に化学的相互作用を持つ物質を炭素表面に分散することにより，吸着能の向上が期待できるというものだが，現在までのところメタン吸着性能向上の研究報告例はこの金属酸化物系修飾のみである。

一方，有機鎖を活性炭表面に導入することにより，メタンの溶解現象を吸着剤界面に付加する試み，特に活性炭表面への酸性官能基導入は，方法の簡便さから見て最も実用的な表面修飾法の一つといえる[63),64]。先に述べた無機酸化物修飾がメタン吸着性能向上に有効である点から推測して，表面への含酸素基の導入がメタン吸着能に与える効果は期待できる。

まだ実用には遠いが，メタン分子吸着への理想的な層構造を有する多孔質炭素材料を得るために，**グラファイト**を酸化して得たグラファイト酸化物をアルカリ中に分散し，さらに長鎖有機分子で層間拡張して，続いて金属あるいは半金属酸化物のような硬い架橋剤を導入することにより，高表面積の含炭素多孔体複合材料を製造する方法が示されている[65]。シミュレーションによる理論計算の結果によると，グラファイト一層分のポア壁を持ち，層と層の間にメタン2分子が入れるくらいの大きさ（約0.7～0.8 nm）を有するような吸蔵体がメタン貯蔵に理想的と推定される。

また，**カーボンナノチューブ**（**図1.47**）状物質の特異な吸着現象に着目し，その水素吸蔵とバイオテクノロジーへの応用を目指した研究も，メタン吸着剤開発につながるものとして注目される。さらに，カーボンナノチューブのうち，単層カーボンナノチューブは，金属触媒を不純物として含み，その完全な除去が困難であるため，金属触媒を不純物として含まないナノホーンを用いた研究も行われている[67)]。これらの研究成果がメタン吸着能向上に与える効果を期待したい。

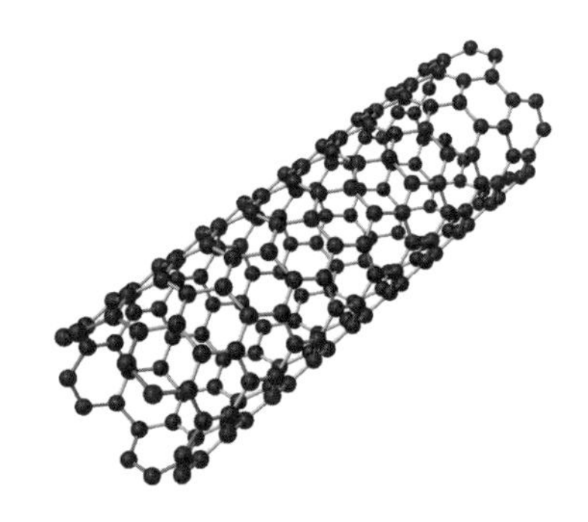

出典：名古屋大学齋藤弥八研究室ウェブサイト（ギャラリー：Uprolling a Grapheneの静止画）[66)]

図1.47　カーボンナノチューブ構造モデル

1.3.9　バイオメタンエネルギーシステムのアジアにおける展開

著者らの研究室は，研究，教育，社会貢献を三本の柱とし，開発途上国，特にアジアでのプロジェクト推進に力を入れているが，ここでは二つの事例を紹介する。

まず，インドでは，経済成長に伴うエネルギー需要の大幅増加により，電力不足の深刻化，エネルギー輸入コストや最終販売価格の上昇が，インド経済や国民への負担を増大させている。特に，農村部ではエネルギーアクセスの格差が著しく，経済発展を阻害し，貧困問題の原因となっている。インドは人口の70％（8億4千万人）が農村部に居住し，7億2千万人が農業に従事しているが，彼らの大半は森林を伐採し，かまどを利用しているため，二酸化炭素吸収源の減少と，室内の空気汚染により女性と子供の健康被害が報告されている。そこで，当研究室は，農村部に多量に存在する低品位有機廃棄物を再生可能エネルギーとして活用し，二酸化炭素排出を増加させないエネルギー供給と貧困層の経済発展を実現するエネルギーシステムとビジネスモデルを考案した。同研究室は，インド総人口の2割が居住し，最貧層の人口が最多，最も雇用を必要とするためインド政府が発展に力を入れている中部2州 Madhya Pradesh（マディヤ・プラデーシュ）州および Uttar Pradesh（ウッタル・プラデーシュ）州にまたがる地域が実証試験地区としてふさわしいと考えた。提案の「農村開発のための分散型バイオメタンエネルギーシステム」は，農村に豊富に賦存する牛糞（**表 1.7**）を原料に，インド中部 Tikamgarh（ティカムガル）地区

表 1.7 インドの牛糞バイオメタンエネルギー賦存量

インド農村部の乳牛の頭数	2.8×10^{8}
乳牛1頭1日当りの牛糞量	10 kg/cow/day
インド農村部の牛糞量	2.8×10^{9} kg/day
牛糞 25 kg からのバイオガス発生量（経験値）	0.04 m^3/kg
インド農村部のバイオガス発生量	1.12×10^{8} m^3/day
バイオガス中のメタン濃度	60 %
バイオメタン発生量（体積）	0.672×10^{8} m^3/day
メタン密度（at 0.1 MPa）	0.717 kg/m^3
バイオメタン発生量（重量）	$0.481\,824\times10^{8}$ kg/day
メタン発熱量	55.5 MJ/kg
インド農村の1日当りバイオメタンエネルギー発生量	$24.741\,232\times10^{8}$ MJ/day
インド農村の年間バイオメタンエネルギー発生量（1年 =365日）	$9\,760.549\,68\times10^{8}$ MJ/year
MJ/year->MW 換算	$3.153\,6\times10^{7}$ MW
発電量（年間，ガスエンジン発電効率 30 %）	$9.285\,15\times10^{3}$ MW
稼働率	60 %
インド農村部のバイオメタンエネルギー発電量	$5.571\,09\times10^{3}$ MW
インド農村部のバイオメタンエネルギー発電量	5.571 09 GW
インドの発電量（2011年）[2]	181.557 GW
インドの発電量に対するバイオメタンエネルギー発電量	3.07 %

の大規模農場に大型メタン発酵施設を，近隣の村々に中規模メタン発酵施設を複数建設し，バイオガス精製装置とバイオメタン低圧貯蔵装置を搭載したトラックで中規模メタン発酵施設を巡回し，巡回精製・貯蔵したバイオメタンを大型メタン発酵施設に隣接するバイオメタンステーションに持ち帰り貯蔵し，ステーションでのバイオメタン多目的利用（発電，加熱用・自動車用燃料供給）を可能とするエネルギーシステムである。貯蔵したバイオメタンは農民によって消費されるケースと，売ガスによる農民の増収を目的として近郊のホテル，レストラン，病院等に販売されるケースが考えられる。このエネルギーシステムの実証試験を行い，経済性・環境性を評価することで，分散型バイオメタンエネルギーシステムおよびビジネスモデル構築を目指している。

つぎに，タイでは，ゴミ処理技術が確立されておらず，人目につかない場所に屋外投棄が繰り返され，水・土壌汚染，火災，住民によるゴミ処理場反対運動，不法投棄等問題が深刻化し，近年環境保護政策が強化されつつある。2013年，同研究室はタイ政府の要請により，**スマートシティ**プロジェクトのアドバイザーとして技術指導を行うこととなった。国策としてタイ初のスマートシティを建設するNakhon Nayok（ナコンナヨク）県は森と水に恵まれたカオヤイ国立公園の所在地であり，100万人観光都市を目指している。スマートシティにふさわしい，より環境に優しく先進的なゴミ処理および水処理技術の導入がタイ政府より求められていたところ，経済産業省「H25貿易投資促進事業（一般案件)」において，同研究室のバイオメタンエネルギーシステムと同じシステムを60倍にスケールアップしてNakhon Nayok県に導入し，実証試験を実施することとなった（**図1.48**)。本事業では，同県で排出される食品廃棄物から取り出したエネルギー（バイオメタン）を多目的利用のためANG貯蔵タンクに低圧（1 MPa）貯蔵した。バイオメタンの一部はゴミ収集車の燃料とし，ANG燃料タンクを搭載したトラックで食品廃棄物の収集を行った。残りのバイオメタンはボンベに詰め，都市ガスインフラ整備が遅れている同県の村で家庭用燃料として利用した。さらに，メタン発酵後大量に発生する消化液を同県の有機農園（Khundan Land）で液肥として利用することで有機栽培農業を促

図 1.48　タイ Nakhon Nayok 県バイオメタンプラント（左）と有機農園での液肥散布（右）

進し，循環型社会の形成を目指した。Nakhon Nayok 県は本事業を契機に，ゴミの分別を市民に義務づけるなど，意識変革と環境教育にも力を入れようとしている。また，Nakhon Nayok 県で始まったスマートシティ計画は Smart Thailand 計画へと拡大し，国家予算が確定した。2014 年には Phuket（プーケット）県と Chiang Mai（チェンマイ）県で Smart IT & Smart Energy & Smart Health プロジェクトがスタートし，2015 年には Nakhon Nayok 県を含め 11 県にスマートシティを建設する計画がある。タイ・エネルギー省および Nakhon Nayok 県は，エネルギー政策や環境政策を見直し，日本との共同事業も視野に入れ，イメージ向上による観光客の増加，ゴミ処理コストの低減と，ASEAN Economic Community（AEC）へのプロモーションと導入技術の普及を目指している。

1.3.10　分散型バイオメタンエネルギーシステムの展望

著者らの研究室で開発した分散型バイオメタンエネルギーシステムは，小規模高効率であること，大量のバイオメタンを安全に貯蔵できることが特長である。これらの特長を生かせば，災害に強い分散型エネルギーシステムとして利用が可能である。例えば，都市部ではマンションや商業ビルの地下に分散型バイオメタンエネルギーシステムを設置し，集めた厨芥などを原料にバイオメタンを生成し，発電に使用すれば，施設内のエネルギー利用が可能になるだけでなく，災害時には非常用エネルギー源としての利用が可能となる。同研究室で開発した小型 ANG タンクを分散して貯蔵しておくことで，発電のみならず，煮炊き用ガスボンベとしても，天然ガス自動車用燃料タンクとしても使用できる。また，農村部では，畜糞や稲わら，麦わら等の農業残渣を原料にバイオメタンを生成し，発電による灌漑，ハウス加熱用エネルギーとして利用することが可能である。さらに，漁村部では，漁業被害や環境被害をもたらしている非食用海藻を原料に，同じくバイオメタンを生成し，海産物加工工場や住宅での利用のほか，漁船の燃料としての利用も考えられる。このような分散型エネルギーシステムは，バイオマスの豊富なアジアでの普及が容易である。タイではスマートシティ革新技術としてデモンストレーションを行い，タイ・エネルギー省の協力により他県への普及教育と，AEC へのプロモーションを実施することでマーケットの拡大が期待されている。災害やテロの脅威を考えれば，今後エネルギーシステムに限らず水処理システムなど，世界中でさまざまな小規模分散型システムの開発と普及が待たれる。そして，環境問題や経済格差等山積している課題を少しでも解決するためには，技術開発のみならず政策の変更，人民を教育する立場に立つ者の道徳教育が最も重要ではないだろうか。Nakhon Nayok 県前知事（現 ICT 省事務次官）Dr. Surachai Srisaracam が掲げた理想，すなわち，人民に奉仕する国家を完成させるためには，人民に奉仕できる人を育てることが先決である。本来，人民に教育をするということは，自らが世界に奉仕し，その哲学と方法を伝えるということに違いない。教育にあたっては，わが国の公僕の鑑たる友人たちにならうこととしたい。万能薬ではない科学という道具を手に，教育と，よりスマートなエネルギーシステム構築と普及に邁進したいものである。

1.4 核融合発電

安全で安定したエネルギー源の候補の一つとして，核融合発電があげられる。核融合の実用化は，早くても 2050 年ごろと考えられているが，発電プロセスにおいては，二酸化炭素の発生はなく，また，燃料の観点からも海水から採取できる重水素を主燃料とするため，実現されれば，将来のエネルギー源として有望視できる。現在，2020年のプラズマ点火を目指して，**国際熱核融合実験炉**（ITER）の建設が進められている。本節では核融合発電について，できる限りわかりやすく，歴史的な背景や，現在の状況を含めて説明する。

1.4.1 核融合とは

核融合のプロジェクトを説明する際に，よく「地上に太陽を」というキャッチフレーズが使われる。つまり，太陽の中心で起こっているような反応を地上で起こしエネルギーを取り出すという程度の意味である。核融合発電というと核という文字がつくため，現在の原子力発電に利用されている核分裂と混同しがちである。いずれも，アインシュタインが特殊相対性理論で示した質量 m〔kg〕とエネルギー E〔J〕が等価（$E=mc^2$，ただし c は光速〔m/s〕である）という原理を利用して，核変換が起こったときの，質量損失分から得られるエネルギーを利用して発電をするというものである。現在の原子力発電では，ウランの核分裂反応を利用するのに対し，核融合発電では重水素と三重水素（トリチウム）の核融合反応により発生するエネルギーを利用する。両者は，用いる燃料や，原理，安全性等の観点から大きく異なるものといえる。

核分裂反応は，重い原子が分裂し軽い原子に変わる反応（例えば ^{235}U から ^{95}Y と ^{139}I）であり，核融合反応は，軽い原子同士が結合し，重い原子（例えば D(^{2}H) と T(^{3}H) から ^{4}He）になる反応である。ここで，元素記号の左肩に記す数字は，原子核内の中性子と陽子の総数である。利用されることが想定される反応式としては，以下の①～③の三つに分類される。

① D-T 反応

$$\mathrm{D} + \mathrm{T} \longrightarrow {}^{4}\mathrm{He}\quad(3.5\,\mathrm{MeV}) + \mathrm{n}\quad(14.1\,\mathrm{MeV})$$

② D-D 反応

$$\mathrm{D} + \mathrm{D} \longrightarrow \mathrm{T}\quad(1.0\,\mathrm{MeV}) + \mathrm{p}\quad(3.0\,\mathrm{MeV})$$

$$\mathrm{D} + \mathrm{D} \longrightarrow {}^{3}\mathrm{He}\quad(0.8\,\mathrm{MeV}) + \mathrm{n}\quad(2.5\,\mathrm{MeV})$$

③ D-^{3}He 反応

$$D + {}^{3}He \longrightarrow {}^{4}He \quad (3.7\,MeV) + p \quad (14.7\,MeV)$$

ここで，n と p はそれぞれ，中性子と陽子である。①の三重水素（**トリチウム**）を利用する反応は，②，③の反応に比べて起こりやすいが，トリチウムを燃料として利用するという点で技術的な難しさが生じる。現在，トリチウムは核融合反応で生じる中性子を利用し，リチウムと核反応により生成することが考えられている。③の反応は放射性物質であるトリチウムを扱う必要がなく，また，材料などを放射化させる原因となる中性子が発生しないという点などで優れているが，これら三つの反応の中で最も温度を高くする必要があり，かつ ^{3}He は地球上にほとんど存在しないために月まで捕集しに行く必要があるなど不利な点がある。

1.4.2 核融合の反応を起こすには

核融合発電を実現するためには，1.4.1 項で示した反応を起こす必要があり，核融合反応を起こすためには，原子核同士の斥力を超えるようなエネルギーで衝突させる必要があり，そのためには，高温，高密度のプラズマを生成する必要が生じる。具体的には，D-T 反応においては，高温（約 1 億度）かつ高密度（100 兆個／cc，$10^{20}\,m^{-3}$以上）のプラズマを定常的に生成し維持し続けることが必要である。将来的には D-D 反応や，D-^{3}He 反応を期待したいが，いずれもトリチウムを利用した核融合反応に比べて 1 桁から 2 桁程度高い温度を必要とするため当面はトリチウムを利用した反応による核融合が目標となる。

燃料を高温にし，核融合反応を起こすために，いくつかの方式が提案されている。大きく分けて，**磁場閉じ込め方式**と，レーザーを用いる**慣性閉じ込め方式**である。慣性閉じ込め方式では，重水素とトリチウムを含むターゲットに四方八方からレーザーを照射し，燃料を圧縮・加熱して核融合反応を起こす。国内では大阪大学の激光XII号で系統的な実験がされており，高速点火という方式の研究が精力的に進められている[68]。国外も含めると，米国の NIF（National Ignition Facility）において，2010 年から本格的な実験が開始されている。192

本のレーザーを用いて500 TWのパワーでターゲットを加熱し爆縮を起こすという計画である[69]。今後，工学的な観点から，繰返しを可能とするレーザーやターゲットの導入機構，また，炉設計などが課題である。また，レーザー核融合研究の反応は原子爆弾の反応と近く，NIFでの実験も原爆開発へのシフトでエネルギー研究から焦点が外れることが問題視されている[69]。

ここからは，前者の磁場閉じ込め核融合に関して，詳しく述べたい。**図1.49**にプラズマ密度と閉じ込め時間の積とプラズマ温度の変遷[70]を示す。1960年代からの温度の上昇とプラズマ性能の向上の歴史がみてとれる。現在，JT-60や欧州のJETで臨界プラズマ条件（外部から加えたエネルギーと発生したエネルギーが等しい）に至っている。今後プラズマ性能を上昇させ，核融合反応により発生した粒子により自己加熱が起こり，外部からのエネルギー投入がない状況でプラズマが持続される**自己点火条件**へと持っていくことが必要となる。

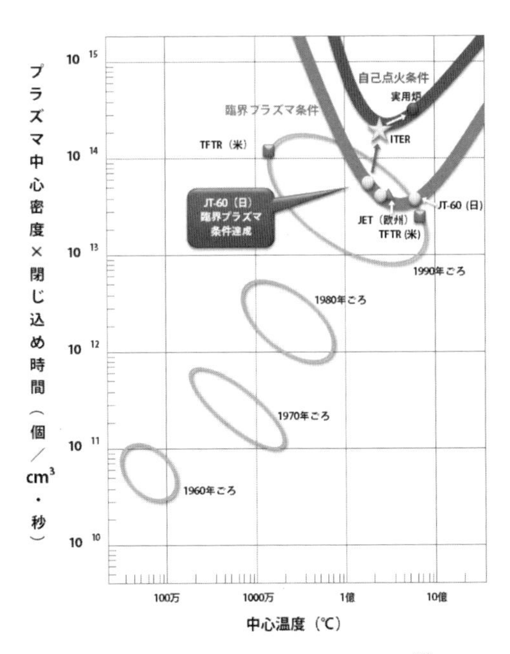

出典：国際熱核融合実験炉ウェブサイト[70]

図1.49　プラズマ密度と閉じ込め時間の積とプラズマ温度の変遷

1.4.3　1億℃のプラズマの制御

太陽のコア部の温度は約1 000万℃といわれており，巨大であるためその重力により，高温のプラズマをある限られた体積内に閉じ込めておくことができている。一方で，地上で核融合反応を維持しようとすると，太陽とは比較にならないような小さな体積内に1億℃のプラズマを閉じ込めておく必要がある。そのためには，重力に比べ著しく大きな力が必要になる。

そこで，プラズマが磁場に巻きつくという性質を使って磁場の籠をつくり，磁場の圧力でプラズマを閉じ込めるというのが磁場閉じ込め方式の名前の由来である。プラズマとは，電離した状態のガスのことである。通常は電子が原子核に束縛されている状態であるが，プラズマ化すると，電子とイオンがばらばらに存在している状態になる。磁場が存在すると，電子とイオンはローレンツ力を受け，磁場に巻きつくようになる。これまでにさまざまな磁場の形状をとる方式が提案されてきたが，現在，炉としての可能性が現実的に検討されているものとしては，**トカマク方式**と**ヘリカル方式**と呼ばれる方式の閉じ込め方式である。

磁場の容器でプラズマを閉じ込めるために，ドーナツ型のトーラスにして粒子が容器の端から漏れなくする。しかし，プラスとマイナスの電荷がプラズマの上下部にそれぞれ集まってしまう荷電分離という現象が起こる。トーラス装置では，ドーナツの輪の半径を大半径R，断面の半径を小半径rと呼び，大半径の内側では，磁場コイルが集中しているため，磁場強度が強くなり，磁場強度は大半径外側にいくほど弱くなる。また，トーラスでは磁場の曲りが生じる。この効果により，磁場を$\boldsymbol{B}$と表すと，プラズマ中の正に帯電しているイオンは$\boldsymbol{B}\times\nabla\boldsymbol{B}$方向の力を受け負に帯電している電子の逆方向（$-\boldsymbol{B}\times\nabla\boldsymbol{B}$方向）に力を受ける。この結果，磁場の曲りや勾配により，プラスとマイナスの電荷が磁場の籠の上下に分かれ，垂直方向の電場が生じる。電場が生じると，プラズマは**図1.50**に示すようにトーラス外側へと流出し，高温のプラズマを長時間閉じ込めることができない。

この荷電分離を抑制するために，磁場の籠に「ねじれ」を導入することが考

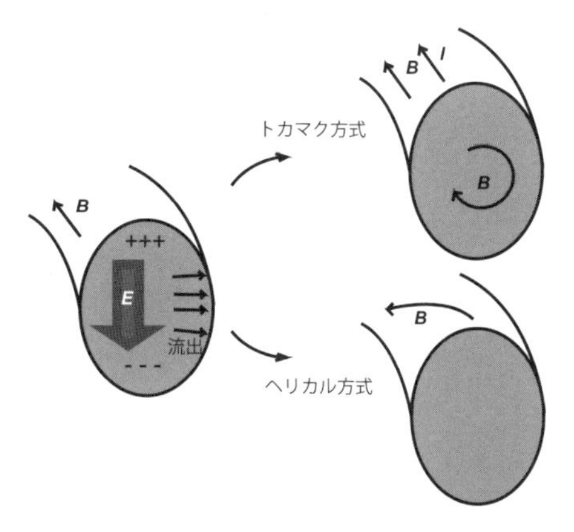

図 1.50　トカマク方式とヘリカル方式の磁場のねじれの様子

案された。トカマク方式においては，トロイダル方向に電流を流すことにより磁場を生み出し（ポロイダル方向），磁場のねじれを実現する。一方で，ヘリカル方式においては，磁場コイル自身をねじることにより磁場のねじれを構成する。ヘリカル方式においては，プラズマ中に電流を流す必要がないため，定常的なプラズマを作る点においてトカマク方式に比べて優位となる。ただし，コイルの形状が複雑になり装置が大型化するなどデメリットもある。現在，トカマク方式が最も有力視されており，ITER においてはトカマク方式が採用されている。

1.4.4　プラズマの加熱

1 億℃のプラズマをつくるためには，プラズマを加熱する必要がある。核融合反応が十分に起こりはじめると，核融合で出てきた高速の粒子によりプラズマが加熱される**自己加熱**が起こるが，核融合反応が十分に起こるまでは，プラズマを外部から加熱する必要がある。プラズマ中にはイオンと電子が存在するが，それぞれ固有の性質を利用して加熱が行われる。

外部から電磁波を入射し，プラズマを加熱するイオンサイクロトロン共鳴加熱装置や電子サイクロトロン共鳴加熱装置と呼ばれる加熱法などがある。また，高速に加速した中性粒子をプラズマ中に入射し，プラズマを加熱する中性粒子入射加熱がある。中性粒子加熱ではイオンとの荷電交換（電子が中性粒子からイオンに移る）が起こり，イオンが加熱されることになる。粒子加速段階では電荷を持ったイオンで加速させ，中性化セルにおいてイオンを中性化させる。従来，正イオンが用いられていたが，加速エネルギーが高くなると中性化効率がきわめて低くなるため，近年は高エネルギーでも中性化効率が高い負イオンが広く利用されてきている。

1.4.5　核融合炉の安全性

核融合炉は，核分裂を扱う現在の原子炉とは異なり，固有の安全性を有している。放射性物質を扱うため，手離しで安心できるものではなく，細心の注意を払い運用していく必要があることは確かだが，核分裂炉に比べて質的にも，量的にも安全といえる。

第一に，質的な安全性としての利点として，核融合には連鎖反応がないため核暴走がないという点が挙げられる。核分裂炉では，臨界事故などの問題が起こることが問題になり，最悪の場合には炉心溶融（メルトダウン）となり，制御がきかなくなる可能性が否定できない。しかし，核融合炉では，たとえ，間違えて燃料を導入しすぎたとしても，その結果は，プラズマの温度が下がり，反応が自己終息する。連鎖反応が起こり，暴走するということは原理的に起こり得ない[71)]。

つぎに，高レベル放射性廃棄物を扱う必要がなくなるという点がある。核分裂炉においては，廃棄物は高レベル廃棄物を含み，その寿命はきわめて長いものも多く，扱いが困難になる。現在，ガラス固化体として固め，十分に冷やした後，地中に埋め，セメントで固めて粘土層の土で覆うことが考えられている。しかし，廃棄物が 100 年，1 000 年の以上の時間の中で，土壌中をどのように拡散してくるかを考える必要があり，プロセスは複雑であり不明点が残る。核分裂の廃炉の問題は，まだ，未解決の課題が多く残っている。長寿命の放射性廃棄物の寿命を短いものに核変換をするという消滅処理などの技術開発も，オメガ計画として進められたが，その実用化への道は明確ではない。

核融合の場合には，廃炉後には，放射化された核融合炉材料が残るが，現在のところ低放射化材料を使用することにより，数十年程度放置した後，人間が扱えるレベルの放射性レベルになり，解体して廃炉することに目処がつくと考えられている。

量的な安全性としては，福島第一原子力発電所で水素爆発の原因となった崩壊熱の問題である。原子炉に比べて大きな体積となるため，単位体積当りの発熱量は減り，安全性が高いといわれている。また，もし，異常な事象により，放射性物質が漏れてしまったとしても，放射性物質として扱うトリチウムの影響は，軽水炉で用いるヨウ素 131 などと比べると潜在的放射線リスク指数で 1/1 500 程度，INES（国際原子力事象評価尺度）で 1/150 程度と評価されている[72)]。たとえ，保管していた放射性物質が環境中に漏れてしまったとしても，被ばく線量は限られており，福島第一原子力発電所のような事故が起き，周辺に長期間住めなくなるという懸念はないと考えられている。

課題としては，これらの安全性の評価の精度を今後高め，国民への安心感へとつなげることが必要だと思われる。

1.4.6　核融合実験の現状

核融合の実現のためには，大型の核融合実験装置が必要となる。日本では，20 世紀の後半から精力的に核融合研究が進められてきている。例えば，岐阜県土岐市の核融合科学研究所には，1970 年代からの日本で活躍してきた代々のヘリカル装置が展示されており，およそ半世紀にわたる研究開発の歴史が感じられる。1970 ～ 1982 年まで京都大学で運転されていたヘリオトロン D は，大半径は約 1 m，小半径は 0.3 m で，最大磁場は 0.05 T であった。その後 1980 ～ 1997 年には，京都大学において，ヘリオトロン E が運用され，そのサイズは大半径 2.2 m，小半径約 0.4 m で最大磁場 2 T となった。

一方，大型トカマク炉としては，2015 年現在 JT-60SA として改造中の JT-60U（原子力研究開発機構 那珂核融合研究所）が活躍してきた。世界に目を向ければ，イギリスカラム研究所の JET，米国ジェネラルアトミック社の

DIII-D 等が挙げられる。さらに，ドイツの ASDEX-U，中国の EAST，韓国の KSTAR 等が挙げられる。強力な磁場を生み出すためには，超電導の技術が必要である。日本の大型ヘリカル装置 LHD は超電導装置であり，EAST，KSTAR，さらには日本の QUEST（九州大学）も超伝導装置である。改造中の JT-60SA も超伝導コイルが導入される。ドイツはきわめて複雑な最適化された配置の装置を現在建設中であり期待も大きいが，コイルが複雑なため，建設期間が延長されており，今後実際の炉のスケールでの超伝導コイルの技術開発等が課題となる[73)]。

核融合研究の進展は，多種な発見の積み重ねによるものであることは間違いがないが，その中でも一つ，プラズマ性能の改善に大きな進展に貢献した **H モード**について触れておきたい。核融合炉において，炉心は 1 億℃（10^8 ℃）以上の温度が求められる一方で，炉壁は金属等の材料である。材料の耐熱性は，金属壁だとすると，融点は高くて数千℃であり，装置半径である数 m の距離の間に 6 桁の温度勾配をつくる必要がある。H モード[74)]は，プラズマの炉心と周辺部のプラズマとの境界に急峻（きゅうしゅん）な圧力勾配をつくることに成功した事例である。H モードの欠点としては，不純物を蓄積してしまい，長寿命化できないという点があったが，ELMy-H モード（edge localized mode, ELM）という，間歇（かんけつ）的に引き起こされる **MHD 不安定性**により炉心から不純物が吐き出され，長期に高性能のプラズマを生成することに成功している[75)]。

ただし，この炉心からはき出されるプラズマが，プラズマ対向壁に瞬間的に高い熱粒子負荷を与え，大きな損傷をもたらすことが懸念されている[76)]。ITER では ELM による間歇的な熱負荷は，0.1 ～ 1 ms の時間スケールで，熱負荷の緩和策がとられたとしても，およそ単位面積当り 0.5 ～ 1 MJ/m^2 にも及ぶと想定されている。その熱負荷により，材料にクラックが入ったり，溶融が起ったりすることなどにより，材料の寿命を著しく短くしてしまうことが最大の懸念の一つとなっている。

ITER においては，この大きな ELM を制御するために，制御用コイルを導入することが決まり，設計の大きな変更が行われている。各国の装置で，

ELM 制御をするための実験が活発に行われており，2012 年の IAEA-FEC 会議（International Atomic Energy Agency, IAEA；Fusion Energy Conference, FEC）でも多くの報告例があった。

これまでの実験から，大きな装置ほど，閉じ込め性能が高くなることがわかっており，現在の大型の核融合実験炉においては，図 1.49に示したとおり，臨界条件を満たす性能まで達している。ITER においては外部からの加熱なしで，自己加熱により核融合反応が起こり続ける自己点火条件でのオペレーションが行われることになる。

1.4.7 国際熱核融合炉 ITER 計画

臨界から自己点火条件へ移行するためには，現在各国で動いている装置に比べて大型な装置をつくる必要性が明らかになり，一国では経済的負担が大きすぎるため，国際プロジェクトとして計画が進んでいる。このプロジェクトが ITER であり，その発端は，冷戦終結の一つのマイルストーンとなった，当時の米ソ首脳であるレーガン大統領とゴルバチョフ書記長による，ジュネーブでの計画への合意であった。その後，設計が進められ，一時，アメリカがクリントン大統領時代に撤退したが，その後，ブッシュ大統領になり再度参入し，2006 年に南フランスのカダラッシュが建設地になることが決定した。**図 1.51** は，ITER の完成予想図である。

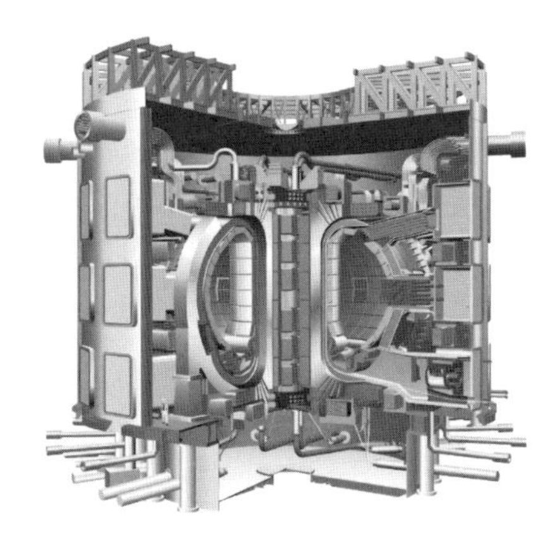

出典：国際熱核融合実験炉ウェブサイト[77)]

図 1.51 ITER の概略図

現在，ITERは，日本，欧州，米国のほかに，中国，ロシア，韓国，インドの7極が参画し，建設コストと実験コストを含めて1.5兆円にも及ぶ巨大プロジェクトである[78)]。ITER機構の機構長は初代は元クロアチア大使であった池田要氏，2011年からは元核融合科学研究所所長の本島修氏と日本人がプロジェクトをリードしてきた。ITERの建設に当たっては，各国，各パーティの国内機関（Domestic Agency, DA）が設計・製作を行い，ITER機構に納品することになる。

ITERの主要なミッションは，自己点火条件にあるプラズマの制御である。現在までのプラズマは，外部からの加熱によって保たれているため，ある意味で外部から制御することができる。しかし，自己点火条件のプラズマは自己加熱によりプラズマが維持されるため，外部からの制御性が失われてしまう。そのような条件下でのプラズマの制御はこれまで経験したことがないチャレンジングなテーマであり，ITERでは自己点火条件を満たすプラズマの制御可能性が検証される必要がある。

1.4.8 ITERの計測開発

著者がかかわっているITERの計測部門においても，各国とのPA（procurement arrangement）が締結されつつあり，2015年ごろには実際の納品が始まるスケジュールでプロジェクトが進行している。計測機器の開発においても，ITERにおいては，チャレンジングなテーマに向きあっている。例えば，一つの問題は放射化である。既存の装置に比べて，比較にならないほどの中性子やガンマ線が放出されるため，その影響が機器に与える影響は無視できない。光学部品においては，特にレンズや光学ファイバはその影響を受けやすいため[79)]，炉に近い部分には，レンズや光学ファイバを設置することができず，金属ミラーが用いられることになる[80)]。

例えば，ITERの周辺部を計測する**トムソン散乱計測**システムを例にとって，詳細に触れてみたい。**図1.52**は，光学系の設計案の一つである[81)]。この計測器は，1 064 nmのレーザーを導入し，そのレーザー光とプラズマとの相

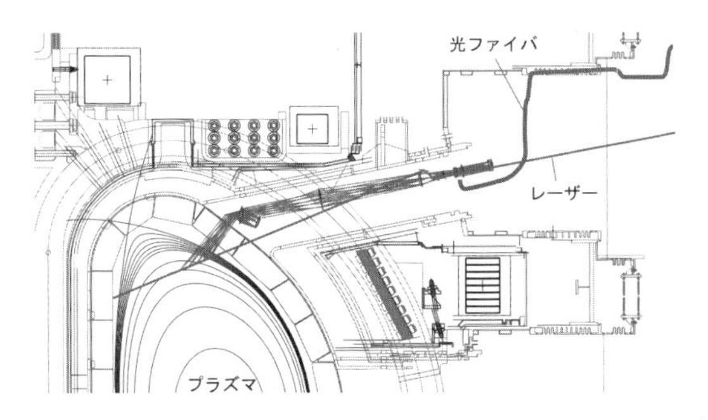

図 1.52 ITER の周辺トムソン散乱光学系の設計案の一例[81]

互作用で生じるトムソン散乱光を検出し，プラズマの温度や密度を計測する重要な計測器である。プラズマには近づけないため，レーザーを装置から離れたところに設置したミラーを使って導入し，その散乱光を，ポートプラグと呼ばれる長い構造体の中に設置された集光光学系を利用して取り出す。光学系の先端部は金属ミラーしか用いることができず，また，放射化の影響を最も受けやすい光ファイバはプラズマから遠く離れたところから利用することが検討されている。

この装置の開発に当たっては，計測用のレーザーも商用のもの以上の仕様が求められ，開発が進められてきた[82]。2 本の YAG（イットリウム・アルミニウムガーネット）ロッドを搭載した増幅装置が 4 台並ぶ配置になっており，YAG ロッド内のパワーをできる限り取り出すために，SBS セルを使ってロッド内を往復させることにより，100 Hz で 7.5 J を超えるフラッシュランプ励起の YAG レーザーの開発に成功している。このように，各装置一つひとつで，最先端の技術の開発が行われ，それらの結集として ITER として組み上がることになる。

また，計測用の金属ミラーはさまざまな場所で使用されることになるが，そのミラーが抱える問題も無視できない。現在，ベリリウムなどの堆積物により，光学反射率の低下が引き起こされる問題となっている[83]。この問題解決のために，プラズマやレーザーを用いたクリーニングの研究も進められている[84),85]。

また，レーザー伝送に通常用いられる誘電体多層膜ミラーなども，プラズマから近い場所に設置することができないため，金属ミラーが候補に挙げられている。そのため，例えば，ミラーの耐久性などを調査する必要があり，金属の**レーザー損傷閾値**（laser induced damage threshold, LIDT）が調べられている。パルス数が増加するにつれて，損傷閾値は減少していき，銅ミラーなどでは，損傷閾値が 1 J/cm^2 以下となると評価されている[86)]。

また，著者が現在取り組んでいる問題を一つ取り上げたい[87)]。これまでトカマク装置では，プラズマ対向材料として炭素が広く用いられてきた。しかし，炭素材料には燃料であるトリチウムを吸着・吸蔵する量の不確定さがあるため，**タングステン**およびベリリウムが用いられることになっている。タングステンおよびベリリウムの光学反射率は，可視領域で 50 %程度であるが，炭素より著しく高く，壁での光の反射の問題が指摘され始めた。例えば，水素原子からの発光を例にとると，壁から放出される水素粒子の評価をするために，プラズマのスクレイプオフ層と呼ばれる境界層の発光の計測が求められているが，その光の強度は，プラズマと壁が接している**ダイバータ**と呼ばれる領域に比べて著しく弱い。したがって，ダイバータ領域からの発光が真空容器全体に広がってしまい，見たいものが見られなくなってしまうのである。実際に，光線追跡ソフトを利用して，計算を行うと，反射光が実際の光の強度を何桁も上回ってしまうという結果が得られている[88)]。この問題解決のために，現在，反射を抑制するためのビューイングダンプの開発などが進められている。

1.4.9　プラズマ・材料相互作用

核融合の実現にあたっては，炉心プラズマの制御とともに，それらプラズマを閉じ込めておく容器等の材料とプラズマの相互作用がきわめて重要な課題となっている。炉心は 1 億℃を超える温度のプラズマが生成される必要がある一方で，材料が耐えうる温度は，せいぜい数千℃の融点程度である。そして，それら材料は熱ばかりではなく，プラズマからの粒子負荷の影響をも受けることになる。

ITER においては，熱負荷が集中するダイバータ領域では，プラズマ対向壁としてタングステンが用いられる予定である。実験開始時よりタングステンのダイバータを用いることが決定している。そして，タングステンとプラズマの相互作用により，材料が損耗劣化するということが，近年明らかになってきている。

プラズマのおもな成分は水素もしくは重水素であるが，それらとタングステンの相互作用により，水素がタングステンの材料中に溜まり空孔層をつくり，表面に凹凸ができる**ブリスタリング**と呼ばれる現象が起こる[89]。さらに，核融合反応により生じたヘリウムが，ダイバータ領域では最大 10 % 程度になることが想定されているが，このヘリウムは，高熱流プラズマと材料の相互作用の中でも，とりわけ奇妙な影響を与えることがわかってきた。温度が 1 000 K 以下の低い領域においては，高圧のヘリウムが詰まった，**ナノバブル**が大量に形成されることがわかっており，温度 1 000 K を超えると，興味深いことに，**図 1.53** に示すようなナノ構造体が形成されることが明らかになってきた[90,91]。

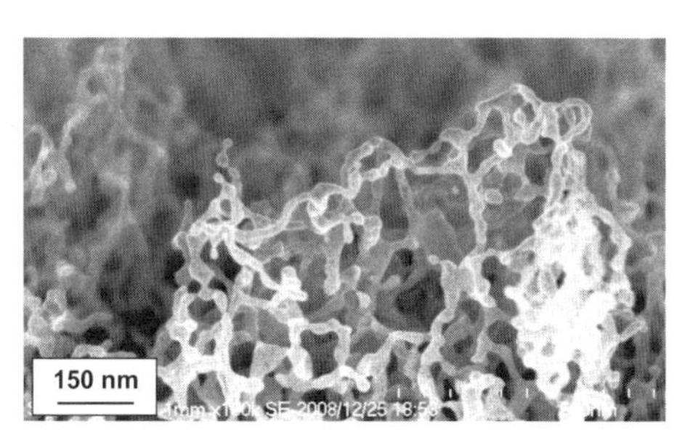

図 1.53　ヘリウムプラズマ照射により形成されたタングステンナノ構造体の SEM（走査型電子顕微鏡）写真（著者ら撮影）

この成長過程においては，空孔同士が結合しヘリウムバブル（ヘリウムの泡のようなもの）を金属中につくり，それらが動きながら金属を変形させていく。**図 1.54**（a）～（e）はヘリウム照射を行ったタングステン試料の透過電子顕微鏡（TEM）像である。試料は集束イオンビーム（focused ion beam, FIB）

ヘリウム照射量は
（a） $0.6\times10^{25}\ \mathrm{m}^{-2}$
（b） $1.1\times10^{25}\ \mathrm{m}^{-2}$
（c） $1.8\times10^{25}\ \mathrm{m}^{-2}$
（d） $2.4\times10^{25}\ \mathrm{m}^{-2}$
（e） $5.5\times10^{25}\ \mathrm{m}^{-2}$
である

図 1.54　ヘリウム照射により形成されたナノ構造タングステンの断面 TEM 画像[92)]

により加工を行い，厚みは 300 nm 程度である。ヘリウム照射は，直線型のプラズマ装置で実施し，入射イオンエネルギーは 50 eV，表面温度は 1 400 K である。照射量の増加に伴い，ナノ構造が発展していく様子がみてとれる。

ナノ構造ができると，材料の物性が大きく変化する。例えば，密度はおよそ一桁減少し[93)]，それに伴い，熱拡散係数は著しく減少し[94)]，またスパッタリング率の減少[93)]，二次電子放出係数の減少[95)]等が起こることが明らかになっている。さらに光学的な特性も大きく変化する[92)]。

これらの材料変化は，材料とプラズマとの相互作用を大きく変える。特に，先に挙げた間歇的な熱負荷を伴う，ELM の影響が心配されている。間歇的な熱負荷とプラズマ照射タングステンとの相互作用研究は，パルスレーザーを用いて実施されてきた。例えば，ヘリウムバブルが形成されると，アブレーションのパワー閾値が著しく減少することが見出された。**図 1.55** は，ヘリウムプラズマ照射をした試料からのレーザー照射に伴うタングステン原子（WI）の発光強度をプロットしたものである。ヘリウム粒子束 Γ_{i} と照射時間が異なる試料（i）と（ii）と未照射試料を比較している。ヘリウム照射後の試料（試料

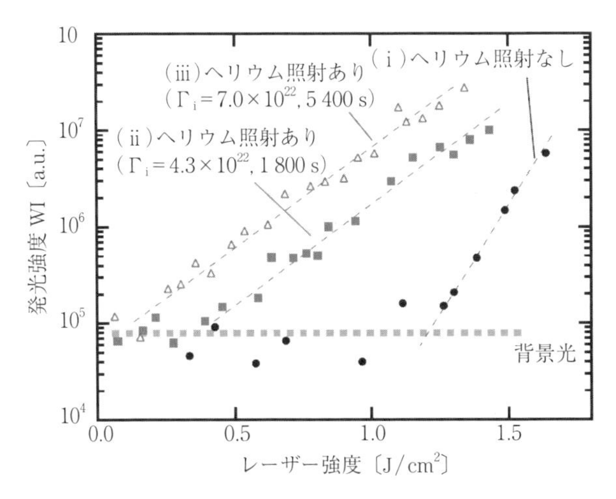

図 1.55 ヘリウムプラズマ照射をした試料からのレーザー照射に伴うWI の発光強度のレーザーパワー依存性[96)]

(ii)と(iii))からは，未照射（試料(i)）に比べて著しく低いレーザーパワーにおいて，発光が観測され始めており，このことから，ヘリウムバブルの破裂により，アブレーションのパワー閾値が著しく減少したと考えられている。さらには，ブリスタが生じている表面でも，ブリスタの破裂が生じることが報告されている[97)]．

また，ナノ構造が形成されていると，弱いパワーでの溶融[94)]，さらには，極所的な放電をともなうアーキングが発生することが明らかにされた[98)]。アーキングの発生においては，ナノ構造の形成により，**電界電子放出**が増加し，また熱伝導率の減少による異常な温度上昇との相乗効果により，アーキングが著しく発生しやすい状況になっていると考えられている[99)]。これまで 50 年にわたって，理想的な実験の報告がなかった**単極アーク**が，実験室プラズマ中ではじめて点孤した例である。核融合炉で，アークが頻繁に起こるような状況になると，アークに伴うタングステンの放出，損耗が問題になる可能性がある。まだ**アーキング**の影響に関しては，十分なデータベースがないため，今後の基礎実験等が期待される。

1.4.10 ヘリウム照射金属研究

前節で述べたヘリウム照射によるナノ構造体の形成に関しては，核融合研究において問題視されているところが多いが，応用研究へと発展する可能性も秘めている。例えば，以前より，イオンビーム照射などによるバブル等が形成された金属材料の応用が検討されてきたが，このヘリウムプラズマ照射は，イオンビームに比べてフルエンスが高く，プロセスプラズマとして利用できれば，応用用途は広がる。

ナノ構造化したタングステンは光の吸収率が可視領域から近赤外領域でほぼ100 %と世界で最も黒い金属になっていることが見出されている[92]。核融合炉においては，光学的な特性の変化は温度計測などに影響を与えるため[100]，あまりうれしくはないが，太陽光を効率よく吸収する吸収体を必要とする，太陽光熱光起電力発電の太陽光吸収体等に利用できる可能性がある。また，酸化タングステンは酸化チタンに比べてバンドギャップエネルギーが小さいため，可視光応答の光触媒として利用できる可能性があり，多くの注目を集めている。近年，著者らグループによって，ナノ構造化され，一部酸化されたタングステンを用いて，メチレンブルーを用いた光触媒反応応答が調べられた[101]。通常の酸化タングステンでは，反応しないような長波長（700 nm 以上）の可視光において，光触媒反応により，メチレンブルーが無色化することが明らかにされており，今後，異なる反応において可視光応答性が出現することが期待されている。

さらに，ヘリウム照射によるナノ構造体の形成は，タングステンのみではなく，さまざまな金属で起こることが明らかになっている[101]。**図 1.56** には，ヘリウム照射により形成されたチタン，ニッケル，鉄のナノ構造体の SEM 写真である。図（b）には，TEM 像も加えた。これらのナノ構造化により，エネルギーデバイスへの応用や触媒応答のみならず，医療応用など幅広く広がっていくことが期待されている。

核融合の実現に向けての研究・開発においては，さまざまな分野における技術や知識を組み合わせ，結晶化させることが必要であり，逆に，核融合研究か

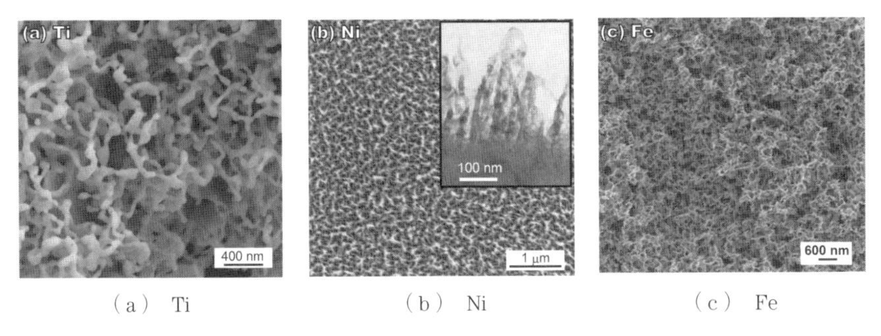

（a） Ti　　（b） Ni　　（c） Fe

図 1.56　さまざまな金属へのヘリウムプラズマ照射により形成されたナノ構造体の電子顕微鏡写真[101)]

ら派生して，ほかの分野の研究へと発展していくものもある。このようなさまざまな分野との領域横断の研究がますます必要であると感じる。そして，核融合の実現に向けてのブレイクスルーがもたらされることを願う。

2 章

EcoTopia

新しいエネルギー変換技術

太陽光発電や風力発電を始めとする新しいエネルギー源の利用が推進されているとはいえ，まだしばらくの間，化石燃料がエネルギー源の主役であることは疑いない。化石燃料を利用する場合，燃料の持っている化学エネルギーを，燃焼によって熱エネルギーに変換する方法が一般的である。単なる熱利用の場合はもちろん，熱機関においても，まずは熱エネルギーを発生させ，それを運動エネルギー（さらには電気エネルギー）に変換している。そこで本章では，高いエネルギー変換・利用効率を有する燃焼システムおよび既存の燃焼システムを代替あるいは補完する役割を担う燃料電池と熱電発電を取り上げる。

燃料電池は，化学エネルギーを電気エネルギーに直接変換するデバイスである。カルノー効率の制約を受けないため，原理的に高効率なエネルギー変換が可能である。熱電発電は，熱エネルギーを直接電気エネルギーに変換する熱電変換材料を用いた発電である。カルノー効率の制約は受けるものの，熱機関では利用しにくい小規模熱源や低温熱源でも相応の変換効率を有している。

2.1　エネルギー変換システムの熱力学的解釈

新しいエネルギー変換技術を実現することは，化石資源の消費抑制のみならず，近未来の地域・地球環境問題の緩和に必要不可欠である。しかし，どのようにそのような技術を探索するか。その道具に熱力学がある。ただし，この熱力学は物質およびプロセスの熱力学を基礎としたシステムの熱力学である。このシステムの熱力学を用いれば，化石資源を利用したエネルギー変換技術の主流である燃焼技術による発電システムの熱力学的特徴も容易に説明・理解でき，また，新しいエネルギー変換システムを発想するための道具としても利用できる。その一方，実社会では，さまざまな技術革新によって，環境調和型の化石燃料によるエネルギー変換技術が開発・実用化されている。その現状や動向についても概説する。

2.1.1 プロセスの熱力学的表記

熱力学的に意味するプロセスとは，物理的変化や化学的変化が生じている場であるとともに，後述するシステムを構成している要素と考えてよい。熱力学を用いてシステムの特徴を解釈する際に便利なプロセス[1)]を**図 2.1** に示す。なお，これらのプロセスへの物質の出入りは省略している。本図より，熱源および仕事源は，それぞれ熱エネルギー（Q）および仕事エネルギー（W）をほかのプロセスへ放出するプロセスであると考える。逆に，熱溜および仕事溜は，それぞれ熱エネルギーおよび仕事エネルギーをほかのプロセスから取り込むプロセスであると定義する。この熱エネルギーや仕事エネルギーは，システム中のプロセス間を仲介しているエネルギーになるので，仲介エネルギーと呼ばれており，太矢印で表記することとする。なお，熱源および熱溜については，温度（T）が重要な物理量になる。また，仕事エネルギーは，電気エネルギーと解釈すれば理解しやすいであろう。

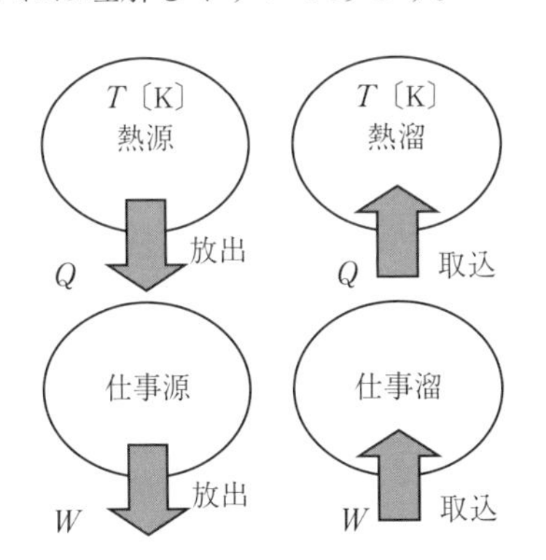

図 2.1 物質の出入りを省略した熱力学プロセスの例

一般的なプロセスの例を**図 2.2** に示す。本図のように，プロセスには，物質の出入り（物質に関しては仲介エネルギーと区別できるように細矢印で表記する）や**仲介エネルギー**の放出・取込みがあると考える。このプロセスへ出入りしている物質に関しては，その物質の相の数，各相での各成分量，温度および圧力が特定できるので，この物質の**エンタルピー**（体積変化が可能な場合の物質のエネルギー：H）および**エントロピー**（S）を数値として決定することができる。**図 2.3** に，一例として，空気を用いたメタンの燃焼プロセスを熱力学的に示す。本図より，このプロセスへは燃料であるメタンと酸化剤である空気が供給されており，プロセスからは排ガスが排出している。上述したように，各物質は，それぞれ相の数，各相での各成分量，温度および圧力が特定できるので，各物質のエンタルピーもエントロピーも数値として計算することができる。また，このプロセスは燃焼プロセスであるので，プロセス内で発熱反応が生じており，この発熱エネルギーが仲介エネルギーとしてプロセスから放出するものと考える。

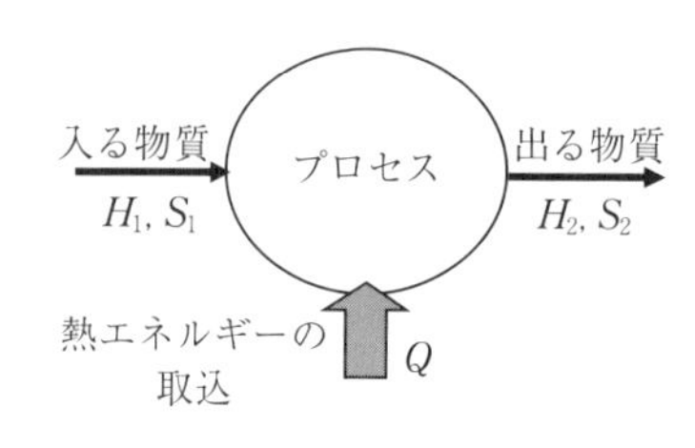

図 2.2　プロセスの熱力学表記例

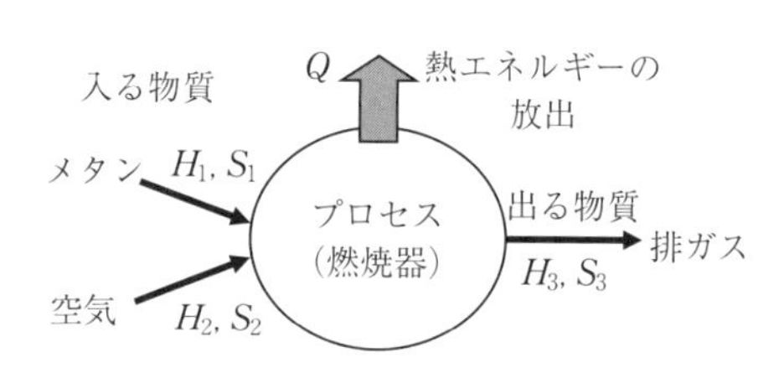

図 2.3　空気によるメタンの燃焼プロセスの熱力学表記

図 2.3 に示した燃焼反応という変化が生じた前後でのエンタルピー変化量（$\varDelta H$）およびエントロピー変化量（$\varDelta S$）はそれぞれ次式となり，容易に計算可能である。

$$\varDelta H = H_3 - (H_1 + H_2) \tag{2.1}$$

$$\varDelta S = S_3 - (S_1 + S_2) \tag{2.2}$$

各物質のエンタルピーおよびエントロピーはすべて数値として計算できるので，$\varDelta H$ および $\varDelta S$ も定量的な情報として得ることができる。

図 2.1 に示した四つのプロセスの性質を**表 2.1** にまとめて示す。表中の $\varDelta\varepsilon$ および A はそれぞれ**エクセルギー**変化量および**エネルギーレベル**を意味しており，それらの定義式を次式で示す。

表 2.1　各プロセスの性質

プロセス	エネルギー量	温度	ΔH	ΔS	$\Delta\varepsilon$	A
熱　源	放 出 熱 Q	T	$-Q$	$-\dfrac{Q}{T}$	$-\dfrac{T-T_0}{T}Q$	$\dfrac{T-T_0}{T}$
熱　溜	取 込 熱 Q	T	Q	$\dfrac{Q}{T}$	$\dfrac{T-T_0}{T}Q$	$\dfrac{T-T_0}{T}$
仕事源	放出仕事 W	—	$-W$	0	$-W$	1
仕事溜	取込仕事 W	—	W	0	W	1

$$\Delta\varepsilon \equiv \Delta H - T_0 \Delta S \tag{2.3}$$

$$A \equiv \frac{\Delta\varepsilon}{\Delta H} \tag{2.4}$$

式（2.3）中，T_0 は環境温度（=273 K）である。式（2.3）は**ギブスの自由エネルギー**の変化量の定義式である

$$\Delta G \equiv \Delta H - T\Delta S \tag{2.5}$$

の絶対温度である T を環境温度（T_0）に置換しただけであり，熱力学的な意味はギブスの自由エネルギーの変化量と同一である。なお，この ΔG はすべて仕事エネルギーとして有効利用できるエネルギーと理解してよい。このような置換を行うと**熱力学の第二法則**は

$$\Delta S \geqq 0 \quad \text{から} \quad \Delta\varepsilon \leqq 0 \tag{2.6}$$

に変換できる。すなわち，**エントロピー増大則**から**エクセルギー減少則**になると解釈できる。

つぎに，表 2.1 中の ΔS に着目すると，まず，熱源・熱溜は仕事エネルギーをそれぞれ放出・取込むことができないので，式（2.5）中の ΔG が 0 になることから導出できる。一方，仕事源および仕事溜は，熱力学上，エネルギーの放出や取込が生じても変化しない，すなわち，$\Delta S=0$ と考える。換言すれば，仕事源や仕事溜の質は熱力学的に劣化しないと考える。

あるプロセスのエクセルギー変化量およびエネルギーレベルの熱力学的な意味を考える場合，**図 2.4** のように，ΔH を x 軸，$\Delta\varepsilon$ を y 軸にして考えると理解しやすい。本図および式（2.3）より，図中の 45° の破線は $\Delta S=0$ を示して

いることがわかる。いま，ΔH および $\Delta\varepsilon$ の計算可能なプロセスがあれば，そのプロセスは図上にベクトル表記できる。これを**プロセスベクトル**と呼び，図 2.4 を**熱力学コンパス**と呼ぶ。式（2.4）より，エネルギーレベル（A）は，このプロセスベクトルの傾きに相当する。表 2.1 中の熱源あるいは熱溜プロセスのエネルギーレベルの計算式を用いれば，熱力学コンパス上に，**図 2.5** のようなエネルギーレベルと温度との関係を描くことができる。

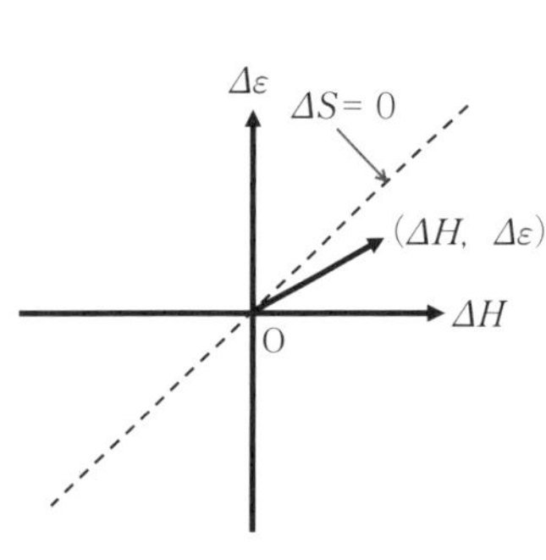

図 2.4　熱力学コンパス上でのプロセスの表記

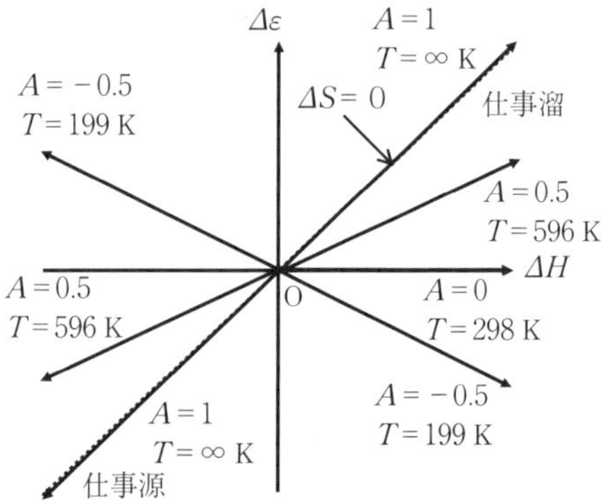

図 2.5　熱力学コンパス上でのエネルギーレベルと温度との関係

本図より，例えば，$\Delta\varepsilon>0$ および $\Delta H>0$ の領域にある $A=0.5$ のベクトルは，ΔH が正であるので熱エネルギーを取り込むプロセス，すなわち，受熱型プロセスであると判断でき，かつ，そのベクトルの傾き A から，温度 T は表 2.1 の熱溜プロセスの式を用いて，596 K と計算できる。つまり，このプロセスベクトルは 596 K の熱エネルギーを受熱するプロセスを意味している。また，このベクトルは $\Delta\varepsilon>0$ の領域に位置していることから，環境温度である 298 K の場では自力では生じ得ないプロセス，換言すれば，**他力型プロセス**であるといえる。一方，$\Delta\varepsilon<0$ および $\Delta H>0$ の領域にある $A=-0.5$ のベクトルは，199 K の冷熱エネルギーを与えるプロセス，すなわち与冷型プロセスであると考えることができ，環境温度である 298 K の場を基に考えれば，**自力型プロセス**といえる。ここでの要点は，$\Delta\varepsilon>0$ の領域であってもプロセスベクトルが存在していることである。式（2.6）に示したとおり，熱力学の第二法則

が $\Delta S \geqq 0$ から $\Delta\varepsilon \leqq 0$ へと書き換えることができたことから，一見，$\Delta\varepsilon > 0$ の領域にプロセスベクトルが存在してはならないように錯覚するが，この考え方は誤りであり，その理由については2.1.4項のシステムの熱力学で解説する。

ところで，図2.5において興味深いプロセスは，45°の破線で示している $\Delta S=0$ 上にある二つのプロセスベクトルである。$\Delta\varepsilon > 0$ にあるベクトルが仕事溜または $\Delta\varepsilon < 0$ のベクトルが仕事源をそれぞれ示しており，それらのエネルギーレベル A はともに1である。例えば，この仕事溜のプロセスの便宜上の温度を表2.1の熱溜のエネルギーレベルの式から計算すると∞Kになる。これは，仕事溜から放出される仕事エネルギーが∞Kの熱エネルギーであることを意味しており，仕事エネルギーの代表である電気エネルギーの質がいかに高いかを示唆している。なお，この熱力学コンパスの利用法については，2.1.4項で述べる。

2.1.2　プロセスの熱力学からシステムの熱力学への展開

システムとは，二つ以上のプロセスから形成されるものであり，例えば都市ガスを用いたガス湯沸かし器は，都市ガスの燃焼器と水をお湯にする熱交換器という二つのプロセスからなる最も単純なシステムと考えてよい。ガス湯沸かし器を熱力学プロセス的に表記すると**図2.6**のように描くことができる。本図を，今後，**熱力学システムダイアグラム**と呼ぶことにする。本図を，熱力学量を用いて描きなおすと，**図2.7**のようになる。本図より，このシステムは二つのプロセス，五つの物質および一つの仲介エネルギーから構成されている。ここで注意すべき点は，物質はシステムの境界を横切ってもよいが，仲介エネルギーはシステムの境界を横切ってはならないことである。もし仲介エネルギーがシステムの境界を横切った熱力学システムダイアグラムを想定すると，熱力学の第一・第二法則が成立しなくなるので注意を要する。

熱力学の第一・第二**法則**をシステムへ適用すると，次式のように表記できる。

・第一法則（システムとしてのエネルギー保存則）

$$\sum_i \Delta H_i = 0 \qquad (2.7)$$

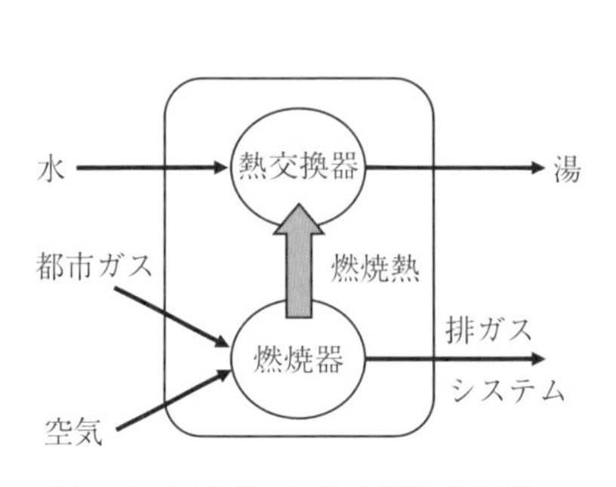

図 2.6 都市ガスによる湯沸かし器の熱力学システムダイアグラム

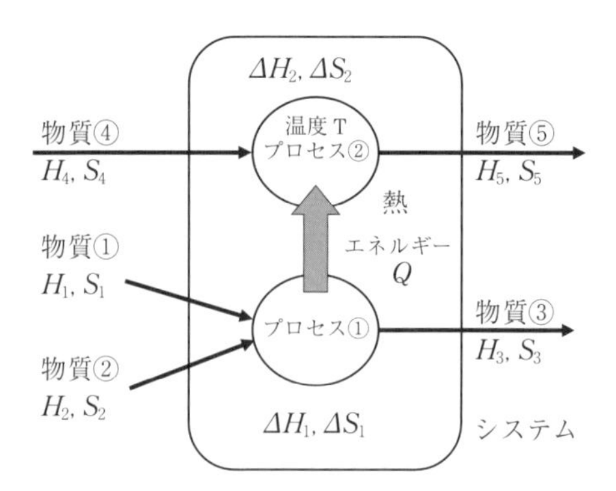

図 2.7 湯沸かし器の熱力学量表示

・第二法則（システムとしてのエントロピー増大則

あるいはエクセルギー減少則）

$$\sum_i \Delta S_i \geqq 0, \qquad \sum_i \Delta \varepsilon_i \leqq 0 \tag{2.8}$$

ガス湯沸かし器自体は現実に作動している機器であることから，熱力学の第一・第二法則は成立していなければならないので，式（2.7）および（2.8）は成立する。よって，両式を図 2.7 に適用すると次式を得る。このシステムは二つのプロセスから構成されているので

・第一法則

$$\sum_i \Delta H_i = \Delta H_1 + \Delta H_2 = 0 \tag{2.9}$$

・第二法則

$$\sum_i \Delta S_i = \Delta S_1 + \Delta S_2 \geqq 0 \tag{2.10}$$

と計算できる。例えば，式中の ΔH_1 および ΔS_1 は，それぞれ次式のように計算できる。

$$\Delta H_1 = H_3 - (H_1 + H_2), \quad \Delta S_1 = S_3 - (S_1 + S_2) \tag{2.11}$$

エントロピーという概念は，熱力学的に理解しにくい面があるものの，式（2.11）が示しているように，物質の各種情報が定まっていれば計算可能な値であると考えれば理解しやすくなるであろう。

さて，図 2.7 を再度見直すと，プロセス ② は物質 ④ が熱エネルギーを受熱するプロセスであり，表 2.1 の熱溜に相当すると考えてよい。いま，この熱溜

の温度を T とすると，式（2.9）および（2.10）はそれぞれ次式のように変換できる。

$$\sum_i \varDelta H_i = \varDelta H_1 + \varDelta H_2 = \varDelta H_1 + \varDelta H_T = 0 \tag{2.12}$$

$$\sum_i \varDelta S_i = \varDelta S_1 + \varDelta S_2 = \varDelta S_1 + \varDelta S_T \geqq 0 \tag{2.13}$$

式中，$\varDelta H_T$ および $\varDelta S_T$ は，それぞれ温度 T の熱溜のエンタルピーおよびエントロピー変化量を示している。いま，燃焼熱を Q とすれば，表 2.1 の熱溜プロセスの計算式より，式（2.12）および（2.13）はそれぞれ次式となる。

$$\varDelta H_1 + Q = 0 \tag{2.14}$$

$$\varDelta S_1 + \frac{Q}{T} \geqq 0 \tag{2.15}$$

発熱反応の熱化学方程式中でエンタルピーの変化量である $\varDelta H_1$ を負の値として表さなければならない理由はこの式（2.14）が示している。

2.1.3　燃焼プロセスを利用した発電システムの熱力学的解釈

上述したプロセスおよびシステムの熱力学という道具を用いれば，実用化しているさまざまな技術を熱力学システムダイアグラムで表現することができ，かつ，熱力学解析も可能となる。いま，高温熱源による発電システム，具体的には化石資源の燃焼操作を利用した燃焼ボイラ発電システムを熱力学的に考えてみよう。まず，高温熱源による発電システムの熱力学システムダイアグラムは**図 2.8** のように描くことができる。まず，燃焼炉は温度 T_h の高温熱源と考える。この高温熱源から燃焼熱が放出されると考え，その熱エネルギーはプロセス ① に取り込まれる。プロセス ① は，低温の水をこの熱エネルギーによって高温の水蒸気にするプロセスになる。この高温水蒸気はプロセス ② に入り，このプロセス ② は蒸気タービン・発電機に相当する。ここで発電された電気エネルギーは仕事源に取り込まれると考える。プロセス ② から出る水蒸気の温度はまだ高いのでプロセス ③ にて冷却され，その熱エネルギーは温度 T_l の低温熱溜へ放出される。プロセス ③ は，発電システムでいう復水器（冷却塔）にあたる。本図より，高温熱源による発電システム，すなわち，燃焼ボイラ発

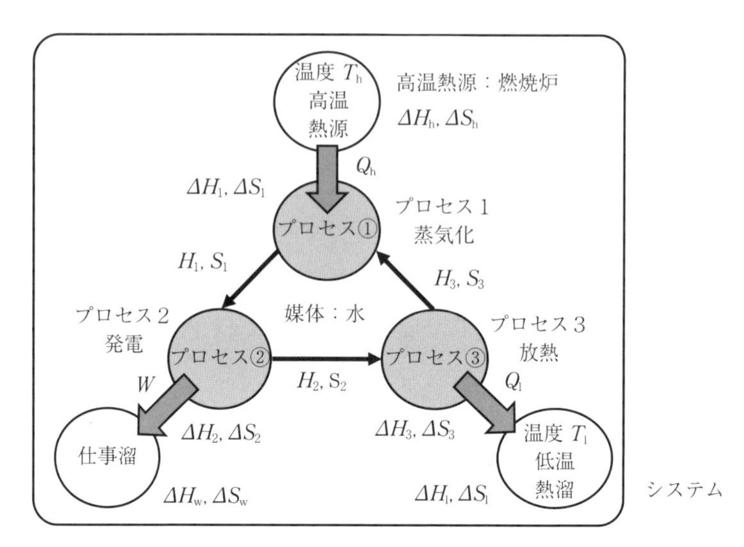

図 2.8 高温熱源による発電システムの熱力学システムダイアグラム

電システムは，熱力学的に単純化すると，六つのプロセスでシステムが構成されていることになる。

つぎに，図 2.8 に記載されている記号を用いて，この高温熱源による発電システムを熱力学的に解析する。このシステムは現実に作動しているので，熱力学の第一・第二法則は成立していることになる。よって，両法則から次式を得る。

$$\sum_i \Delta H_i = \Delta H_1 + \Delta H_2 + \Delta H_3 + \Delta H_h + \Delta H_w + \Delta H_l = 0 \tag{2.16}$$

$$\sum_i \Delta S_i = \Delta S_1 + \Delta S_2 + \Delta S_3 + \Delta S_h + \Delta S_w + \Delta S_l \geqq 0 \tag{2.17}$$

両式の最初の三つの項は，図 2.8 から

$$\Delta H_1 + \Delta H_2 + \Delta H_3 = (H_1 - H_3) + (H_2 - H_1) + (H_3 - H_1) = 0 \tag{2.18}$$

$$\Delta S_1 + \Delta S_2 + \Delta S_3 = (S_1 - S_3) + (S_2 - S_1) + (S_3 - S_1) = 0 \tag{2.19}$$

になるので，式（2.16）および（2.17）は，表 2.1 を用いれば，それぞれ次式のようになる。

$$W - Q_h + Q_l = 0 \tag{2.20}$$

$$-\frac{Q_h}{T_h} + \frac{Q_l}{T_l} \geqq 0 \tag{2.21}$$

発電システムであるので，燃料が有しているエネルギーの何割が電気エネルギ

ーへ変換されたかが重要な指標になるため，両式から（W/Q_h）の関係式を導出すると次式となる。

$$\frac{W}{Q_h} \leqq \frac{T_h - T_l}{T_h} \tag{2.22}$$

式（2.22）の右辺は，まさに**カルノー効率**である。すなわち，カルノー効率は高温熱源による発電システムの熱力学的発電効率を意味している。また，本式から，発電効率は高温熱源の温度 T_h を上昇させればさせるほど高くなることが容易に理解できる。いま，高温熱源温度 T_h に相当する蒸気温度を 600℃（=873 K），低温熱溜温度 T_l に相当する復水器の温度を 150℃（=423 K）と仮定すると

$$\frac{W}{Q_h} \leqq \frac{T_h - T_l}{T_h} = \frac{(873)-(423)}{(873)} = 0.52 \tag{2.23}$$

となり，投入した熱エネルギーのおよそ半分しか仕事エネルギーには変換できないことがわかる。これは熱力学の第一法則のみでは説明できず，熱力学の第二法則によって導出される結果である。なお，この 0.52 という変換効率はボイラ発電システムにおける実際の発電効率に近い効率であり，すでに実用化しているボイラ発電技術が熱力学的な最高変換効率であるカルノー効率に迫っていることがわかる。なお，表 2.1 中の熱源および熱溜のエネルギーレベル A も一種のカルノー効率を意味している。

ヒートポンプシステムも，**図 2.9** に示すように，図 2.8 と類似した考え方で，熱力学システムダイアグラムを描くことができる。本図のように，夏の場合は低温熱源が室内に相当し，高温熱溜が外気になる。これがエアコンによるヒートアイランド現象の原因である。一方，冬場はこの高温熱溜が室内になり，低温熱源が外気になる。このように，温度の低いところ（低温熱源）から高いところ（高温熱溜）へ熱を「くみ上げる」働きを持っていることが，「ヒートポンプ」と呼ばれるゆえんである。熱力学的解析は発電システムと同様な考え方で計算できるので省略するが，室内の冷却速度（Q_l）あるいは加熱速度（Q_h）は使用する仕事エネルギー（W，いわゆる電気エネルギーの消費速度）

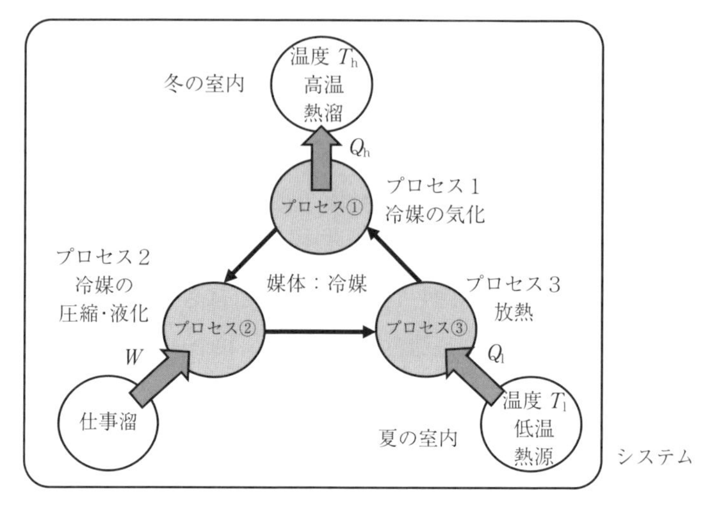

図 2.9　ヒートポンプシステムの熱力学システムダイアグラム

よりもかなり大きな値になり，ヒートポンプの性能の高さを容易に理解できる。

2.1.4　熱力学コンパスによる新プロセスの実現可能性評価

熱力学コンパスの定義とコンパス上でのプロセスベクトルの表記法については先述した。本項では，この熱力学コンパスの利用法について概説する。熱力学の標準温度は，一般的な自然科学で用いている 0℃（=273 K）ではなく，25℃（=298 K）である。これは，環境温度が熱力学の基準温度であることを意味しており，熱力学は人間的な学問と考えてよい。

さて，先述したとおり，新しい技術，ここでは新しいプロセスと考えるが，この新プロセスは，基本的には，自然現象では生じえないプロセス，熱力学的にいえば，“エントロピー変化量が負になるプロセス”あるいは“エクセルギー変化量が正になるプロセス”であることが多い。なぜなら自力型ではなく，他力型プロセスであるからこそ，技術開発が必要になるからである。簡単な例として，**図 2.10** のプロセス ① で示す加熱プロセスを考える。本図のように，加熱プロセス自身は，そのプロセスベクトルが $\Delta\varepsilon>0$ の領域に位置している

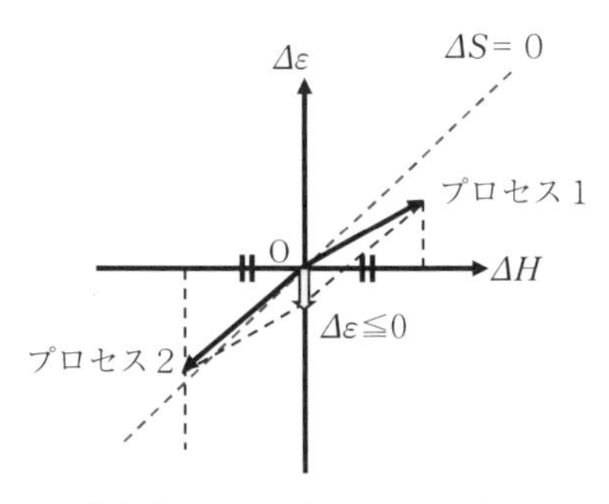

図 2.10　熱力学コンパス上の二つのプロセスの関係

ので，他力型プロセス，すなわち自然界では生じえないプロセスである。このプロセスを実現させるためには，別なプロセスを準備すればよい。すなわちシステムを構成することを意味している。システムの最小単位である二つのプロセスからなるシステムを考えると，まず，選択されるべきプロセス②のエンタルピー変化量の絶対値は，熱力学の第一法則より

$$|\Delta H_1| = |\Delta H_2| \tag{2.24}$$

であることが必要不可欠である。本図のように，式（2.24）を満足するプロセスベクトルは無限に存在することがわかる。よって，さらに候補を絞るためには，熱力学の第二法則，いわゆる，$\Delta\varepsilon \leqq 0$ を満足しなければならない。その場合，本図のように，コンパス上で二つのプロセスベクトルから作られる平行四辺形の一つの対角線が，$\Delta\varepsilon$ 軸で負になるようにプロセスベクトル②を選定する必要がある。このように，他力型プロセスであるプロセス①を生じさせるためには，新たなプロセス②を準備すればよいことが熱力学上では証明されたことになる。ただし，熱力学は，速度論の情報は与えてくれないので，実現可能性に関しては別途熱移動現象論などによる解析が必要になる。

図 2.11 に，具体的なプロセスの選択法の例を示す。本図は，熱力学コンパスを用いて，二つのプロセスベクトルで 373 K という加熱プロセスを可能にするプロセスの選択を行うものである。本図のように，まず，プロセスベクトル②に 323 K の熱源を使用して加熱することを考える。当然，このプロセスベクトル②の ΔH_2 は式（2.24）を満足しているプロセスである必要がある。本

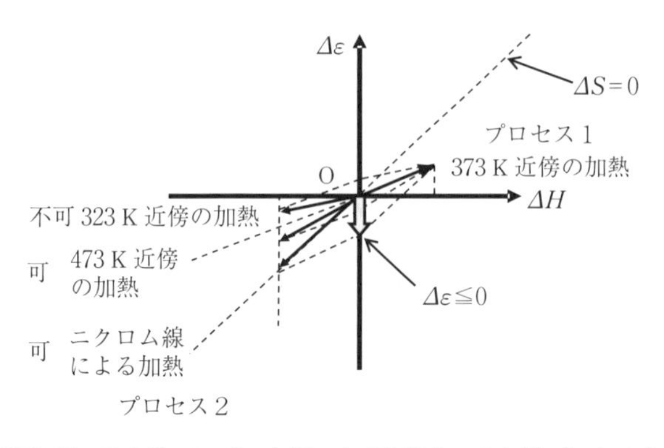

図 2.11 熱力学コンパスを用いた 373 K という加熱プロセスを可能にするプロセスの選択法

図より，プロセス①と②で形成できる $\Delta\varepsilon$ のベクトルは $\Delta\varepsilon \leqq 0$ を満足できず，よって，このプロセス②ではプロセス①を実現できないことがわかる。同様に，プロセス②として 473 K 近傍の熱源あるいはニクロム線による加熱（電気エネルギーの利用）を熱力学的に考えた場合，両プロセスとも $\Delta\varepsilon \leqq 0$ を満足しており，自力では生じえないプロセス①を熱力学的には可能にすることができるといえる。なお，本図からも理解できるように，低温の熱源を利用すればするほど**エクセルギーロス**（$\Delta\varepsilon$）は少なくなる一方，エクセルギーロスは電気エネルギーを利用する場合が一番大きくなっている。ただし，速度論を考える場合には，電気エネルギーを利用した場合が一般には速く加熱できる。これは，電気エネルギーが，100 %の効率で熱エネルギーに変換できるエネルギーであるからである。

本項では，システムの最小単位である二つのプロセスから構成されるシステムについてのみ言及した。実際は，三つ以上のプロセスを組み合わせることも熱力学コンパス上では可能であり，将来，自力的には起こりえないさまざまな新しい他力型プロセスの実現に向けて，このコンパスは熱力学的に解析できる有用な道具になるであろう。

2.1.5　化石燃料の高効率エネルギー変換技術の現状と動向

化石燃料を大別すると，天然ガスのようなガス体，ガソリンのような液体，石炭のような固体に分類できる。現在までに，それぞれの燃料形態に応じて適切なエネルギー変換システムが開発，実用化されており，最も私達の生活に密着しているエネルギー変換システムは燃焼装置であろう。家庭においては都市ガスを燃焼させて得られる熱エネルギーによってお湯を沸かしたり，電力会社では燃焼ボイラと呼ばれる装置を用いて化石燃料を燃焼させ，得られる熱エネルギーによって電気エネルギーに変換している。このように化石資源によるエネルギー変換というプロセスによって，熱エネルギーや電気エネルギーを産出し，私達はさまざまな用途に利用している。しかし，ここで注意を要する点は，前節で示した効率と環境性である。後者の環境性に関しては，ほかの書籍などを参照いただくこととして，本節では，これまでに開発・実用化されているエネルギー変換システムを紹介し，その特徴を概説する。なお，技術革新は日進月歩であるので，本内容はあくまでも現時点での特徴であると御理解いただきたい。

〔1〕 燃焼システムの基本特性

世の中で最も利用されている化石燃料によるエネルギー変換システムは燃焼である。私達の生活に最も身近な燃焼システムは，図 2.6 に示したガス湯沸かし器であろう。**図 2.12**[2) に，一般的な瞬間ガス湯沸かし器のエクセルギーの分配を示す。本図は，25 ℃の水から 50 ℃のお湯を作る場合を想定している。燃料である都市ガスが有しているエクセルギーを 100 とすると，お湯が有しているエクセルギーは 2 %未満であり，多くのエクセルギーは排ガスが有している熱エネルギーと利用不可能な損失エネルギーになっている。式 (2.3) を変換すると

$$\Delta H = \Delta\varepsilon + T_0 \Delta S \tag{2.25}$$

となり，$\Delta\varepsilon$ がお湯の有するエクセルギーと排ガスが有するエクセルギーの合計を意味し，$T_0\Delta S$ が利用不可能な損失エネルギーを意味していることが理解できる。すなわち燃焼システムは，原理的に $T_0\Delta S$ という利用不可能な**損失エ**

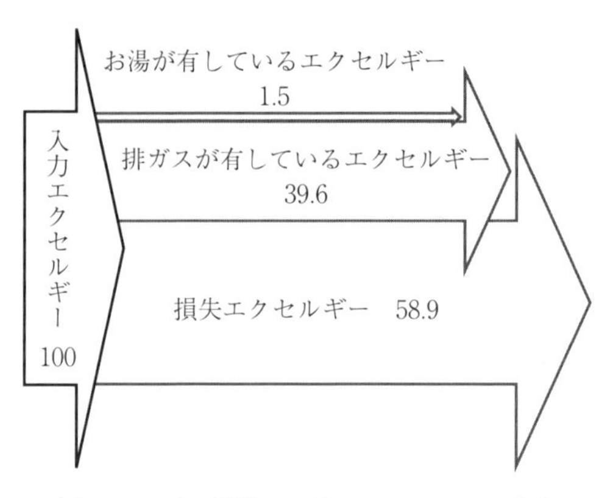

図 2.12　ガス湯沸かし器のエクセルギー効率

ネルギーを産んでしまうという性質を有している。しかも，瞬間ガス湯沸かし器の場合，$\Delta\varepsilon$ のすべてがお湯の有する熱エネルギーに変換されてはいない。これは，都市ガスが有しているエクセルギーを十分に利用していないことを示唆している。ただし，都市ガスは完全燃焼しており，燃焼効率という観点からは 100 %と考えてよい。つまり，図 2.12 は，燃焼効率が 100 %であったとしてもエクセルギー効率をいかに高めるかが，エネルギー変換システムを構成するうえで鍵になることを意味している。

ここで，**図 2.13** に，燃焼システムを用いた各種発電システムの発電出力と発電効率との関係を示す。図中，ディーゼルエンジン，ガソリンエンジン，ガスエンジンおよびガスタービンが内燃機関であり，スターリングエンジンや蒸気タービンは外燃機関に分類できる。本図より，基本的には，発電出力の上昇とともに発電効率も増加している。しかし，重要な点は発電効率の絶対値にある。例えば，燃焼システムを利用した大規模発電システムで用いられている蒸気タービンの発電効率は，発電出力が 1 000 kW 程度であると 10 %程度しか得られない。一方，ディーゼルエンジン，ガソリンエンジンやガスエンジンという内燃機関の場合，発電効率は 30 %前後あるいはそれ以上の効率で発電が可能となる。すなわち，燃焼システムを用いて発電することを想定した場合，必要な発電量によって選択すべき発電システムが異なってくることを理解しなけ

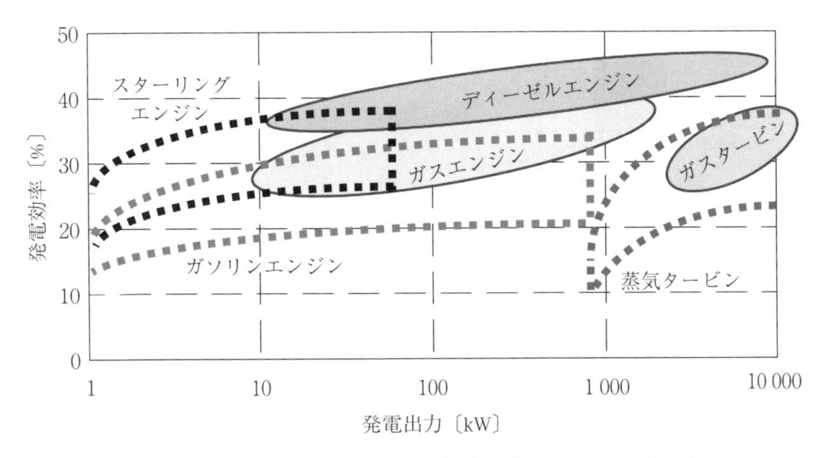

図 2.13 燃焼システムを利用した各種発電システムの発電効率

ればならない。もちろん発電システムの選択に当たっては，燃料種やその供給可能量，価格等，さまざまな要因も関与する。例えば，木質バイオマスのような固体燃料をガスエンジンのような内燃機関の燃料として直接投入することはかなり困難である。よって，その場合には，外燃機関であるスターリングエンジンの利用や，あるいは，木質バイオマスを事前にガス化させガス燃料にして，これを内燃機関へ投入するという方法がある。

さまざまな地球規模の環境問題と資源制約とが相まって，近年，日本の大規模発電システムでは，天然ガスや石炭を燃料として発電が行われている。よって，ここでは，天然ガスや石炭による大規模発電と小規模分散型発電について考えてみる。

〔2〕 天然ガスの大規模発電利用

天然ガスを燃料とするような大規模発電システムでは，**図 2.14**[3] に示すような**ガスタービン**を用いることが一般的であり，近年，新規な天然ガス火力発電の方式は，ガスタービン発電とともに燃焼排ガスが有している熱エネルギーも回収して蒸気タービンを駆動させるという**コンバインドサイクル**が主流になっている。ガスタービン技術の変遷を**図 2.15**[4] に示す。本図より，1980 年代のガスタービン入口温度は 1 100 ℃程度であったものが，2000 年代 1 500 ℃級

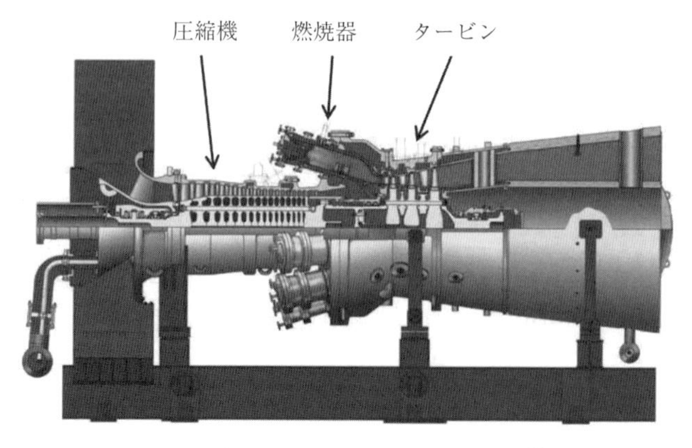

出典：最新 燃焼・ガス化技術の基礎と応用[3)]

図 2.14 ガスタービンの構造

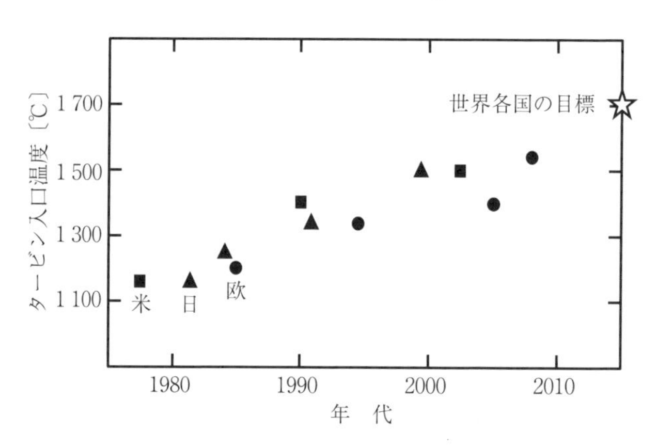

図 2.15 ガスタービンの高温化に関する世界の変遷

が実用化され，現在では 1 700 ℃級の開発が世界各国で国家プロジェクトとして推進されている。1 700 ℃級になると材料開発，長期的な信頼性，製造コスト等，難題が山積みであるようではあるが，発電効率（送電端）で 60 %超えを目指している。ただし，ここで注意を要するのは，日本で消費している天然ガスのそのほとんどが液化天然ガス（liquid natural gas, LNG）であることにある。この LNG は −162 ℃に冷却して液化させ，専用の LNG 船で輸入し，LNG 受入基地にて海水などで気化させ利用している。すなわち，ガス田において液化する際にすでにエネルギーを消費しており，かつ，輸入元では貴重な冷熱エネルギーを必ずしも有効に利用していない現状を認識する必要がある。換言すれば，高効率なLNG製造技術，−160℃級の冷熱利用技術等の開発を期待したい。

〔3〕 クリーンコールテクノロジー

日本では，1970年代に生じた2度のオイルショックを契機にして，燃料の多様化政策がすすめられ，特に発電用燃料に関しては，上述した天然ガスとともに，石炭ならびにウランを利用するようになった。しかし，その後の地球規模の環境問題により，石炭利用技術は，単に高効率化を目指すのではなく，環境調和性についても同時に配慮しなければならなくなり，いわゆる**クリーンコールテクノロジー**（clean coal technology, CCT）の開発を，日本が世界に先駆けて国家プロジェクトとして推進してきた。**図2.16**に，日本における石炭火力発電用蒸気タービンの蒸気温度の高温化の変遷を示す。本図が示しているように，蒸気タービンの入口蒸気温度の高温化により発電効率が，徐々にではあるものの，高効率化していることがわかる。この蒸気タービンの入口蒸気温度の高温化に関しては，現在，700℃級まで高温化（advanced ultra-super critical, A-USC）させるという国家プロジェクトが欧米のみならず日本でも開発過程にある。この技術によれば，微粉炭燃焼ボイラの場合，送電端効率は48%以上に達するものと期待されている。また，**図2.17**は，各国の石炭燃焼ボ

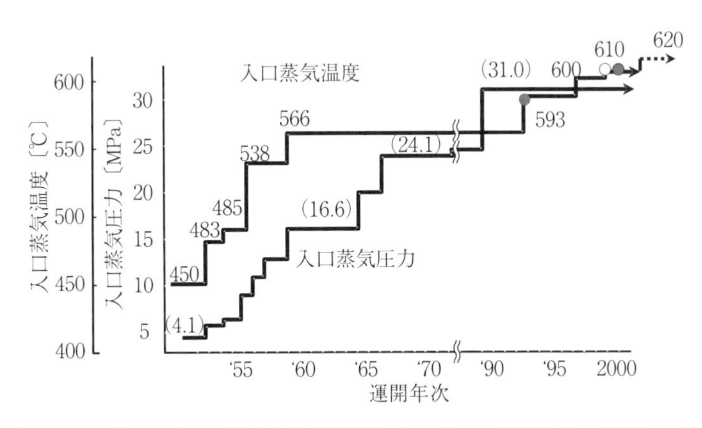

図2.16 日本における石炭火力発電用蒸気タービンの蒸気温度の高温化の変遷

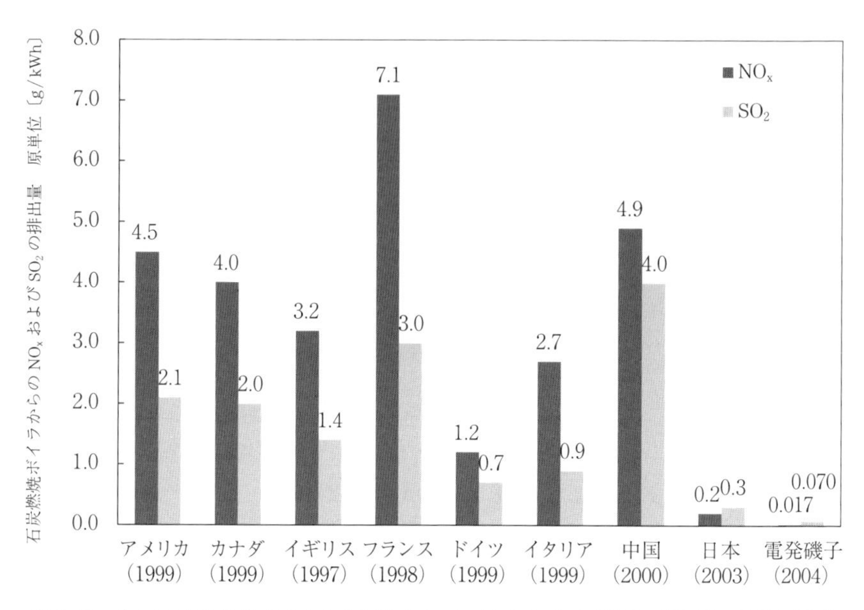

図2.17　各国の石炭燃焼ボイラから排出されている NO_x および SO_2 排出量の平均原単位

イラから排出されているNOxおよび SO_2 の平均的な排出量の原単位である。本図より，日本のNOxおよび SO_2 の排出量はともにごく微量であり，日本の低NOx・低 SO_2 技術はすでに他国を圧倒しており，今後は，当該技術を経済発展先進国のみならず，新興国や経済発展途上国へいかに技術導入するかが鍵となる。

石炭の最大の短所は，CO_2 排出量がほかの化石燃料に比べて多い点にある。燃焼効率が100％であっても，排出される CO_2 は石炭の消費量に比例する。よって，このような現状に鑑み，現在，大別して二つの方向性の技術開発が，各国で遂行されている。第一のCCTは，天然ガスと同様に発電システムを複合化することであり，石炭ガス化複合発電システム（integrated coal gasification combined cycle, IGCC）や**図2.18**[5] に示す石炭ガス化燃料電池複合発電システム（integrated coal gasification fuel cell combined cycle, IGFC）がそれぞれ商用化および開発過程にある。このIGCCは，石炭を高温・高圧下でガス化し，蒸気タービンのみならずガス化ガスをガスタービンで燃焼させ発電すると

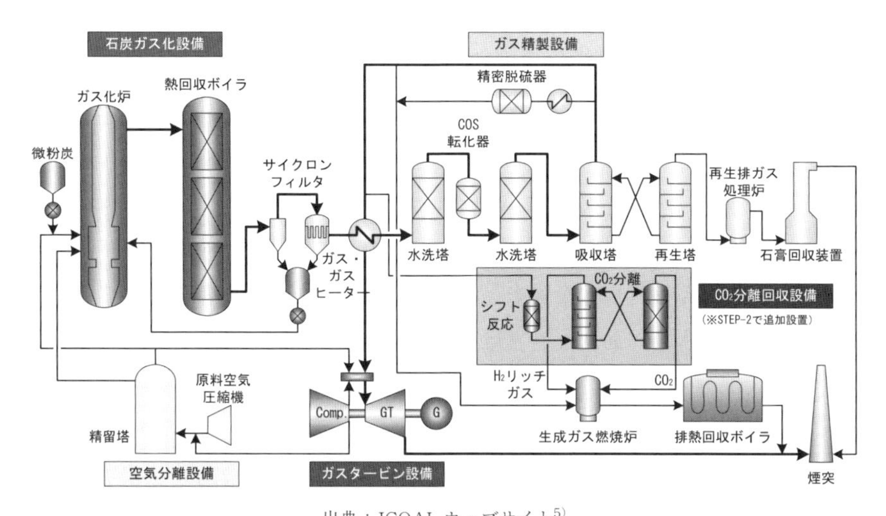

出典：JCOAL ウェブサイト[5)]

図 2.18　石炭ガス化燃料電池複合発電システムの概略

いうシステムであり，IGFC は，この IGCC のシステムに加えて，ガス化ガスの一部を固体酸化物燃料電池（solid oxide fuel cells, SOFC）へ導入し，三つの発電システムで発電を行うものである。この IGFC では，石炭燃料でありながらも，送電端効率で 55 % を超える効率が期待されている[5)]。また，酸化剤に純酸素を利用してガス化させれば，ガス化ガス中の N_2 濃度が低減でき，最終的なガスタービン燃焼排ガスあるいは燃料電池排ガスの CO_2 濃度も高濃度化できるので，後述する CO_2 の分離・回収も容易になる。

第二の CCT は，発電システムから最終的に排出される CO_2 の回収（carbon capture and sequestration, CCS）を狙ったシステムである。CO_2 の回収法や貯留法についてはほかの著書[6)] などを参照いただくとして，本項では，CCS を想定（CCS ready）した石炭によるオキシフューエル燃焼システムについてその特徴を概説する。一般的に，微粉炭を燃焼させるための酸化剤は空気であり，必然的に燃焼排ガス中に高濃度の N_2 が残存することになり，相対的に排ガス中の CO_2 の濃度は低下してしまう。すなわち，このような排ガスから低濃度の CO_2 のみを分離・濃縮するためには，さまざまなプロセスとともに，多量のエネルギーを消費しなければならない。そこで，排ガス中のCO_2濃度を極力高濃度にさせる燃焼技術の一つとして，**図2.19**[7]の**オキシフューエル燃焼システム**がある。本システムは，まず，空気分離装置によって製造した純酸素と排煙処理後の燃焼排ガスとを混合し，燃焼用の酸化剤としてボイラへ供給している点にある。このような方法によれば，排ガス中のCO_2濃度は，原理的に90％以上に濃縮することが可能となり，このような高濃度CO_2排ガスであれば，水分や微量成分を除去後に，若干冷却して圧縮するのみで液化CO_2を得ることができる。おもな特長は，燃焼排ガスを循環利用しているので大気に放出する排ガスの絶対量が減少し，それによってNOxやSOxの絶対的な排出量が低減できること，空気分離に要するエネルギーが必要になるもののCO_2を濃縮・分離するエネルギーが低減できること，既存のボイラであっても改造によりオキシフューエル化が可能なことなどが挙げられる。しかし，空気分離のためのエネルギーは多大であり，空気分離プロセスのさらなる省エネルギー化が期待されているほか，製造した液化CO_2の貯留法，貯留場所，長期的なCO_2の地中モニタリング等，実用化までにはまだまだ多くの課題を有している。

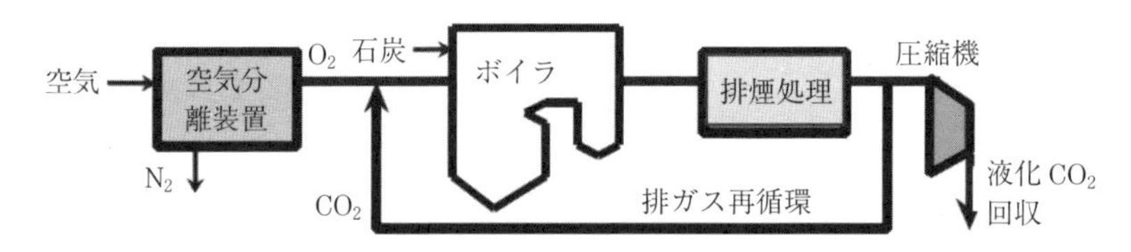

出典：加藤睦男ら（2005）[7]

図2.19　微粉炭によるオキシフューエル燃焼ボイラシステムの概略

〔4〕　小規模分散型発電・熱利用

電力供給網には，大規模集中型と小規模分散型がその地域性に基づいてそれぞれ実用化されている。日本の場合，これまで大規模集中型が主流であったものの，近年，再生可能エネルギーや自然エネルギーによる小規模発電技術の開発が進むにつれて，小規模分散型の電力供給網，いわゆるスマートグリッド化の導入が行われつつある。なお，各地方自治体が有している発電機能付きの都市ごみ焼却炉も，一種の小規模分散型の発電システムと考えることができる。一方，この小規模分散型の電力供給網は，経済発展途上国や島嶼（とうしょ）地域への電力供給網にも適していることから，日本のみならず国際的にも注目されている技術である。

小規模分散型のエネルギー変換技術を考える場合，図 2.13 が示しているとおり，発電効率のみで評価すると，大規模集中型のエネルギー変換技術と比較して見劣りする。しかし，電気エネルギーのみならず熱エネルギーも有効利用することを想定すれば，いろいろな組合せによる小規模分散型エネルギー供給システムが構成できる。一例として，**図 2.20** に，都市ガスによる地域エネルギー・熱供給システムの構成を示す。本システムは，都市ガスを燃料としてまずはガスエンジンを駆動させるもので，このガスエンジンにより発電を行うとともに，燃焼排ガスの熱エネルギーを利用して高温水蒸気の製造を行う。さらに，吸収冷凍機を用いることにより冷熱エネルギー，いわゆる冷房も可能になる。

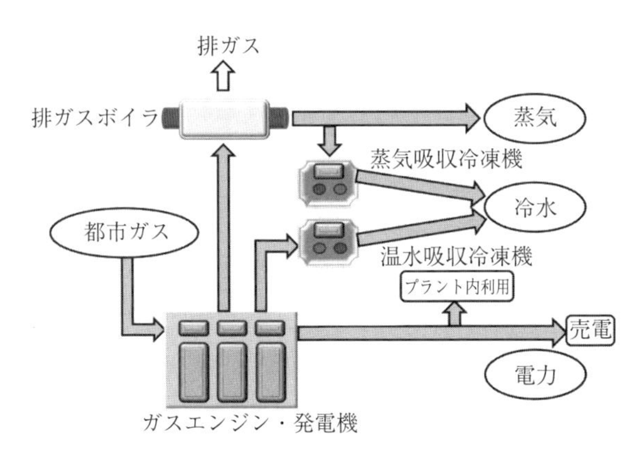

図 2.20　都市ガスによる地域エネルギー・熱供給システム

エネルギーの需要側で考えた場合，基本的には，その地域で必要とする電気量によってガスエンジンをガスタービンへ変更したり，冷水の需要がなければ吸収冷凍機を省略したりすればよい。一方，燃料側で考えた場合，例えば，その地域に余剰の木質バイオマスが多量に賦存しており，かつ，製材の際に乾燥のための熱エネルギーが必要であれば，図 2.20 のシステムの上流に，バイオマスのガス化装置を設置してガス燃料を製造すればよい。しかし，このような小規模分散型のコジェネレーションシステムの導入を想定した場合，導入する地域性を考慮する必要がある。需要側での電気エネルギーと熱エネルギーのアンバランス，季節性，日較差，さらには地域および地球環境性等，導入に際しては数多くの考慮すべき影響因子がある。

2.2 燃 料 電 池

2.2.1 燃料電池の原理と特徴

燃料電池（fuel cell）は，燃料を供給して電力を取り出す発電装置であり，化学反応によって化学エネルギーを電気エネルギーに変換する化学電池の一種である[8),9)]。典型的な燃料電池の一つである**固体高分子形燃料電池**（polymer electrolyte fuel cell, PEFC）の写真を**図 2.21** に示す。この写真にある燃料電池は，燃料として水素（H_2）ガスを供給することで，最大 0.5 W 程度の電力を出力する。なんらかの燃料を供給して発電するシステムというと，石炭，石油，天然ガスといった化石燃料による火力発電や，ウランやプルトニウムを燃料とする原子力発電，身近なものではガソリンやプロパンガスを用いた小型の**発動発電機**[†] があげられる[10)]。われわれが電池といってまず発想するのは**乾電池**（dry cell）や**充電池**（rechargeable battery）だが，使い方の類似性から，燃料電池はどちらかというと，乾電池や充電池よりも発動発電機に近いように思われるかもしれない。そこで，まずは電池を分類して比較することで，燃料電池の特徴を理解しよう。

図 2.22 に示すように，電池は大きく化学電池と物理電池に分類される。化学電池は，化学反応により化学エネルギーを電気エネルギーに変換するもの

† 工事現場，屋台，キャンプ等で用いられている。カセットボンベ（ブタン）を燃料とするものもある。災害時にも役立つ。

図 2.21　固体高分子形燃料電池の写真

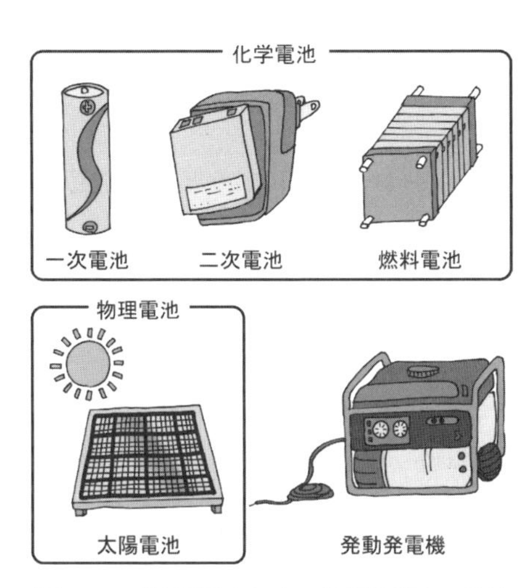

図 2.22　燃料電池とほかの発電装置との比較

で，燃料電池はこれに含まれる。ほかにも，**一次電池**（primary cell），**二次電池**（secondary cell）等が化学電池である。一次電池は放電のみが可能な使い切りの電池で，マンガン乾電池やアルカリ乾電池が知られている。二次電池は繰り返し充電と放電を行うことが可能な電池で，ニッケル-水素（Ni-MH）充電池やリチウムイオン（Li-ion）充電池が知られている。自動車のバッテリーに用いられている鉛蓄電池も二次電池である。一次電池や二次電池は電気エネルギーを蓄えることができるため，電気エネルギーを蓄えることができない燃料電池は化学電池に分類されないと思われるかもしれない。化学電池に対して，光や熱などの物理エネルギーを電気エネルギーに変換するものが物理電池である。**太陽電池**（solar cell）がその代表であり，熱電素子を利用した**熱電池**（thermal cell）などもある。太陽電池については1章で詳しく述べた。熱電池（熱電変換素子）については2.4節で詳しく述べる。物理電池は，外部からなんらかのエネルギーを供給しているときにのみ発電できる点において，燃料電池と似ている。つぎに，燃料電池と発動発電機を比較してみよう。発動発電機はどのようにして燃料の化学エネルギーを電気エネルギーに変換しているのか？　火力発電所も小型の発動発電機も，基本的な発電機構は同じで，燃料を燃やして化学エネルギーを熱エネルギーに変換した後に，発動機（熱機関）[†1]によってその熱エネルギーを機械的な仕事（力学的エネルギー）に変換し，さらに，発電機[†2]によってその力学的エネルギーを電気エネルギーに変換している。おおざっぱにいうと発動発電機は，発動機と発電機が直列に繋がれており，発動機によって化学エネルギーを機械的な仕事に変換した後に，発動機から供給される力学的エネルギーを発電機によって電気エネルギーに変換する。これに対して燃料電池は，燃料の化学結合エネルギーを電気化学反応によって直接電気エネルギーに変換するので，電池に分類されるのである。このため燃料電池は，高効率なエネルギー変換デバイスとして期待されている。具体的なエネルギー変換効率の比較については後述する。

もう少し具体的に，一次電池と燃料電池の違いを説明しよう。**図 2.23** に示すとおり，一次電池も燃料電池も，**アノード**と**カソード**[†3]と呼ばれる電極の間に，電解質が挟まれている構造は同じである。酸化剤を Ox，還元剤を Red，電子を e^- で表すと，それぞれの電極における半電池反応は一般に以下のように表される[11)]。

$$\text{アノードにおける酸化反応：} \mathrm{Red_1} \longrightarrow \mathrm{Ox_2} + e^-$$

$$\text{カソードにおける還元反応：} \mathrm{Ox_1} + e^- \longrightarrow \mathrm{Red_2}$$

すなわち，アノードでは還元剤が電子を失って酸化され，カソードでは酸化剤が電子を受け取って還元される。これをまとめると，全反応はつぎのようになる。

---

†1 ガソリン機関，ディーゼル機関，ジェット機関といった内燃機関と，蒸気機関，スターリング機関といった外燃機関がある。レシプロエンジンのように，いったん往復運動を得てから回転運動に変換するものと，タービンエンジンのように，そのまま回転運動を取り出すものがある。

†2 発電機（ダイナモ）は電動機（モーター）の逆で，電磁誘導により機械的仕事から電気エネルギーを取り出す。電車やハイブリッドカーでは，電動機を発電機としても利用し，ブレーキをかける（負の仕事をする）ことによって電気エネルギーを得ることも行う（回生ブレーキ）。

†3 アニオン（陰イオン）が向かう極をアノード，カチオン（陽イオン）が向かう極をカソードという。日本語では，電池のアノードを**負極**，電池のカソードを**正極**と呼び，電解のアノードを**陽極**，電解のカソードを**陰極**と呼ぶので，注意が必要である。

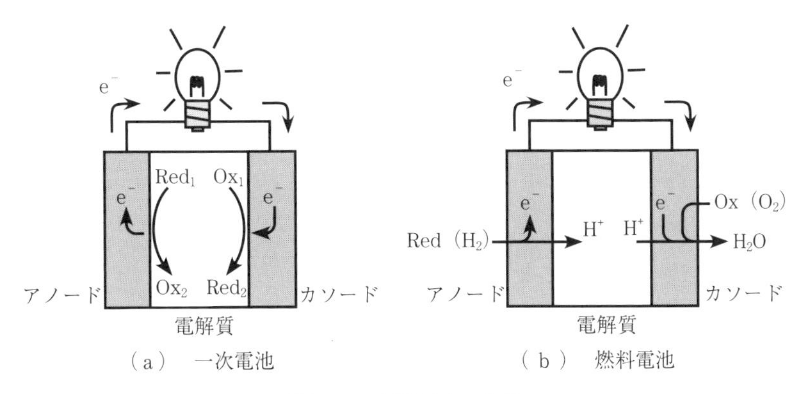

図 2.23 電池反応の比較

$$\mathrm{Red_1 + Ox_1 \longrightarrow Ox_2 + Red_2}$$

図 2.23（a）に示すように，一次電池は，電池内に酸化剤と還元剤が閉じ込められており，反応によって電子が外部回路を流れるが，その間，反応生成物質が電池外に放出されることはない。二次電池は，還元された酸化剤と酸化された還元剤を電池内で電気分解することにより充電しており，一次電池と同様にすべての反応が電池内で起きるため，系外と物質の出入りはない。これらに対して燃料電池は，図（b）に示すように，還元剤である**水素**をアノードに，酸化剤である**酸素**をカソードに外部から供給し，反応生成物である**水**を系外に排出する。この燃料電池における半電池反応は，燃料である水素 1 mol に対して以下のように表される。

$$\text{アノードにおける酸化反応：}\mathrm{H_2 \longrightarrow 2H^+ + 2e^-}$$

$$\text{カソードにおける還元反応：}\mathrm{\frac{1}{2}O_2 + 2H^+ + 2e^- \longrightarrow H_2O}$$

これをまとめると，燃料電池における全反応はつぎのようになる。

$$\mathrm{H_2 + \frac{1}{2}O_2 \longrightarrow H_2O}$$

これは，水の電気分解（$\mathrm{H_2O \longrightarrow H_2 + (1/2)O_2}$）の逆反応であることがわかる。水の電気分解では，外部から電力のかたちでエネルギーを供給して水を水素と酸素に分解しているのに対し，燃料電池では，水素と酸素を反応させて水を得る際に，電力のかたちでエネルギーを取り出しているのである。

つぎに，**図 2.24** を用いて固体高分子形燃料電池のしくみを説明する。この燃料電池は，電解質に固体の高分子膜を用いている点に特徴がある。初期の燃料電池は，電解質に液体が用いられていたが，それを固体の薄膜にすることで，電解質の漏れを防ぐとともに，小型軽量化が達成された。それではどのような高分子材料が電解質として用いられているのか？　それは，一般に**イオン交換膜**と呼ばれる高分子材料である[12]。イオン交換膜は，分子鎖中にイオン性基を持つイオン性高分子（ionomer）を成膜することによってつくられる。分子鎖中にスルホン酸基のようなアニオン性基を持つ高分子でできた膜は，負に帯電しているため，アニオンは透過できず，カチオンのみを選択的に透過する。逆に，アミノ基のようなカチオン性基を持つ高分子の膜は，正に帯電しているため，アニオンのみを選択的に透過する。このように，イオン交換膜にはカチオン交換膜とアニオン交換膜があり，イオンを選択的にろ過する性質がある。これをうまく利用したのが，海水の濃縮による製塩や海水の淡水化に関する技術である[13]。

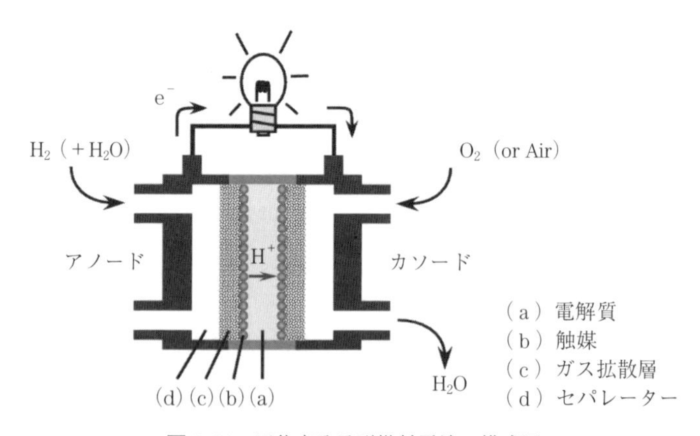

図 2.24　固体高分子形燃料電池の模式図

固体高分子形燃料電池は，カチオンである**プロトン**（H^+）を選択的にアノードからカソードに輸送することで発電する。そこで，現在，最も用いられているのが，DuPont 社によって開発された，**図 2.25** に示す **Nafion** と呼ばれる

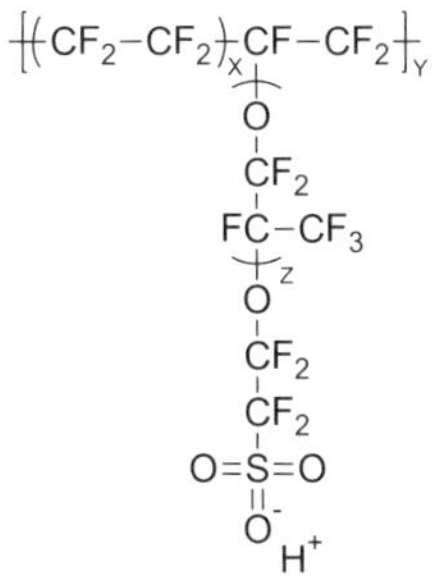

図 2.25 Nafion の化学構造

カチオン交換膜である[14)]。Nafion の化学構造をみると，側鎖末端にスルホン酸基（SO_3H 基）があり，容易にアニオン性基（SO_3^-）とプロトン（H^+）に電離しそうである。実際に Nafion の酸解離定数は $pK_a = -6$ 程度と小さい。Nafion の主鎖はテトラフルオロエチレン[†] 構造であり，膜の耐熱性，耐酸性，ガスバリア性等に寄与している。

では，プロトンはどのようにして電解質膜中をアノード側からカソード側に移動するのか？　Nafion のプロトン輸送メカニズムは，クラスターネットワークモデル，コア-シェルモデル，水路モデル等が提案されており，実際にはまだはっきりとしていないが，水分子が重要な役割を果たしていることはわかっている[15)]。プロトンは，水をキャリア分子としてアノード側からカソード側に移動し，また，反応生成水はカソード側で生成するため，固体高分子形燃料電池は運転に伴い，アノード側で水が不足し，カソード側で余剰となる。そのため，一般的に，アノード側に供給する水素ガスは加湿され，カソード側には排水を促すドレインが設けられる。こうしてみると，電解質膜は，プロトンと水を透過し，水素と酸素をブロックする，優れた分子選択透過性が求められることがわかる。もちろん，アノードとカソードをこの薄い高分子膜で電気的に絶縁することも大切である。Nafion はそういった厳しい条件を満たした，

† テトラフルオロエチレン構造を持つホモポリマーはテフロンという商標名で扱われており，耐熱性，耐薬品性，低摩擦性に優れているため，フライパンのコーティング等，様々な用途に応用されている。

数少ない材料の一つなのである。

電解質膜は，**触媒**微粒子を保持した**ガス拡散層**に挟まれて**膜電極接合体**（membrane electrode assembly, MEA）となり，ガス供給流路が彫り込まれた**セパレーター**に挟まれて単セルとなる。触媒は，前述した反応を促進するのに欠かせないが，固体高分子形燃料電池においては高価な**白金**系合金が用いられるため，低コスト化を妨げている[16)]。ガス拡散層には，カーボンペーパーなど，多孔質で，耐腐食性があり，導電性の良い材料が用いられる。セパレーターは，耐腐食性があり，導電性が良いことは当然だが，さらに，水素と酸素が漏れたり混合したりしないように十分な気密性を持ち，**水素脆化**[17)] を起こさない材料が選ばれる。

つぎに，固体高分子形燃料電池の**熱効率**を考えよう。**図 2.26** に，水素と酸素を反応させて水を生成する，あるいは逆に，水を分解して水素と酸素を生成する化学反応におけるエネルギーダイアグラムを示す。ここでは 25℃における値を用いよう。それぞれの値の後ろに（l）が付いているものは液体水を生成する際の**高位発熱量**（higher heating value, HHV）に基づく値，（g）が付いているものは気体水を生成する際の**低位発熱量**（lower heating value, LHV）に基づく値である。水の標準生成エンタルピーは，気体で −286 kJ/mol，液体で −242 kJ/mol と負であり，水の生成反応は発熱反応，水の分解反応は吸

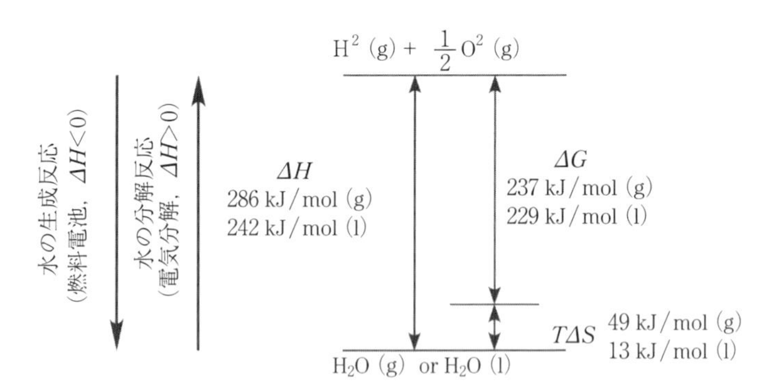

（g）と（l）はそれぞれ，気体状態と液体状態を表す.

図 2.26 燃料電池のエネルギーダイアグラム

熱反応である。燃料電池は最大で，ギブスの**自由エネルギー**変化分 $\varDelta G$ だけの電力を取り出すことができるから（**エントロピー**損失分は取り出すことができないから），**理想熱効率** η は，反応による熱量を表す**エンタルピー**変化 $\varDelta H$ を用いて，以下のように表される。

$$\eta=\frac{-\Delta G}{-\varDelta H} \tag{2.26}$$

熱機関は温度差がないと仕事をすることができない（$\eta=0$）ことを考えると，燃料電池における $\eta_{\mathrm{HHV}}\sim 83$ %（$\eta_{\mathrm{LHV}}\sim 95$ %）という値は大きい†。水素 1 分子から 2 個の電子を取り出すことができるから，理想熱効率における起電力はファラデー定数 $F=9.65\times10^4$ C/mol を用いて

$$E_{\max}=\frac{-\varDelta G}{2F}\sim 1.23\ \mathrm{V} \tag{2.27}$$

と求められる。しかし実際には，① 発熱による損失，電流が流れることによる ② **カソード分極**，③ **アノード分極**，④ **内部抵抗**による損失，⑤ 物質輸送による損失（**クロスリーク**，**クロスオーバー**）等が積み重なって 0.6-0.8 V 程度しか得られない。**表 2.2** に，さまざまな燃料を用いたときの酸化反応をまとめる。これ以外にもさまざまな燃料が考えられるが，実際には，触媒を用いて常温で十分に反応が進むのは水素くらいである。後で述べる中温・高温型燃料電池では，水素以外にもこの表に示したようなさまざまな燃料を用いることが

表 2.2 様々な燃料を用いたときの酸化反応

燃　料	燃料 1 mol に対する反応	ΔH〔kJ/mol〕	ΔG〔kJ/mol〕	η_{HHV}〔%〕	$E_{\max}$〔V〕
水素	$H_2 + (1/2)O_2 \longrightarrow H_2O$	−286	−237	83	1.23
メタン	$CH_4 + 2O_2 \longrightarrow CO_2 + 2H_2O$	−890	−817	92	1.06
一酸化炭素	$CO + (1/2)O_2 \longrightarrow CO_2$	−283	−257	91	1.33
メタノール	$CH_3OH + (3/2)O_2 \longrightarrow CO_2 + 2H_2O$	−727	−703	97	1.21
炭素	$C + O_2 \longrightarrow CO_2$	−394	−394	100	1.02

† 100 ℃以下で発電する固体高分子形燃料電池は，生成する水が液体であるため，一般に HHV で評価されるが，高温で反応する熱機関は LHV で評価されるため，効率の比較には注意が必要である。

できる。

では，たかだか 1 V 弱の起電力しか得られない固体高分子形燃料電池を用いて，どのようにしたら実際に使える電源システムを開発できるのか？　電圧を増すには直列につなげばよい。単セルを直列につないだものを**スタックセル**と呼ぶ。このとき，セパレーターは負極にも正極にも使われるため，**バイポーラープレート**とも呼ばれる。電流を増やすには，電極の面積を増やすか，セルを並列につなげればよい。いずれにしても，高出力化するには，燃料を効率よく，均一に，触媒面に供給する必要がある。例えば，電極単位面積当り 1 W/cm^2 で発電できるとすると，10 kW を出力するのに 1 m^2 の電極面積が必要となり，そのようなスタックセルに燃料を均一に供給するには，燃料供給システムの設計に工夫が必要となる[†1]。

2.2.2　燃料電池の歴史と現状

燃料電池は，1801 年に Davy によってその原理が発明され，1839 年に Grove が水素と酸素を用いた発電に成功した。1889 年には Mond と Langer が，純水素の代わりに，不純物として一酸化炭素や二酸化炭素を含む，石炭から得られる粗製水素を用い，純酸素の代わりに空気を用いて発電できる燃料電池を実現し，“fuel cell” と命名した。1932 年には Bacon が実用化研究に着手し，1952 年に特許を取得，1958 年に United Aircraft Corporation（UAC）[†2] がその特許を獲得して 5 kW の**アルカリ形燃料電池**を実用化させ，1966 年に同社が製造したアルカリ形燃料電池がアポロ 7 号に搭載された。これとは別に，1965 年に General Electric（GE）により固体高分子形燃料電池が開発され，ジェミニ 5 号に搭載された。しかし固体高分子形燃料電池は故障が多く，それ以降の**アポロ計画**ではアルカリ形燃料電池が採用されている。いずれにしても，

[†1] 単純なサーペンタイン流路で供給すると，流路上流で燃料が消費されて，流路下流で燃料が不足してしまう。燃料を過剰に供給すると，システム全体のエネルギー変換効率が下がってしまう。

[†2] 現在は United Technologies Corporation（UTC）として，航空宇宙産業だけでなく，さまざまな分野で研究開発と製造を行っている。

燃料によって発電でき，発電によって水が得られる燃料電池は，アポロ計画に欠かせないものだった。しかし，アポロ13号においては，燃料電池への酸素供給系統の事故により電力と水が不足し，月面着陸をあきらめて帰還せざるを得なくなったのである。

1960年代後半にはアメリカにおける宇宙船用燃料電池の開発が一段落し，政府による開発資金が打ち切られたが，一方で，電力会社が主体となった**FCG-1計画**やガス会社が主体となった**TARGET計画**といった民生用燃料電池の開発が行われた。カナダにおいてはBallard Power Systems[†1]が海軍の依頼により潜水艦用燃料電池[†2]の開発をスタートさせ，今日においては燃料電池に関する多くの特許技術を保有する企業に成長している。日本においては，1950年代から研究開発が始まり，1970年代の**オイルショック**を契機にして，1978～1993年の**ムーンライト計画**や1993～2000年の**ニューサンシャイン計画**により，ほかの省エネルギー技術や新エネルギー技術と並行して研究開発が行われた[18)]。このように燃料電池は，宇宙開発や軍事開発から実用化がスタートしたが，それが一段落したところで，現在は，電子機器のような携帯用，自動車のような乗り物用，発電機のような定置用，といった用途への応用開発が進められている。

つぎに，**表2.3**を用いて燃料電池の種類とそれぞれの特徴を概観しよう。アルカリ形燃料電池（alkaline fuel cell, AFC）は，上述したとおり，アポロ計画において実際に使われたが，現在ではその用途は限定的となっている。なぜならアルカリ形燃料電池は，電解質が**二酸化炭素**と反応しやすく，燃料および酸化剤に純度の高いものが要求されるからである。つぎに述べるように，工業的に二酸化炭素を含まない水素を得るには，それなりのエネルギーとコストを必要とする。また，酸化剤に二酸化炭素を含むものが使えないということは，空

[†1] 自動車向けの燃料電池を多く開発していたが，2007年にその事業を売却し，現在は定置用に専念している。

[†2] 駆動部がない燃料電池は，静寂に運転でき，排出される化学物質が水だけであるため，現在でも潜水艦に燃料電池を搭載するための研究開発が行われている。

表 2.3　燃料電池の種類

	電解質	電解質中を移動するイオン	燃　料	酸化剤	触　媒	運転温度	発電効率（LHV）〔%〕
アルカリ形（AFC）	水酸化カリウム	OH^-	水素	酸素	ニッケル・銀系	常温 ～ 100℃（低温型）	30 ～ 40
固体高分子形（PEFC）	イオン交換膜	H^+	水素（改質ガス）	酸素（空気）	白金系	常温 ～ 100℃（低温型）	30 ～ 40
直接メタノール形（DMFC）	イオン交換膜	H^+	メタノール	酸素（空気）	白金系	常温 ～ 100℃（低温型）	30 ～ 40
リン酸形（PAFC）	リン酸	H^+	水素（改質ガス）	酸素（空気）	白金系	190 ～ 200℃（中温型）	35 ～ 42
溶融炭酸塩形（MCFC）	炭酸リチウム，炭酸ナトリウム	CO_3^{2-}	水素（改質ガス），一酸化炭素	酸素（空気），二酸化炭素	ニッケル酸化物	600 ～ 700℃（高温型）	45 ～ 60
固体酸化物形（SOFC）	安定化ジルコニア	O^{2-}	水素（改質ガス），一酸化炭素，メタン	酸素（空気）	白金系	800 ～ 1 000℃（高温型）	45 ～ 60

気をそのまま用いることができないということになる。

燃料電池の燃料としてよく用いられる水素（H_2）は，空気中にほとんど存在せず，その濃度は 0.5 ppm 程度である。水素は軽く，空気に対する重さは約 0.07 倍しかないため，空気中に放出すると上方に拡散する。このため，エネルギー資源として地上でそのものを回収することは容易ではない。

しかし，生物由来の廃棄物や化石燃料は，化学構造中に多くの水素原子を含んでいるため，化学反応によって水素を取り出すことができる。水素を工業的に得るには，化石燃料を触媒下で水蒸気と接触させる**水蒸気改質**によって粗ガスを生産した後に，不純物として含まれる**一酸化炭素**を**水性ガスシフト反応**によって二酸化炭素とし，これを除去する方法がとられる[19)]。特に一酸化炭素は白金に吸着してその触媒能を低下させやすいため，その濃度を十分に小さくする必要があり，低温形の固体高分子形燃料電池において10 ppm以下，中温形の**リン酸形燃料電池**において1％以下にすることが求められる。ただし，**溶融炭素塩形燃料電池**や**固体酸化物形燃料電池**といった高温形のものは，一酸化炭素を燃料として使うことが可能となる。また，硫黄系化合物や窒素系化合物も白金に対して吸着被毒する場合があり，都市ガスやプロパンガスの腐臭剤，化石燃料中の微量成分，火山ガス等において対策が必要である。水の電気分解によって純度の高い水素を得ることもできるが，電力によって水を電気分解し，そこで得られた水素によって燃料電池を作動させても，加えた電力以上の電力を取り出せないのは**永久機関**の観点から明白である。

また，空気中における水素の爆発限界は4～74％程度と幅広く，1937年のHindenburg**号爆発事故**や，2011年の**福島第一原子力発電所**における水素爆発といった大惨事を忘れてはならない。水素は金属材料の内部にまで侵入しやすく，鉄鋼材においては水素吸収により強度の低下を招いてしまう（水素脆化）[17]。気体としてではなく，液体として貯蔵することも可能であるが，液化するのにエネルギーが必要である。以上の理由により，水素の貯蔵と輸送には注意が必要であり，いまだに多くの技術課題が残されている。

そもそも，運転中においては水しか排出しない燃料電池ではあるが，その燃料である水素は化石燃料からつくられ，その製造過程で二酸化炭素を排出していることを忘れてはならない。すなわち，燃料電池だけをみると**二次エネルギー**（水素）から二次エネルギー（電力）への変換だが，全体でみると**一次エネルギー**（化石燃料）から二次エネルギー（電力）への変換にほかならないのである。同様に，水素の製造，貯蔵，運搬に必要なエネルギーも考慮して効率を議論する必要がある。

固体高分子形燃料電池は，常温で運転できるために起動時間が短く，電解質が固体であるために振動に強く，電解質が薄いために小型軽量化が可能であり，出力密度を大きくすることができる。電極単位面積当り1 W/cm^{2}以上，スタックセル単位体積当り2 kW/dm^{3}以上の出力も報告されており，自動車用エンジンの出力密度に追いつきつつある。以上のことから，携帯用，乗り物用，定置用，すべてにおいて開発が行われ，実用化されている。特に乗り物用としては，自動車，オートバイ，フォークリフト，鉄道，船舶，航空機，等々，ありとあらゆるものへの応用開発が行われている（定置用固体高分子形燃料電池については後述する）。固体高分子形燃料電池の問題点を確認すると，燃料に含まれる一酸化炭素の濃度を 10 ppm 以下にする必要があることと，システム中の水の管理が必要なことである。また，ほかの発電システムと競争するには，電解質や触媒のコストダウンも求められる。

直接メタノール形燃料電池（direct methanol fuel cell, DMFC）は，固体高分子形燃料電池の一種で，燃料に液体のメタノールを用いるのが特徴である。燃料が液体であれば，燃料タンクを小型化でき，その補充も容易となる。このため，携帯用としての応用が期待されている。例えば，東芝は 2009 年に，リチウムイオン電池とハイブリッド化したモバイル燃料電池（Dynario）を発売した。これは，モバイル機器への使用を想定しており，燃料タンクの容量が 14 cm^3 で，最大 5 V，400 mA の直流を出力することができ，制限はあるが，航空機の機内への持ち込みも可能である。直接メタノール形燃料電池の問題点として，① 燃料が電解質膜を透過してしまうクロスオーバーによって，カソードでは酸素の還元とメタノールの酸化が同時に起こり，起電力が低下してしまう，② メタノールの酸化反応が遅い，③ メタノール酸化反応の中間体である一酸化炭素で触媒が被毒してしまう，といったことがあげられており，解決策が求められている。

リン酸形燃料電池（phosphoric acid fuel cell, PAFC）は，運転温度が 190 ～ 200 ℃と比較的低く，50 ～ 200 kW 程度の小規模な発電に向いており，ほかの燃料電池に比べて多くの運転実績を持つ。また，冷却水を暖房や給湯に利用できるので，工場，病院，ホテルといったところの電源に期待されている。

溶融炭酸塩形燃料電池（molten carbonate fuel cell, MCFC）は，運転温度がさらに高くなり，600 ～ 700 ℃となる。このため，廃熱を利用できるだけでなく，電極反応が速くなり，白金などの高価な触媒を必要とせず，一酸化炭素を燃料として使うことが可能となる。この燃料電池の最大の特徴は，反応に二酸化炭素を必要とすることであり，これにより，二酸化炭素を濃縮することができる。溶融炭酸塩形燃料電池を火力発電と併設することによって，火力発電から排出される二酸化炭素を濃縮して分離することができ，システム全体として環境への二酸化炭素排出量を削減することができると期待されている。

固体酸化物燃料電池（solid oxide fuel cell, SOFC）は，さらに高温の800～1 000 ℃で運転する。このため，大型の発電システムとして期待されているが，起動と停止に時間がかかる，高温に耐えられる材料が求められる，電解質そのものが高温で脆い，といった問題点がある。また，先述した燃料電池の理想熱効率は，高温となるにつれて減少することも考慮する必要がある。

国内における家庭用（定置用）燃料電池としては，**エネファーム**が知られている[20)]。これは，燃料電池実用化推進協議会が2008年に「家庭用燃料電池コージェネレーションシステム」に対して命名したもので，現在は，パナソニック，東芝，積水ハウス，東邦ガス，東京ガス，大阪ガス，新日本石油といった企業が製造と販売を行っている。エネファームは，都市ガス，プロパンガス，灯油といった化石燃料を改質器によって水素に改質し，空気中の酸素と反応させて発電する。燃料電池は固体高分子形であり，最大750 W程度を出力し，発電効率はHHVで35 %程度である[†]。一般家庭が電力会社と30～60 A（3 000～6 000 W）程度の契約をしており，ドライヤーやトースターといった加熱器具が1 000 W程度の電力を消費することを考えると，エネファーム単体での出力は決して大きいものではない。しかし，エネファームは，燃料電池の廃熱を利用して，発電と同時に給湯と暖房を行うことができる。廃熱としての出力は最大940 W程度であり，発電出力と廃熱出力をあわせたコージェネレーションシステムとして，一次エネルギーの利用効率は70～90 %である。これは，1 500 ℃級コンバインドガスタービンの熱効率がLHVで59 %程度（HHVで53 %程度），送電ロスが5 %程度であることを考えると，悪い数字ではない。一時期，燃料電池の出力が1 000 Wのシステムも製造されたが，平均

† 2013年2月時点で販売されている一般的なもの。メーカーによって異なる。

的な家庭では，これを冷却するのに必要な廃熱（給湯と暖房）を使い切れないため，現在では販売されていない。エネファームは，貯湯タンクが満水になると燃料電池を冷却できなくなるため，発電を止めるしくみになっている。燃料電池システムに限らず，コージェネレーションシステムやハイブリッドシステムといった複合的なエネルギーの供給と利用は，バランスが取れないと，貯めきれない余剰分を捨てたり，一時的な不足分をほかから供給したりしなければならず，設計と運用を間違えると，既存のシステムより余計にエネルギーやコストを必要とすることもある。

それでは，**図 2.27** を用いてエネファームのしくみをみてみよう。エネファームは燃料電池ユニットと給湯ユニットの二つのユニットからなる。燃料はいったん改質器によって，脱硫[†1]，水蒸気改質，一酸化炭素除去を行い，純度約 75 %の水素[†2]に改質した後に，固体高分子形燃料電池スタックセルに供給される。燃料電池によって発電した直流電力は，そのままでは家庭で使えないので，インバーターによって交流に変換される。改質器も燃料電池も，発熱反

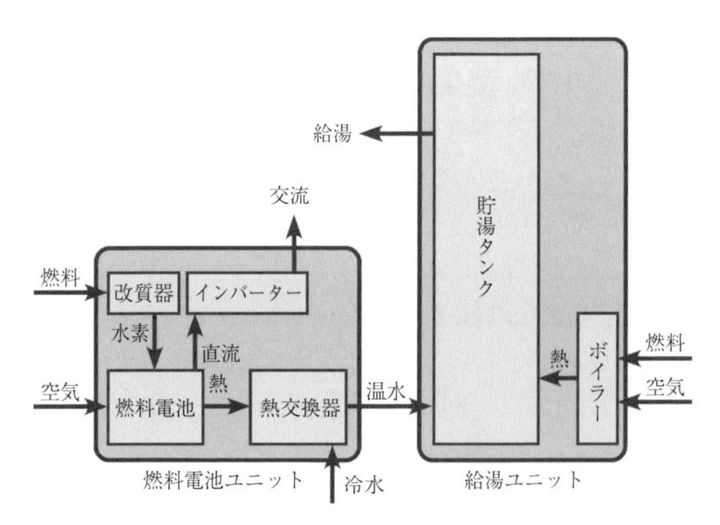

図 2.27　エネファームの模式図

[†1] 安全のために添加した腐臭材に含まれる硫黄を取り除く必要がある。
[†2] 二酸化炭素約 20 %，窒素約 3 %，メタン約 2 %を含む。

応を利用するために冷却が必要であり，熱交換器によって水冷される。このとき，温められた水は貯湯タンクに貯められ，給湯と暖房に用いられる。貯湯ユニットにもバックアップ用に給湯器（ボイラー）が設けられており，風呂の追い炊きなどが可能であるが，ここでも燃料が消費されることを知っておきたい。

平均的な家庭では，エネファームを導入することにより，ガスの使用量は増えるが，電力の使用量が減るため，合算した毎月の光熱費はおおむね下がる。しかし，全体のコストとしては，導入とメンテナンスの費用も考える必要がある。導入に関しては，2013年現在，国による補助金制度があり，300万円程度する導入費用に対して最大で130万円の補助を受けることができる。メンテナンスに関しては，燃料電池スタックセルなどの基幹要素の寿命が4万時間程度とされており，各社は，例えば10年間のサポートサービスを提供している。

2.2.3 燃料電池の今後の課題

文部科学省が告示する学習指導要領において，中学校の第一分野および高等学校の化学の授業で，燃料電池について触れるように記されている。若い世代の読者の中には，授業で燃料電池について学習した者もいるかもしれない。それにもかかわらず，われわれの普段の生活で燃料電池を身近に感じることはほとんどない。上述したエネファームの普及台数は数万台であり，東芝のDynario（直接メタノール形燃料電池）は3000台の限定販売，燃料電池自動車に至っては未だに量産されていない[†1]。燃料電池の代わりにガスエンジン発電機を搭載し，同様のコージェネレーションにより電力と給湯をまかなう**エコウィル**は，設置費が80万円程度，補助金が13万8千円であり，すでに50万台以上が販売されている[8)][†2]。燃料電池自動車よりも電気自動車，電気自動車よりもハイブリッドカーが普及し，現在でもガソリン車が最も売れている理由は，水素スタンドや充電スタンドといったインフラ整備の問題もあるが，や

[†1] 2013年2月時点。ただし，トヨタ自動車は2014年12月にMIRAIを発売開始し，2015年の販売目標を400台としている。

[†2] 2013年2月時点

はりトータルコストと実績であろう。燃料電池のコストを押し上げているものの一つが，反応を促進するための触媒である。燃料電池の性能を向上させるのに触媒の高機能化は欠かせないが，同時に，少しでもコストダウンをしないと，商業化には繋がらないのである。このような，材料科学の視点からみた燃料電池の現状については，本シリーズの第2巻「環境調和型社会のためのナノ材料科学」で詳しく述べている。

2.3 熱電変換

本節では，**熱電現象**を利用して熱エネルギーと電気エネルギー相互の変換を可能にする**熱電変換**，特に**熱電発電**に関する内容を中心に解説する。

2.3.1 熱電変換とは

〔1〕 熱電変換の歴史と熱電現象

熱電現象に関係する初めての発見は，ドイツの物理学者で医師でもあったThomas Johann Seebeck（1770～1831年）による「**ゼーベック効果**」の発見で，1821年のことであった。彼は，二つの異なる金属（Bi と Cu）を使った回路において，金属同士の2か所の接点に温度差を設けると方位磁針が振れることを発見した（**図2.28**）。当初，彼は温度差によって金属が磁性を帯びたのだと考えた。しかし，間もなく電流が発生していることがわかり，アンペールの法則によって方位磁針が振れたのであることを突き止めた。この発見の前年（1820年）に，デンマークの物理学者で化学者であるHans Christian Ørsted（1777～1851年）が電流の周りに磁場ができることを発見し，同年にフランスの物理学者で数学者であるAndré-Marie Ampère（1775～1836年）がその現象を完全に解釈して磁針の振れる方向が電流の流れている方向に関係すること（アンペールの法則）を発見している。「ゼーベック効果」の発見は，こうした同時代の発見に影響を受けて生まれたことになる。

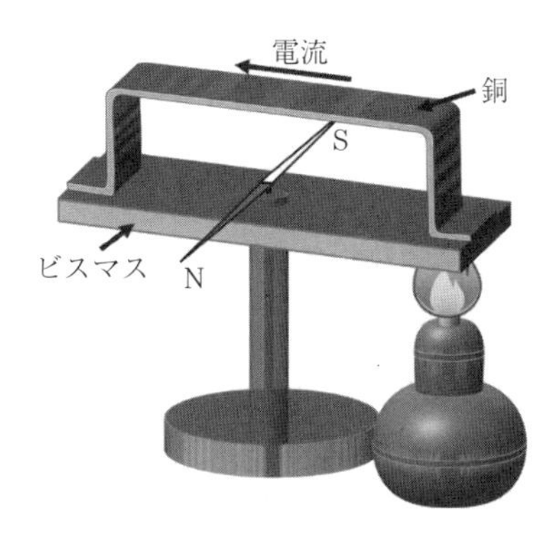

図 2.28 ゼーベックの実験装置図

この熱電現象は，導体（金属または半導体）内部の**キャリア**（負の電荷を持った電子または正の電荷を持った正孔）が加熱端（高温端）で多く発生し，キャリアがほとんど発生しない非加熱端（低温端）とでキャリア濃度差が生じてキャリアが低温端に移動し，加熱端においてキャリアが移動した跡はキャリアとは反対の電荷となり，両端に電位差（**熱起電力**）が発生することによって起こる。発生する電位差の大きさと電界の向きは，物質によって異なる。導体の両端に異種導体を接合して閉回路を形成すると，二つの導体の電位差の違いに応じた方向に電流がその閉回路に流れる。図 2.28 においては，ビスマスと銅に同じ温度差を与えるとそれぞれに発生する電位差は大きく異なり，ビスマスのほうが圧倒的に大きい。ビスマスにおけるキャリアは負の電荷を持った電子であるため加熱端のほうが非加熱端に比べて電位が高くなり，銅中を電流が加熱端から非加熱端に流れることとなる。ゼーベック効果に関係する**ゼーベック係数**と開回路の熱起電力は次式で表される。

$$S(T) \equiv \frac{dV}{dT}, \quad V = \int_{T_L}^{T_H} S(T)\,dT \tag{2.28}$$

ここで，S はゼーベック係数〔V/K〕で温度の関数であり，V は電圧〔V〕，T は温度〔K〕，T_H，T_L はそれぞれ高温端温度〔K〕，低温端温度〔K〕である。ゼーベック効果は，後に熱電対による測温や熱電発電に応用されることとなった。

熱電現象に関係するつぎの発見は，フランスの時計職人でアマチュア物理学者である Jean-Charles Peltier（1785 ～ 1845 年）による 1834 年の「**ペルチェ効果**」の発見である。彼は，異なる 2 種類の金属または半導体（n 型と p 型）を 2 か所で接合したものに電流を流すと，片方の接点からもう一方の接点に熱も輸送され，片方の接点では吸熱が，もう一方の接点では発熱が起こり，電流の向きを反転させるとこの関係も反転することを発見した。この現象は，1838 年にエストニアの物理学者である Heinrich Friedrich Emil Lenz（1804 ～ 1865 年）によって実証された（**図 2.29**）。

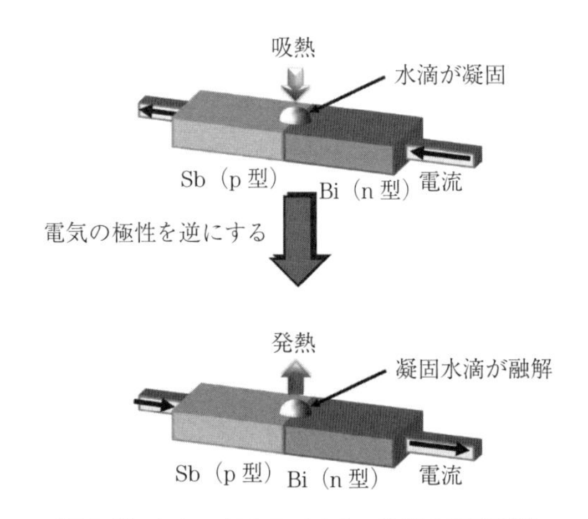

図 2.29　レンツによるペルチェ効果の実証実験

この現象は，異なる 2 種類の導体の接合部に電流を流すと，電流の方向に依存して，界面に生じるエネルギーギャップに対して，キャリアの移動のためにキャリアの励起が必要な場合に吸熱が，キャリアが低エネルギー準位に移動する場合に発熱が起こる現象であり，接合部における発熱・吸熱の熱量と電流値との関係は次式で表される。

$$\frac{dQ}{dt}=\Pi\cdot I \tag{2.29}$$

ここで，Q は熱量〔J〕，Π は**ペルチェ係数**〔V〕，I は電流〔A〕，t は時間〔s〕である。1900 年代初期には理論的に確立されたが，用いていた材料が金属であったために熱効率が低く，実用には程遠いものであった。しかし，1955 年ごろから半導体材料が用いられるようになり，高い電気伝導率でかつ低い熱伝導率を持つ材料が出現して高い熱効率が得られるようになったため，電子冷却素子が実用化されることとなった。この現象はおもに冷却装置（**ペルチェ冷却装置**）に応用されていて，現在ではさまざまな機器に用いられている。

第三の熱電現象に関する効果は，1851 年に William Thomson（Kelvin 卿（きょう））（1824 ～ 1907 年）によって発見された「**トムソン効果**」である。彼は，絶対温度の概念を導入し，熱力学第二法則（トムソンの原理）の発見，ジュールと共同で行った「ジュール-トムソン効果」の発見などにも業績を残したイギリスの物理学者である。この「トムソン効果」は，均質な導体に温度勾配がある状態で電流を流すとジュール熱以外の熱の発生または吸収が起こる現象で，電流の向きを逆にすると発熱，吸熱が逆になる。この現象は，程度の差こそあれほぼすべての導体で起こる。ただし，鉛にはトムソン効果がない（**図 2.30**）。

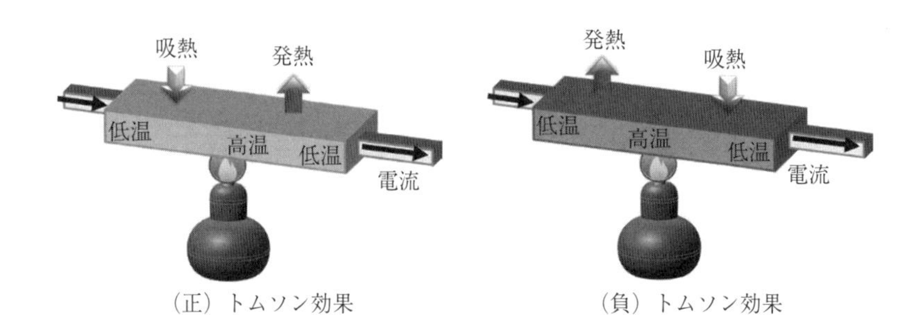

図 2.30 トムソン効果の概略図

均質な導体に電流密度 J〔A/m^2〕の電流が流れる場合，単位体積当りの発生熱量 q〔W/m^3〕は，次式で表される。

$$q=\rho J^2-\Theta J \nabla T \tag{2.30}$$

ここで，ρ は電気抵抗率〔Ω·m〕，∇T は温度勾配〔K/m〕，Θ は**トムソン係数**〔V/K〕であり，右辺第 1 項はジュール発熱を表し，第 2 項がトムソン効果による発熱・吸熱を表し，J の方向や，∇T の方向によって変化する。トムソン係数は物質によって正負の値が存在し，鉛はゼロである。残念ながら，この

「トムソン効果」を用いたシステムや装置はいまだに提案されていない。

このような熱電現象に関連したその後のおもな出来事を**表 2.4** に示す。

表 2.4 熱電現象に関連したおもな出来事

年	出来事
1821 年	ゼーベック効果の発見（T. J. Seebeck）
1834 年	ペルチェ効果の発見（J. C. Peltier）
1838 年	ペルチェ効果を実証（H. F. E. Lenz）
1851 年	トムソン効果の発見（W. Thomson）
1885 年	熱電発電の可能性を提起（J. W. Rayleigh）
1909 年	熱電発電の理論的な取り組み（E. Altenkich）
1930 年	熱電発電器を無線送信機電源に使用（A. F. Ioffe）
1941 年～45 年	独ソ戦争時に通信用電源として熱電発電器を使用（パルチザンの飯盒（はんごう））
1949 年	半導体熱電変換材料の理論を発展（A. F. Ioffe）
1950 年代	各種僻地用熱電発電装置の開発（A. F. Ioffe）
1953 年	家庭用冷蔵庫の原形製作（A. F. Ioffe）
1955 年	SNAP 計画（米国）でラジオアイソトープ／原子力を熱源とした熱電発電器の開発
1955 年	熱電変換材料の研究と応用開発（熱電冷却が主体）に関する研究に着手（日本）
1962 年	熱電冷却式恒温槽（商品名：COOLNICS）の市販（日本）
1963 年	RIPPLE（Radioisotope Powered Prolonged Life Equipment）計画の発足（英国）
1967 年	ラジオアイソトープ熱電発電器の野外試験実施（英国）
1977 年	ラジオアイソトープ熱電発電器を搭載したボイジャー 1 号の打ち上げ（米国）
1980 年～82 年	サンシャイン計画で海水の表層と深層（1,000m）海洋温度差熱電発電の試作試験（日本）
1993 年	量子閉じ込め効果に基づく熱電材料の飛躍的性能向上の理論的予言（L. D. Hicks and M. S. Dresselhaus）
1995 年	PGEC（Phonon Glass Electron Crystal）の概念の提唱（G. A.Slack）
1997 年	層状コバルト酸化物（酸化物系熱電変換材料）の発見（I. Terasaki）
1998 年	体温発電腕時計（商品名：THERMIC）の市販（日本）
1990 年代～2015 年	新しいタイプの熱電変換材料の発見ラッシュ

〔2〕 熱電変換でできること

熱電変換技術が適用できる分野としては，ゼーベック効果を利用した温度計測や熱電発電の分野と，ペルチェ効果を利用したペルチェ冷却や精密な温度制御の分野に大別される。ゼーベック効果を利用した温度計測技術として，熱電対がある。熱電対は，極低温領域から高温領域まで使用が可能であるが，**熱電対**の種類ごとに特性が違い，JIS規格ではK（−200～1 000℃），J（0～600℃），T（−200～300℃），E（−200～700℃），N（−200～1 200℃），R（0～1 400℃），S（0～1 400℃），B（0～1 500℃）のタイプが存在し，使用目的によって選択する。JIS規格外の熱電対には，極低温測定（−269～30℃）のものから超高温測定（0～2 400℃）に適した熱電対もある。ゼーベック効果を利用するもう一つの技術として，熱電発電がある。熱電素子は可動部分が存在しないため長寿命でかつ長期にわたって保守作業を必要としないという特長がある。宇宙探査衛星用電源や僻地の通信機・ラジオ用電源として利用されてきた。また，特異な例として体温発電腕時計が開発された。近年では，廃熱から電気エネルギーを直接回収する技術として注目を集めている。その詳細については，次項で述べる。

ペルチェモジュールを使用した電子冷却器は，従来の装置では難しい小型軽量・静音設計が可能なために，小型冷蔵庫から半導体レーザーの恒温化装置まで応用範囲は非常に広い。具体的な応用例として，つぎのようなものが挙げられる。

【冷却用途】

- 電子除湿機，乾燥機，小型据え置き冷蔵庫，小型ワインセラー，ウォータサーバー
- 半導体製造設備の冷却
- レーザー加工機，工作機械の主軸の冷却
- 熱雑音や暗電流の減少を目的とした高感度CCD，赤外線センサ，電界効果トランジスタ（FET），光電子増倍管などの冷却

【局部冷却・温度制御用途】

- 電子部品温度制御（水晶発振器，パワートランジスタなど）
- 液温制御（電子式チラー装置）

- MEMS（micro electro mechanical systems），各種センサ，車載デバイスの温度評価
- 冷暖房自動車座席シート
- 高機能 LSI，高速インタフェースモジュールの温度プロファイル作成
- メモリデバイス，半導体レーザー，LED 等のバーンイン用途
- CPU，グラフィックチップ，ネットワークプロセッサの温度トレース
- 液晶パネル，大型特殊基板の評価製造用
- 発振波長や出力の安定化を目的とした半導体レーザーの恒温化
- 薬液の恒温，インキュベータ，DNA 増幅，マイクロリアクター等のバイオ関連機器

2.3.2 熱電発電

近年，環境に対する人びとの意識は非常に高まっており，低環境負荷の技術や製品が社会に出まわるようになってきた。また，日本では 2011 年 3 月に発生した東日本大震災を機に，リスク分散や節電対策のために小規模発電や省エネ技術，再生エネルギーによる発電技術などが注目を集めている。しかし，現時点ではそれらの技術は震災後に稼働停止している原子力発電に匹敵するほどの発電量を得られていない。2015 年現在，原子力発電の代替発電としては火力発電が行われており，CO_2 の排出量増加に伴う地球温暖化や発電コストの増加が危惧されている。そのため，化石燃料の使用量を削減し，発電方法をより効率化することが求められる。

発電の分野では，科学技術の進展により太陽光，風力などの非燃焼系発電の割合が高まりつつある。しかし，世界的には電力の供給は依然として石炭，天然ガス，石油等の化石燃料を燃焼する火力発電によって行われているのが現状である。また，自動車の分野では電気自動車やハイブリット車などの次世代自動車の普及が進んではいるが，依然として燃焼機関を使用する自動車が大部分である。このような自動車や工場，発電所等の燃料燃焼系システムでは，発生した熱エネルギーの 60 %以上が廃熱として未利用のまま放出されている現状

がある。燃料の燃焼はCO_2の排出を伴うため，エネルギー変換の高効率化は，CO_2排出量の削減に繋がる重要な課題であり，そのために未利用の廃熱を有効利用することが求められる。しかし，ほとんどの廃熱は温度レベルが比較的低い低位の熱エネルギーであり，エネルギー源として回収できる適当な手段がほとんどない。こうした背景において，熱電発電は廃熱を直接電気エネルギーに変換することができる手段として注目されつつある。その最大の利点は，廃熱源の種類を問わない点であり，焼却場，工場，自動車，発電所等の廃熱や，太陽熱や地熱等さまざまな形態の熱源を利用することが可能な点である。

〔1〕 熱電発電の用途

熱電発電モジュールを使用した発電装置は，可動部がない固体装置であり，静粛でかつメンテナンス不要で多様な熱源に対応でき，大規模な発電から小規模な発電が可能である。製品・実用化の段階のものから，開発・試作段階，基礎研究段階のものまでさまざまな段階のものが存在するが，その具体的な用途としてつぎのようなものが挙げられる[21)]。

【原子崩壊熱など】

- 原子力電池（おもに木星以遠の太陽光発電が困難な深宇宙用探査衛星の電力源）

【燃焼熱利用】

- 無線中継基地局電源
- パイプライン腐食防止用電源
- 軍用可搬型発電機（焚き火の熱利用）
- 被災地緊急電源（焚き火の熱利用）
- モバイル機器用マイクロジェネレータ
- ミニチュア発電器（ろうそくラジオ）

【燃焼廃熱利用】

- 大型トラック・バスのディーゼルエンジン排ガス発電
- コージェネレーションのディーゼルエンジン排ガス発電
- ガソリンエンジン排ガス発電

• 小型廃棄物焼却炉の煙道発電

• 室内空気循環装置（煙突利用）

【機器廃熱利用】

• 工業炉 / 抵抗加熱式工業炉の廃熱発電

• 変圧器の熱回収発電

• プロジェクタ光源の廃熱発電

• コードレスファンヒーター廃熱発電

• 風呂釜温度制御装置廃熱発電

【自然熱エネルギー利用】

• 温泉熱発電

• 太陽熱発電

• 海洋温度差熱電発電

【体温利用】

• 体温発電腕時計

• 心臓ペースメーカー用電源

【冷熱利用】

• 液化天然ガス（LNG）の気化冷熱発電

〔2〕 発電用熱電変換材料

熱電発電は，熱電変換材料を素子として用いて熱エネルギーを電気エネルギーに変換する発電であるため，熱電変換素子の変換効率が発電の変換効率を大きく左右する。素子の**最大変換効率** η_{max}〔－〕は，一般に次式で表される。

$$\eta_{\mathrm{max}}=\frac{T_{\mathrm{H}}-T_{\mathrm{L}}}{T_{\mathrm{H}}}\frac{\sqrt{1+Z\overline{T}}-1}{\sqrt{1+Z\overline{T}}+\dfrac{T_{\mathrm{L}}}{T_{\mathrm{H}}}},\quad \overline{T}=\frac{T_{\mathrm{H}}+T_{\mathrm{L}}}{2} \tag{2.31}$$

ここで，T_{H}，T_{L} はそれぞれ熱電素子の高温端および低温端の温度〔K〕，Z は**性能指数**〔1/K〕である。最初の $(T_{\mathrm{H}}-T_{\mathrm{L}})/T_{\mathrm{H}}$ はいわゆる**カルノー効率**〔－〕である。式（2.31）からわかるように，素子の最大変換効率はカルノー効率を上回ることはない。

性能指数Zは，三つの熱電特性によって次式で定義される。

$$Z=\frac{S^2}{\rho\kappa} \tag{2.32}$$

ここで，Sはゼーベック係数〔V/K〕，ρは電気抵抗率〔Ω·m〕，κは熱伝導率〔W/(m·K)〕である。また，性能指数Zに絶対温度Tを乗じて無次元の特性値にした無次元性能指数ZTで熱電変換材料の性能を評価する場合も多く，一般的に熱電変換材料が実用に適するためには，$ZT \geqq 1$の性能を有することが必要であるといわれている。**図 2.31** に示すように式（2.31）で表される素子の最大変換効率$\eta_{\max}$を向上させるためには，熱電変換材料の性能指数Zを増大させることが必要である。性能指数Zの向上のためには，G. A. Slack が提唱した **PGEC（phonon glass electron crystal）** の概念[22]に基づく「電子にとっては結晶のように振る舞う高移動度物質であり，**フォノン**にとってはガラスのように乱れた物質」すなわち電気伝導度が大きく熱伝導率が小さい熱電変換材料が理想的である。さらに，ペルチェ冷却素子用の材料と異なり，発電に用いる熱源の温度域に適した材料の選択も重要となる。熱電変換材料には，金属ベース（金属間化合物または合金），ホウ化物系，硫化物系および酸化物系の材料がある。以下に，各温度域の有望な金属ベースの熱電変換材料について述べる。

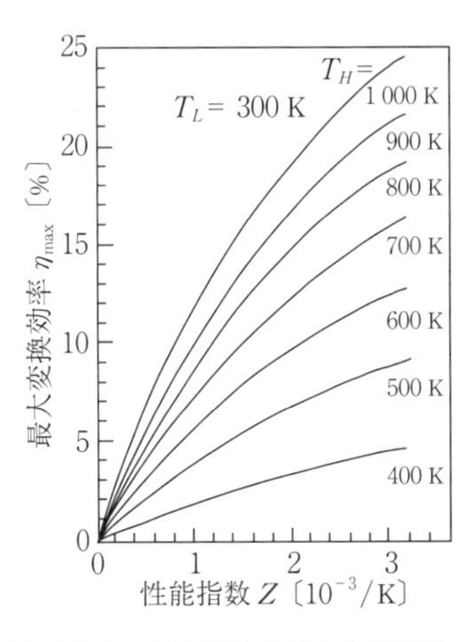

図 2.31　素子の最大変換効率と性能指数の関係

【Bi_2Te_3系化合物】

この化合物は，もともとペルチェ冷却素子の材料として研究開発されてきた化合物で，熱電発電用素子材料としての適応温度域は室温～200℃の範囲である。Bi_2Te_3の結晶構造は，空間群 $R\bar{3}m$ の対称性を持つが，一般には六方晶系として表される。c 軸方向に Bi 層と Te 層が積層した構造であり Te/Bi/Te/Bi/Te が一単位で，結合力が弱い Te-Te の**ファンデルワールス結合**が周期的に存在する（**図 2.32**）。同じ結晶構造を持つ化合物として Bi_2Se_3 と Sb_2Te_3 が知られ，これらと Bi_2Te_3 との固溶体が室温近傍で高い Z を示す。この材料では，結晶構造を反映して Z には大きな異方性が存在するとともに，強度面でも異方性が存在して c 面に沿ってへき開しやすく非常に脆い。c 面内の Z はこの面に垂直な方向（c 軸）より 2 倍以上大きいので，一般には一方向性凝固により成長方向に c 面を整えて良好な結晶配向性を持つ溶製材料にして Z の向上を図る。c 面がよく整った材料は Z が $3\times10^{-3}\,K^{-1}$ 以上にも達する。市販の溶製材料では，量産性を高めるがゆえに結晶配向性を犠牲にしているため，p 型 $Bi_{0.5}Sb_{1.5}Te_3$ および n 型 $Bi_2Te_{2.85}Se_{0.15}$ の室温における Z はともに $2.5\times10^{-3}\,K^{-1}$（$ZT=0.75$）程度である。最近，**結晶配向性**を高めた微細結晶粒からなる焼結体が開発され，Z は溶製材料と同等以上でありながら機械的強

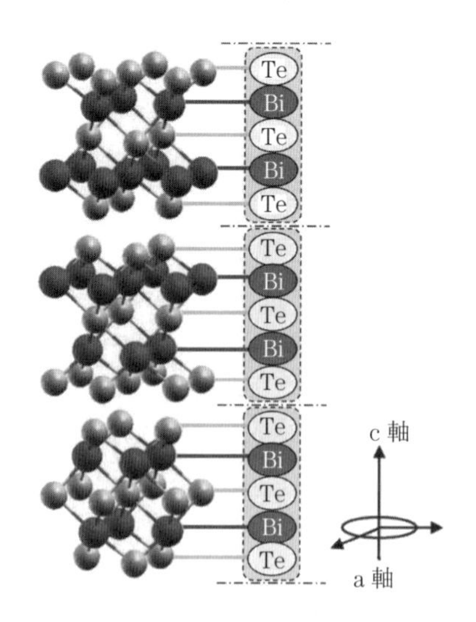

図 2.32　Bi_2Te_3 の結晶構造

度も高いことから，溶製材料に取って代わりつつある。

【亜鉛アンチモナイド化合物】

亜鉛アンチモナイド化合物 β-Zn_4Sb_3 は，半導体の中でも特に**格子熱伝導率**が低いことが報告されている。結晶構造は，90 % の Zn 原子が単位格子内に規則配列している（**図 2.33**（a））が，10 % の Zn 原子が格子間位置をランダムに占有している（図（b））ことが詳細な構造解析よって解明された[23)]。このランダム性が低い格子熱伝導率をもたらすと考えられる。熱電変換材料としては，中温域で有望な p 型材料で，400 ℃で $Z=1.9\times10^{-3}\,K^{-1}$ を越える性能指数も報告されている。しかし，相変態点が 500 ℃付近にあり，中温域の熱電変換材料としては適応温度範囲が狭い点と機械的に非常に脆い点が課題である。

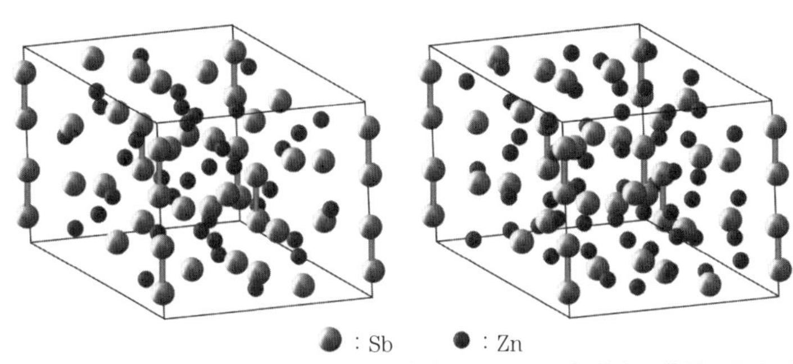

（a） Zn 原子が規則配列（90 %） （b） Zn 原子が無秩序な位置に存在（10 %）

図 2.33 β-Zn_4Sb_3 化合物の結晶構造

機械的な脆さを改善するために，粉末冶金プロセスを用いて微細な結晶粒を有する多結晶体を合成した例について説明する。純 Zn と純 Sb の粉末をモル比 Zn/Sb＝4.09/3 で仕込んで，遊星ボールミルを用いた 100 時間の**メカニカルアロイング**と**パルス放電焼結**（放電プラズマ焼結ともいう）装置を用いた 450 ℃で 10 分の焼結によって，熱電性能が高くクラックの無い健全な β-Zn_4Sb_3 化合物の焼結体を得ることができた[24)]。その熱電性能は，400 ℃で $ZT=1.17$ となった。

【(充填) スクッテルダイト化合物】

スクッテルダイト（skutterudite）の名前はノルウェーの鉱山のある地名に

由来する。**スクッテルダイト化合物**および充填スクッテルダイト化合物の熱電発電用素子材料としての適応温度域は，化合物の種類によっても異なるが，代表的なスクッテルダイト化合物である $CoSb_3$ 系化合物では 300 ～ 600 ℃の範囲である。

図 2.34 に（充填）$CoSb_3$ 化合物の結晶構造を示す。Co 元素が作る八つの単純立方格子によって単位胞を形成し，Sb 元素同士で形成する 3 方向を向いた対の正方形状のリング（計 6 リング）が対角の位置の Co 単純立方格子の体心位置に入っていて，残りの対角の位置の Co 単純立方格子には Sb リングは入っていない構造である。同様の構造を持つ化合物として，$IrSb_3$，$FeSb_3$，$CoSb_3$ 等が存在する。図 2.34 において，Co サイトをほかの元素で部分置換すれば，Sb リングが存在しない単純立方格子内にランタニドやアルカリ土類元素を充填することができる。このような構造（を持つ化合物）を充填スクッテルダイト（filled skutterudite）と呼ぶ。充填スクッテルダイトでは，充填元素の**ラットリング**（熱が伝わる際に格子内で充填元素が振動する現象）によって格子熱伝導率がスクッテルダイト材料の 1/10 以下にもなり，高い性能指数 Z を有する。代表的な充填スクッテルダイト p 型 $Ce_{0.9}Fe_3CoSb_{12}$ は，427 ℃において $ZT=1.1$[25] を，n 型 $Ba_{0.30}Ni_{0.05}Co_{3.95}Sb_{12}$ は，627 ℃において $ZT=1.25$[26] を記録している。最近は，2 種類以上の充填元素を充填した複合充填スクッテルダイトの研究も盛んに行われている。また，充填以外にナノ物質を均一に材料中に分散させることによるさらなる熱伝導率の低減が試みられ，粒

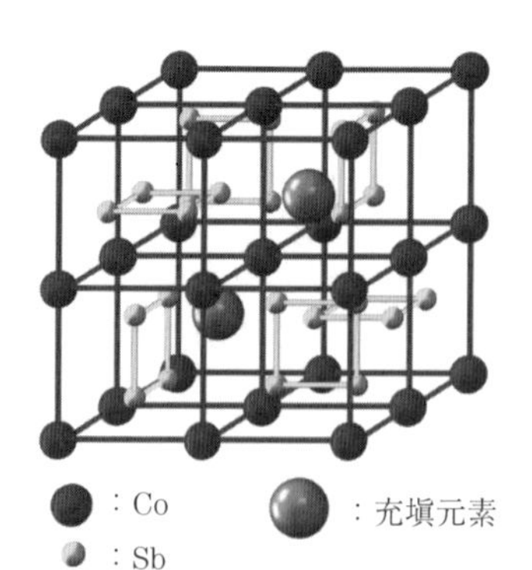

図 2.34 （充填）$CoSb_3$ の結晶構造

径 50 nm のアルミナナノ粒子を 0.05 mass %添加した n 型 La 充填スクッテルダイト $La_{0.3}Co_{3.68}Ni_{0.32}Sb_{11.84}Te_{0.16}$ の熱電性能は，600 ℃で ZT=1.15 となり，アルミナナノ粒子無添加の場合に比べて約 20 %の性能向上となった[27)]。

【クラスレート化合物】

PGEC（phonon glass electron crystal）の概念に基づいて，充填スクッテルダイトに続いて発見された系が，$Sr_8Ga_{16}Ge_{30}$ **クラスレート**（clathrate）**化合物**[28)]である。クラスレート化合物の熱電発電用素子材料としての適応温度域は，化合物の種類によっても異なるが，代表的な $Sr_8Ga_{16}Ge_{30}$ 化合物では 300 ～ 600 ℃の範囲である。

図 2.35 にその結晶構造を示す。一般式は A_8X_{46} と表され，Ge および Ga の 5 員環からなる 12 面体 X_{20} が 2 個，6 員環を含む 14 面体 X_{24} が 6 個合計 8 個の多面体が面を共有して 3 次元な籠型構造の単位格子を形成する。おのおのの多面体の内部には，ゲスト原子 A となる Sr などのアルカリ土類元素や La などのランタニドが含まれる。ゲスト原子は，充填スクッテルダイト化合物の充填元素と同様な役割を果たし，ラットリング効果を発現する。ゲスト原子を人為的に除いた $Ga_{16}Ge_{30}$ の熱伝導率に比べて劇的に熱伝導率が低減して，多結晶の $Sr_8Ga_{16}Ge_{30}$ クラスレート化合物の無次元性能指数 ZT は 527 ℃において 0.62 である[30)]。なお，$Sr_8Ga_{16}Ge_{30}$ クラスレート化合物は，タイプⅠと呼ばれる構造に属し，そのほかにタイプⅡ，Ⅲおよび Ⅷの結晶構造型の化合物が熱電変換材料として注目されている。その内容の詳細については，他書に譲ることにする。

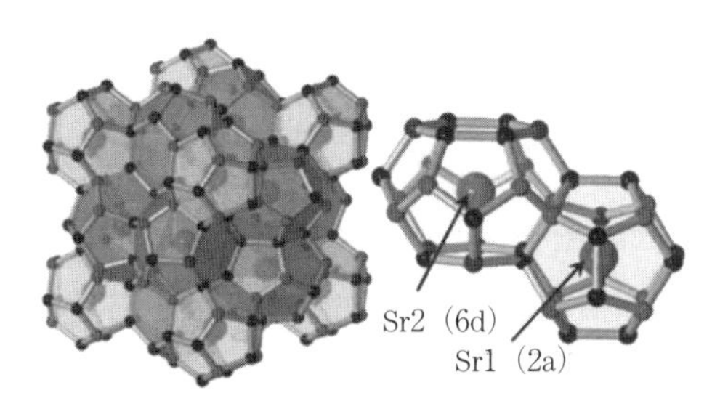

図 2.35　$Sr_8Ga_{16}Ge_{30}$ クラスレート化合物の結晶構造[29)]

【ホイスラー型化合物】

ホイスラー型化合物とハーフ・ホイスラー型化合物の結晶構造を**図 2.36** に示す。

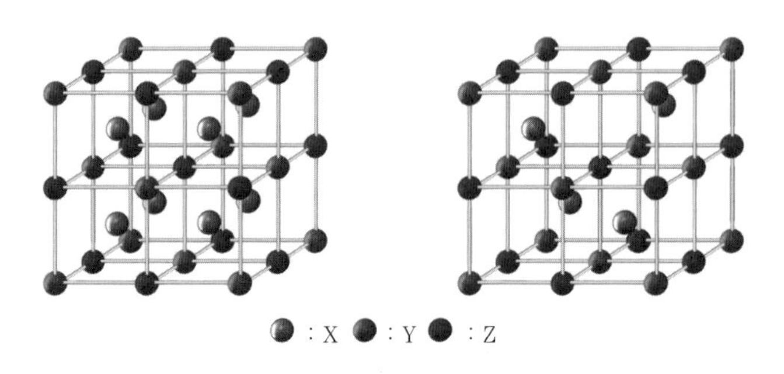

（a） ホイスラー型化合物　　（b） ハーフ・ホイスラー型化合物

図 2.36 ホイスラー型およびハーフ・ホイスラー型化合物の結晶構造

ホイスラー型化合物 X_2YZ は，Y 原子と Z 原子が NaCl 型構造をつくり，その副格子の体心位置に X 原子が位置する。一般に X および Y 原子は遷移元素，Z 原子は 3 族，4 族または 5 族元素である。ホイスラー型化合物は強磁性でない元素を組み合わせて強磁性を示すところに特徴があるが，この化合物の総価電子数が 24，すなわち 1 原子当りの平均価電子数（**価電子濃度**）が 6 となる場合には強磁性が消失して，フェルミ準位において**擬ギャップ**を形成することが知られている。価電子濃度が 6 近傍の擬ギャップ系のホイスラー型化合物が熱電変換材料として高いポテンシャルを持つものとして注目されてきている。擬ギャップ系のホイスラー型化合物として代表的なものが Fe_2VAl である。この化合物においては，化学量論組成からずらす方法か第四元素で部分置換する方法によって，フェルミ準位のエネルギー位置を制御して p 型や n 型の化合物を合成することが可能である。特に，Al サイトを Si で部分置換した $Fe_2V(Al_{0.9}Si_{0.1})$ は n 型で，その出力因子（S^2/ρ）は 27℃ で 5.5×10^{-3} W/(m·K^2) となり，室温付近で Bi_2Te_3 の出力因子を上回る[31)]。したがって，室温近傍がこの材料の熱電発電用材料としての適応温度域となる。しかし，熱伝導率が比較的に高いため，それを低減することが課題である。

ハーフ・ホイスラー型化合物 XYZ の結晶構造（図 2.36（b））は，ホイスラー型化合物 X_2YZ の結晶構造（図 2.36（a））から X 原子が一つ置きに欠損した構造である。代表的な熱電変換材料としてのハーフ・ホイスラー型化合物に ZrNiSn がある。この化合物の熱電発電用素子材料としての適応温度域は，$CoSb_3$ 系化合物と同様に 300 ～ 600 ℃の範囲である。また，この化合物の特長は，$CoSb_3$ 並みの高いキャリア移動度を持ち，高い熱起電力と低い電気抵抗率を示すことである[32)]。ハーフ・ホイスラー型化合物における課題も熱伝導率が高すぎることにある。充填元素によるラットリング効果は見出されていないため，長い間，最高の性能は 427 ℃で $ZT=0.5$ に留まっていた。最近になって，Zr サイトを Ti と Hf で部分置換し Sn サイトを Sb で部分置換した（$Ti_{0.5}Zr_{0.25}Hf_{0.25}$）Ni（$Sn_{0.998}Sb_{0.002}$）では，420 ℃で $ZT=1.5$ と飛躍的に向上することが報告され[33)]，今後の発展が期待される。

【マグネシウムシリサイド化合物】

Mg_2Si 化合物は，逆蛍石構造（**図 2.37**）を有する化合物半導体であり，その最大の特長は，構成元素である Mg と Si ともに毒性がなく，なおかつ地球上に非常に豊富に存在するという点であり，有毒元素・希少元素の利用が多い熱電変換材料の中にあって大変魅力的である。そのうえ，ほかのシリサイド系熱電変換材料に比べて比重が約 50 % も小さいにもかかわらず，Bi-Te 系に匹敵する性能（出力因子）を有する。Mg_2Si 化合物の熱電発電用素子材料として

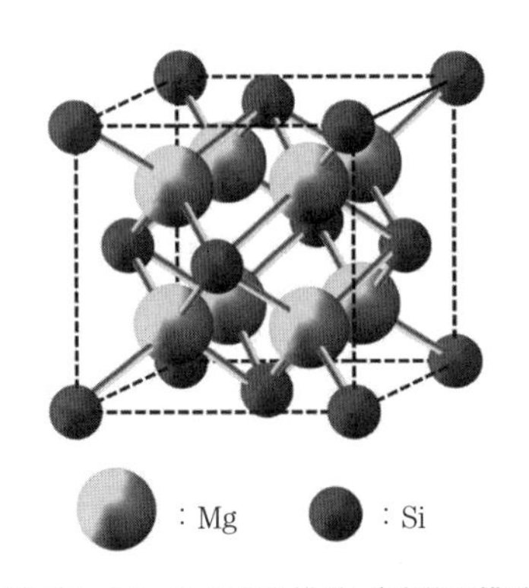

図 2.37　Mg_2Si の結晶構造（逆蛍石構造）

の適応温度域は，300～600℃の範囲である。ただし，Mgの沸点（1 641℃）がMg_2Siの融点（1 631℃）よりわずかに上にあり，Mgの高い蒸気圧と化学反応性とともに合成プロセスには十分な注意が必要である。液体Mgと固体SiをMgの融点直上の温度で反応させる**液相-固相反応**による合成法[34]が，Mgの蒸発を抑えて組成ずれの少ない合成方法として期待されている。

Mg_2Siにおける代表的なn型不純物として，Al，Sb，Biがある。AlはMgサイトに置換し，Sb，BiはSiサイトに置換してドナーになることが知られている。**垂直Bridgman法**により結晶成長させたBiを3 at％添加した試料では，577℃においてZT=1.08となり，同様な製法で作製したAlを1 at％添加した試料では，577℃においてZT=0.68となることが報告されている[35]。Mgの仕込み量の半分を6 wt％Alと1 wt％Zn含むMg合金（AZ61）に置き換えて液相-固相反応法を用いて合成したMg_2Si系化合物粉末をパルス放電焼結法によって焼結した試料では，590℃においてZT=1.22となることが報告されている[36]。

【高マンガンシリサイド化合物】

Mn-Si状態図において，多種類のMnとSiからなる化合物が存在するが，その中で最もSi含有量が多い化合物として$FeSi_2$や$CrSi_2$と同様に$MnSi_2$が存在するとされていた。しかし，現在では$MnSi_2$の存在は否定され，一方で$MnSi_{1.70}$～$MnSi_{1.75}$の組成範囲にMn_4Si_7，$Mn_{11}Si_{19}$，$Mn_{15}Si_{26}$および$Mn_{27}Si_{47}$の化合物が確認されている[37]。これらの化合物は，$MnSi_2$よりはMnリッチな化合物であるため，高マンガンシリサイド（higher manganese silicide）と呼ばれている。**図2.38**に，4種類の化合物の結晶構造を示す。これらの結晶構造はいずれも正方晶系に属し，Mn原子が骨格構造を形成しその中をSi原子が螺旋（らせん）構造を形成して存在し，単位格子は副格子をc軸方向に積層した特殊な構造（**チムニー・ラダー構造**）となる。これら4種類の化合物はいずれもc軸方向に伸びた特異なp型の縮退半導体である。また，熱電特性の異方性は非常に大きく，c軸に垂直な方向のゼーベック係数および電気抵抗率は，c軸に平行な方向のそれぞれ1.7倍および2倍の値を示す。

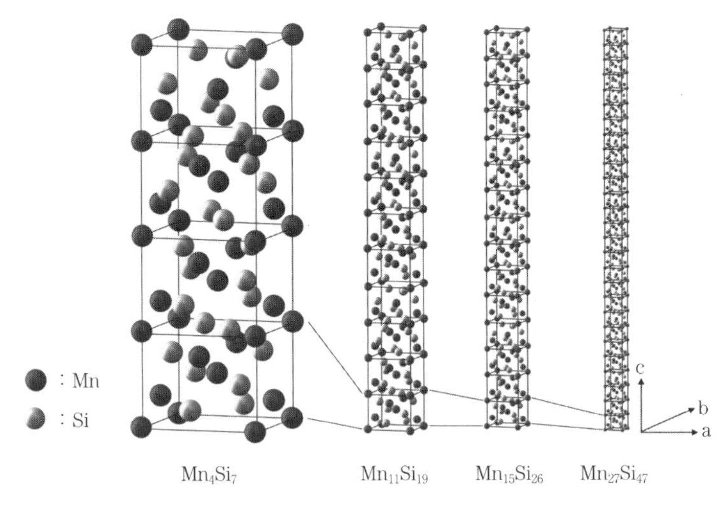

図 2.38　4種類の高マンガンシリサイド化合物

この化合物の熱電発電用素子材料としての適応温度域は，Mg_2Si と同様に 300 ～ 600 ℃の範囲である。高マンガンシリサイド（HMS）を溶製法で合成する場合，高温で非常に長時間の熱処理が必要となる。溶製法で合成した化合物の組織は，HMS 相に薄い MnSi 相が層状になった組織になりやすく，HMS 単相を得るのは難しい。粉末冶金的な手法による製法として，メカニカルアロイングとパルス放電焼結を組み合わせた方法[38]や，Mn と Si を個別に粉砕して後にパルス放電焼結法で合成と固化を同時に行う方法[39]が提案されている。前者の方法では，600 ℃において $ZT=0.47$，後者の方法では，Mn と Si の最適な仕込み量にて合成した場合に 545 ℃において $ZT=0.83$ の報告がある。n 型である Mg_2Si 系化合物の相手材として注目されてきている。

【Si-Ge 系合金】

Si-Ge 系は，全率固溶型の合金である。一方向凝固法では偏析が生じやすいが，原料の一部を溶融する帯域溶融法では，融液から固相が析出すると同時に原料溶融が生じるため，固相における Si 組成偏析を小さく抑えることが可能になる。**Si-Ge 系合金**は，Si および Ge と同様に立方晶であり，ダイヤモンド型の原子配列を有する（**図 2.39**）。結晶構造が等方的であるため物理的特性に

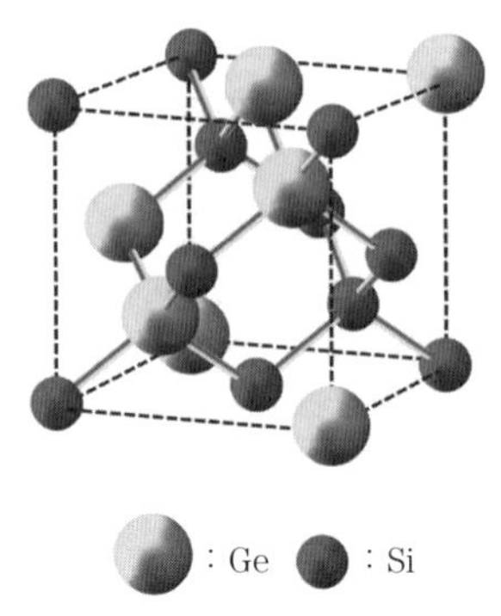

図 2.39 Si-Ge 系合金の結晶構造

異方性はほとんど認められない。

p 型および n 型添加剤として B および P が用いられる。Si-Ge 系合金の熱電発電用素子材料としての適応温度域は，ほかの熱電変換材料に比べて高温で 500 ～ 1 000 ℃の範囲である。1 000 ℃以下の温度で連続使用しても性能劣化は認められず，放射性同位体の崩壊熱を熱源にした宇宙用電源として実用されてきた。Si_xGe_{1-x} 焼結体の熱電性能は，組成 x が 0.8 ～ 0.85 で最大となり，800 ℃において p 型では $ZT=0.56$，n 型では $ZT=0.66$ の報告がある[40)]。

〔3〕 熱電発電素子・モジュール

熱電発電素子の形態としてはバルクと薄膜があるが，以下では最も一般的なバルク体素子を前提に述べる。

【熱電発電素子の構造】

熱電発電素子の構造としては，単一素子型と**セグメント型**の 2 種類がある。単一素子型は，p 型あるいは n 型素子をそれぞれ 1 種類の熱電変換材料で構成するタイプで，素子構造は単純化できるものの適応温度域を外れた温度域で十分な性能を発揮できないため，高い変換効率が期待できる大きい温度差での発電において変換効率が伸び悩む結果になりうる。そこで，変換効率の高効率化を図るために考案されたのが，セグメント型である（**図 2.40**）。

セグメント型は，素子内の温度勾配において各温度域に適した材料を複数個接合し積層化するものである。この構造は，**傾斜機能材料**（FGM）の概念に基づいており，**図 2.41** に示すように各材料層の厚さ比率は，隣り合う 2 種類の材料の無次元性能指数 ZT の数値の大小関係が逆転する温度勾配に対応する位置で決定して設計することが可能である。こうしたセグメント型の素子は，与えられた温度勾配に対してつねに最良の熱電性能を維持し，単一素子型の 2 倍以上の性能も期待できる。ただし，異種熱電変換材料を接合する高度な接合技術が必要であり，製造プロセスも複雑化することが欠点である。

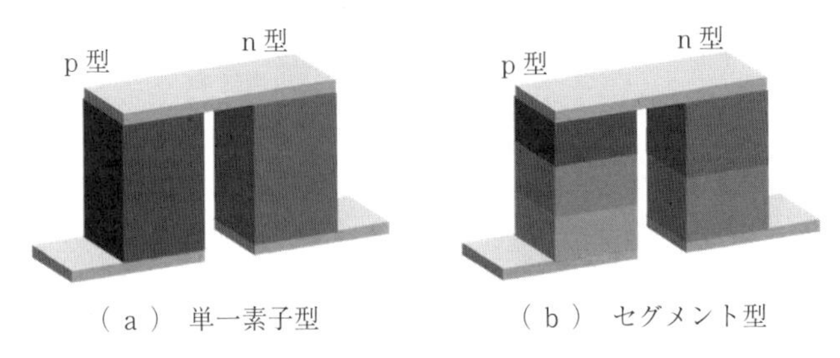

（a） 単一素子型　　（b） セグメント型

図 2.40 熱電変換素子の構造

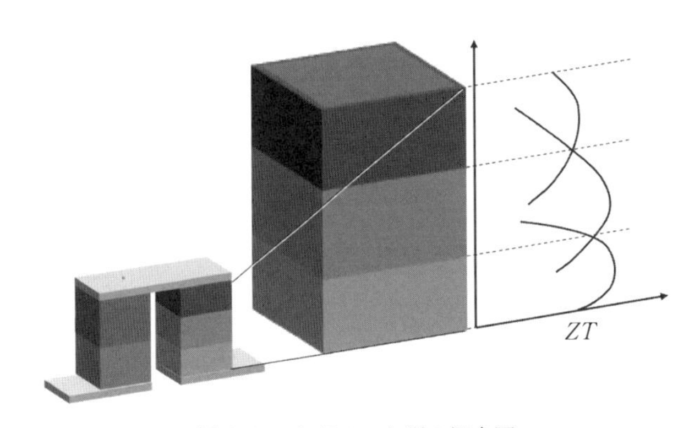

図 2.41 セグメント型の概念図

【熱電発電モジュールの構造】

一般的に熱電発電モジュールは，平板型の **Π 型モジュール**で図 2.40 に示すような p と n 型素子の Π 型対を直列に連結して配列した構造を有している。熱電変換素子と電極材料に加えてモジュール形状を保持するためのセラミックス製の絶縁基板が用いられることが多い。**図 2.42** によく採用される 4 種類のモジュールの形状を示す。

（ａ）両面基板型

（ｂ）ハーフスケルトン型

（ｃ）フルスケルトン型

（ｄ）中間保持板付フルスケルトン型

図 2.42　形状が異なる4種類の熱電モジュール

図2.42（ａ）はモジュール上下両面にセラミックス基板を持つタイプの両面基板型で，図（ｂ）は片面のみにセラミックス基板を持つタイプのハーフスケルトン型である。また，図（ｃ）はセラミックス基板を持たないタイプのフルスケルトン型で，図（ｄ）は形状保持のために素子の中間部分にハニカム状の絶縁枠を付加した中間保持板付フルスケルトン型である。セラミックス基板の有無については一長一短がある。セラミックス基板がある場合は，モジュールそのものの取り扱いが容易で，熱源やヒートシンクに接触させる際に電気絶縁を必要としない。しかし，モジュールの両面に温度差を付けた際に，熱膨張の違いによってモジュールが台形状に歪み，電極–素子接合部や素子内部の破損の原因となることが懸念される。一方，フルスケルトンタイプのモジュールでは，基板の変形による破損の問題が少ないこと，セラミックス基板がないことによる熱エネルギーの入出力のしやすさやモジュールをある程度湾曲させることができるというメリットがある。しかし，電極が剥き出しになっているため，取り扱い時に破損する問題や，熱源やヒートシンクに接触させる際に電気絶縁を施す必要が生じる。そのため，両タイプのメリットとデメリットを考慮した片面だけセラミックス基板を有し，もう片面はスケルトンにした中間的なハーフスケルトン型も状況に応じて採用される。フルスケルトン型のモジュールは，変形自由度が高くなることから，素子同士の接触を防止するためにハニ

カム状の絶縁枠を付加したフルスケルトン型が採用される場合もある。図2.42に示したモジュール形状以外に，パイプ内を流れる熱流体を熱源とする場合に，パイプ曲面に適応した構造を有するパイプ型モジュールや，熱電変換素子層と絶縁層を交互に接合して一体化し素子間を電極で接続した多層型モジュールなどもある。モジュールの形状は，搭載するシステムや要求性能に基づいて設計する際に最も適したものが選択される。

【モジュール製造に関連する接合技術】

熱電変換素子と電極間等の接合には，はんだや銅などの導電性ペーストや銀ろうを接合材として使用することが一般的である。さらに高温での使用が想定される場合は，銀や金，白金などの貴金属ペーストが接合材として用いられる。また，電極を介さずp-n型素子を直接焼結して接合する方法や成膜技術を用いて堆積によって接合する方法，圧着などによって接触させる方法なども報告されている。そのほかに，熱応力緩和や接合材の拡散抑制を目的にして多層構造を有する材料や複合材料を接合部に加える場合も多い。

接合部において必要とされるのは，熱応力緩和，接合界面での低い電気抵抗と高い熱伝導を有することである。それを実現する方策として，はんだ付けを容易にするための素子表面へのニッケルめっき[41)]や銀ペーストへの添加剤の混合[42)]などの報告がある。素子変換効率に近い良好なモジュールの変換効率を得るためには，接合部の電気抵抗がモジュール全体の内部抵抗に占める割合が0.01％以下か，絶対値で$10^{-9}\ \Omega\cdot m^2$以下とすることと，素子端の温度差が熱源とヒートシンク間の温度差に少しでも近づけられるように絶縁部材そのものやそれが関係する接触界面および接合界面での高い熱伝導性を確保することである。ただし，熱伝導性に関しては具体的な目標数値を設定している研究プロジェクトはない。

〔4〕 熱電発電システム

【カスケード型熱電発電システム】

熱源とヒートシンクとの間に比較的大きい温度差がある場合には，**図2.43**に示すような高温用モジュールと低温用モジュールを積層にして用いる**カスケ**

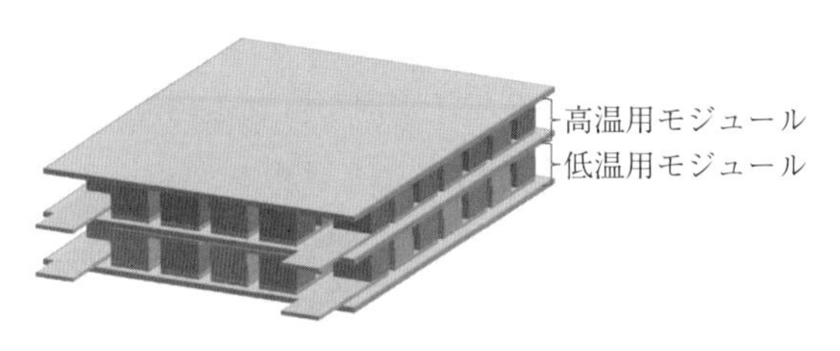

図 2.43　カスケード型熱電発電に用いられる積層モジュール

ード型熱電発電がエネルギー変換効率の向上に有効な手段である。この方法は，素子をセグメント型にするのに似た効果があるが，各段のモジュールを独立して開発できる点が長所である。しかし，各段のモジュールごとに出力を得るための配線が複雑になる点が短所である。NEDO プロジェクト「高効率熱電変換システムの開発」(2002～2006 年) で実施した結果によると，高温用モジュールとして高マンガンシリサイド (p 型) とマグネシウムシリサイド (n 型) のモジュールを，低温用モジュールとして Bi-Te 系のモジュールを用いたカスケード型熱電発電において，温度差 520 ℃で 12 %の良好な変換効率を得た。

【宇宙での熱電発電システム】

放射性同位元素 (一般にはプルトニウム 238) の核壊変による熱 (崩壊熱) を熱電発電器によって電気に変換するシステムで，アポロ月面計画，火星着陸機バイキング，パイオニア 10，11 号およびボイジャー，ユリシーズ，ガリレオやカッシーニなどの外惑星探査機を含む多くの宇宙飛行での発電に用いられてきた。これらは，小型，高耐久性，高耐放射線性，スケール変更可能であり，動作中に騒音，振動，トルクを発生しない。**図 2.44** に，現在米国で使われている標準的な汎用熱源—放射性同位体熱電発電器 (JPL 製) とそれを搭載した外惑星探査機ボイジャーⅡ号 (JPL 製) を示す。572 個の SiGe 系の p-n 対からなる 18 個のモジュールを搭載しており，公称熱出力 4 500 W に対して 285 W の発電能力を有する。

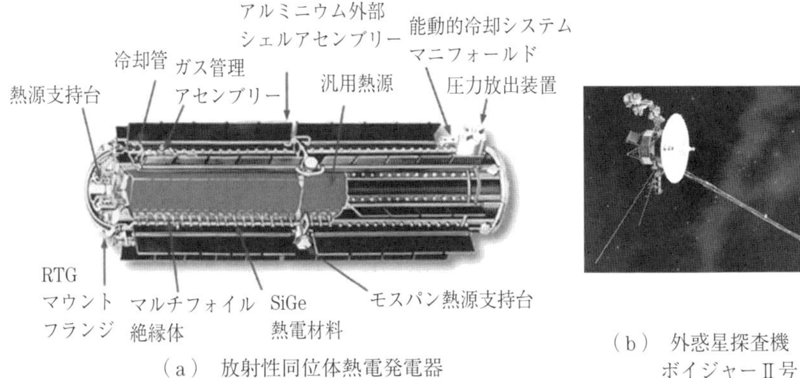

（a） 放射性同位体熱電発電器

（b） 外惑星探査機
ボイジャーII号

図 2.44 放射性同位体熱電発電器とそれを搭載したボイジャーII号

【体温による熱電発電システム】

クォーツ式腕時計は，一般的に酸化銀電池を使用して電圧 1.5 V，消費電力 1 μW 程度で駆動している。国内時計メーカーのセイコー(株)およびシチズン時計(株)が 1998 年，1999 年にそれぞれ**熱電腕時計**を商品化し発売した。これは，腕時計がきわめて小さい電力で駆動できるきわめて省エネ化の進んだ電子機器であることと，腕時計の狭いスペースに内蔵できる超小型熱電変換モジュールの作製技術を確立できたことの成果であり，人類初のウェアラブル熱電発電機器である。セイコー株式会社製熱電腕時計「サーミック」の外観と断面図を**図 2.45** に示す。この腕時計に内蔵された熱電モジュールは，Bi-Te 系熱電

（a） 熱 電 腕 時 計
「サーミック」の外観

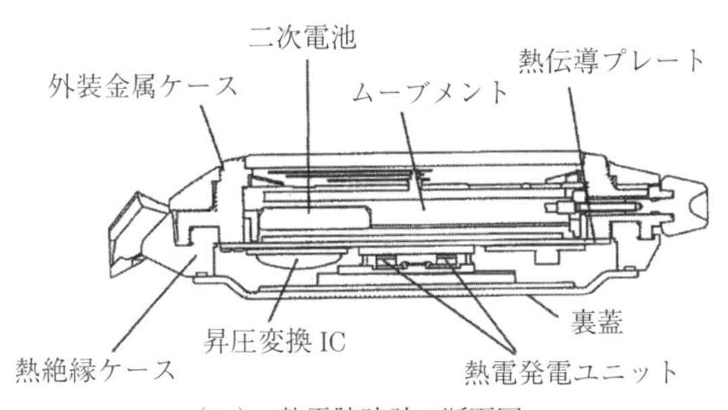

（b） 熱電腕時計の断面図

図 2.45 熱電腕時計「サーミック」の外観と断面図（出典：金坂俊哉ら（1999）[43]）

変換素子（寸法：0.08×0.08×0.6 mm）104 本から構成される 2×2×1.3 mm のモジュールで，体温と平均的な外気温との温度差で約 300 mV の電圧，約 14 μW の電力が定常的に得られる。

【温泉による熱電発電システム】

再生可能エネルギーとして地熱を利用する**バイナリーサイクル発電**システム（いわゆる地熱発電の一種）は，温泉が存在する地下から直接蒸気が噴出する井戸を掘り，その温泉蒸気で低沸点液体を沸騰させてタービンを駆動して発電するシステムで，その開発が進んでいる。このような地熱発電とは別に，温泉の蒸気ではなく 100 ℃以下の温泉そのものを熱源として利用した熱電発電の事例が草津温泉[44]をはじめ熱海温泉，宇奈月温泉，北海道北湯沢温泉，海外ではモンゴルで報告されている。ここでは，株式会社東芝と草津町が共同で取り組んだ草津温泉における熱電発電を紹介する。草津温泉の源泉温度は 95 ℃と全国の温泉の中でも高温で湯量も大変豊富である。また，約 10 ℃の湧き水も引き込めるため，熱源とヒートシンクが整った環境であり，熱電発電に大変適している。ただし，温泉，湧き水ともに強酸性であるため，発電用の温水チャンバーにはチタン材を用い冷水チャンバーにはステンレス材を用いている。熱電発電器の外観を**図 2.46** に示す。発電装置仕様概要はつぎのとおりである。

出典：新藤尊彦ら（2008）[44]

図 2.46　草津温泉における温泉熱電発電システムの外観

発電ユニット：熱電変換モジュール（Bi-Te 系）20 枚直列接続×2 並列×8 面
温水チャンバー 4 台（材質：チタン，モジュールとの接触面 2 面 / 台）

冷水チャンバー5台（材質：ステンレス，モジュールとの接触面1面／台）

充放電制御盤，インバーター盤，蓄電池

発電出力：150 W（24時間常時稼働）

設置場所：屋内

【自動車廃熱による熱電発電システム】

自動車の主要な廃熱としては，エンジン冷却水からラジエータを通して放出される低温の廃熱と，エンジンの排気ガスとして放出される高温の廃熱がある。前者の低温廃熱とは，冷却水の熱をエンジンの暖機と室内の暖房に使用した残りの熱を意味する。後者の高温廃熱とは，触媒の暖機に使用された残りの熱を意味する。これらから発生する熱は，熱としての利用ニーズがある以上，熱エネルギーそのままとして利用することのほうが有効である。一方，廃熱となった熱は，蓄熱システムで蓄熱し熱の利用ニーズの際に利用するか，エネルギー変換して利用することとなる。自動車において廃熱を電気エネルギー変換する方法としては，**ランキンサイクル**と熱電発電が検討されている。ランキンサイクルとは，定圧加熱，等エントロピー膨張（断熱膨張），定圧排熱，等エントロピー圧縮（断熱圧縮）の4過程からなる理想的な熱力学的サイクルのことである。ランキンサイクルでは，高温廃熱と低温廃熱の両方を回収して，量産ハイブリッド車に試作品を装着して500 W程度の発電出力を得て，燃費で5%の向上が確認されている。しかし，ランキンサイクルを採用する場合，従来自動車に存在しないポンプや凝縮器や膨張器などからなる独自の媒体回路が新たに必要になり，車両への変更の影響が非常に大きいという課題がある。一方，熱電発電については，その検討は何件も報告されているが，実際にエンジンあるいは車両に搭載して評価した例は少ない。実際に車両の排気系に搭載して評価した最新の実例を**図2.47**に示す。この調査は，米国のエネルギー省の支援のもと実施されたもので，BMW X6とFord Lincoln MKTにBSST LLC製の熱電発電装置を搭載して，それぞれの走行時の発電量が調査された[45)]。熱電発電装置内部の熱電素子はn，p型いずれもハーフ・ホイスラー型化合物とBiTe系を組み合わせたセグメント型素子で，500個以上組み込まれている。ベンチテストでは，高温ガス温度620℃，低温液体温度20℃の場合に，712 Wの最大出力を計測した。この装置をBMW X6に搭載して，時速125 kmの一定速走行の場合に，605 Wの出力を計測し，1.2％の燃費向上を記録した。この自動車排気を利用した熱電発電は，本来駆動エネルギーを一部消費して行われてきた発電の一部を代替することができるため燃費向上につながる技術であり，排気温度が高く熱量も多い高速走行時に特に効果的である。

（a） 熱電発電装置搭載車（BMW X6）

（b） 円筒型熱電発電装置

（c） エンジン排気系への実装の様子

出典：D. Crane *et al.*（2013）[45]

図2.47 車両の排気系に搭載して評価した最新の実例

2.3.3 熱電変換の課題と将来展望

〔1〕 熱電変換の課題

熱電変換の課題としては，つぎのことが考えられる。

① カルノーサイクルを使用する熱機関と比べて原理的に変換効率が低い。

（式2.31から明らかなように無次元性能指数ZT値を無限大としたときに初めて熱電素子の変換効率はカルノーサイクルと同じとなるが，現在知られている高性能な熱電素子の ZT 値は1～2程度で，$ZT=2$ であるとしてもカルノーサイクルの1/4程度の変換効率しか得られない）

② 熱源と熱電変換素子間での熱エネルギー損失が大きい。

③ 使用材料の多くが金属系の化合物半導体であるので，高温大気中での使用において酸素や水蒸気等により酸化劣化しやすい。

④ 性能が優れた熱電変換素子の原材料の多くが資源的に希少である場合や毒性を有する場合が多く，材料の豊富さや環境負荷を考慮した熱電変換材料開発が必要である。

⑤ 用途・使用温度に応じた熱電変換素子やモジュールの選択が必要である。

⑥ 既存の熱を利用するエネルギー変換技術と競合しうる使用環境においては，変換効率の面で不利である。

⑦ 1素子当りの出力電圧は低いため多数の直列結合が必要で，モジュール製造工程が複雑となる。

⑧ 出力電圧が温度差に比例して変動するため，システムとして利用する場合に電圧を一定とする補助電気回路が必須となる。

〔2〕 熱電変換の将来展望

現在，全世界における年間の一次エネルギー消費量は，石油換算で120億tレベルであり，その約9割を石油，石炭，天然ガス等の化石燃料で賄っているのが現状である。化石燃料の利用率は平均して約35％であり，残りの65％は廃熱として捨てられている。また，この大量の化石燃料の消費に伴って，燃焼時の発生ガスによる環境汚染と二酸化炭素による地球温暖化が急速に進んでいる。排出される廃熱に注目すると，鉄鋼・非鉄金属（銅，ニッケル，アルミニウム，チタン等）の分野では，1 500℃までの中高温廃熱が大量に排出されている。また，セメント，ガラス，窯業，石油化学の分野や都市ゴミや産業廃棄物の焼却炉のおいては，1 000℃までの中高温廃熱が排出されている。さらに，自動車やトラックなどのエンジン排ガスとして400～650℃の廃熱が，1台当りは少ないが総量的には膨大に排出されている。熱電変換技術を用いて，これらの廃熱から発電できれば，化石燃料消費の削減だけでなく，地球温暖化などの環境問題の改善に大いに貢献できる。例えば，2008年度の日本で一次エネルギー供給量 21.6×10^{18} J の 65 %が廃熱となると考えると，廃熱は 14.0×10^{18} J のエネルギーを持つことになる。かりに，全廃熱の 1/10 を 10 %の熱電変換効率で電力に変換して回収できたとすると，14.0×10^{16} J 分の化石燃料の消費を削減し，約 842 万 t の二酸化炭素排出削減に貢献できことになる。また，自動車に目を向けると，日本における自家用車の台数が約 4 000 万台で，年間で約 7 200 万 kL の燃料（ガソリン）を消費している。車の駆動力となるのは，燃料のわずか 25 %で残りの 75 %は熱となり，その半分はマフラーから 400 ～ 650 ℃の廃熱として捨てられている。かりに，この廃熱の 5 %を熱電発電で電力として回収することができれば，燃費の向上に貢献するとともに，石油換算で年間 135 万 kL の石油（日本の石油消費量の 1.8 日分）の節約となり，それが全世界で行われれば節約できる石油総量は膨大な量となる。そのため，米国，ヨーロッパでは公的な機関の資金的な支援を受けて自動車への熱電発電器搭載のための技術開発プロジェクトが，現在各地で複数動いている。これにより，自動車での熱電発電の実用化は間もなく達成されることであろう。しかし，世界でもトップレベルの熱電変換材料の研究開発が行われている日本では，残念ながら熱電発電実用化に向けた同様な国家プロジェクトがなく，民間企業レベルでの実用化技術開発に留まっている。チームジャパンとしてこれらのプロジェクトに対抗して技術開発を推し進めることが急務であり，今後の政府の方針に期待したいところである。

3章

EcoTopia

新しいエネルギー輸送・貯蔵・利用技術

生産されたエネルギーあるいは利用しやすい形に変換されたエネルギーは，そのエネルギーを必要とする場所に輸送され，そこで利用（消費）される。すぐに利用しない場合は，必要なら再度のエネルギー変換を行って貯蔵することになる。本章では，エネルギーの輸送・利用に大きな役割を果たしている電気を中心として，輸送・貯蔵・利用に関わる技術を取り上げる。

よくいわれる「省エネ」とは，特にエネルギー利用の局面において，機器の改良あるいは機器の運用方法や人びとの行動様式の変更によって，エネルギーの消費量を削減しようというものである。エネルギー需給において新規エネルギー源の獲得と同等の意味を持つだけでなく，環境に対する影響を減らす効果も持つ。本章では，省エネ技術の一つとして，機器の高効率化にも焦点を当てる。

2011年3月11日に発生した東日本大震災以降，エネルギーの重要性が再認識されている。特に，原子力発電所の事故に伴う電力不足，計画停電などの電気エネルギーに関する問題がクローズアップされている。これは，現代社会における「電力化率」（一次エネルギーに占める電力の比率）が50％近くを占めるようになっている上に，ガスや水道などのインフラや金融も停電によって機能しなくなることなどを考慮した「電気関与率」がさらに高い（国民総生産に基づいたある試算[1)]によれば，約80％）ことを物語っている。

昨今のエネルギーに関する議論は，エネルギーの「量」，特に電気エネルギーの場合には「発電」に関する議論が先行しており，太陽光発電や風力発電を代表とする自然エネルギー利用に関する議論が多い。しかし一方で，エネルギーの「質」に関する議論が十分ではないように思われる。エネルギーの「質」が高いとは，例えば電気エネルギーの場合，停電しないことだけではなく，電圧や周波数が安定していることを指す。近年の精密なハイテク機器工場では，0.1 秒以下の瞬間的な電圧低下によっても操業停止に至ることがある（平成 22 年 12 月 8 日の四日市瞬時電圧低下事故[2)]，など）。また，発電所で発生した電気エネルギーが量的に十分確保（発電）されていたとしても，それを消費地まで質的に安定して送り届けること（送配電）ができなければ，結果的に大停電に至ることがある（昭和 62 年 7 月 23 日の首都圏大停電[3)] など）。

以上のように，エネルギーは「量」と「質」に関する要求を同時に満たすことが必須であり，エネルギーの発生とともに，輸送，変換，制御，貯蔵，そして消費に至る一連のエネルギー流通システムとして，次世代の持続可能社会の基盤となるエネルギーインフラを強化・運用することが求められているということができる。このような観点から，本章では，エネルギーの輸送・貯蔵・利用について，現行の技術を概観するとともに，次世代の実用化が期待される新しい技術を紹介する。

3.1 エネルギーの輸送と貯蔵

3.1.1 エネルギー輸送技術

〔1〕 エネルギー輸送形態

エネルギーの形態には力学的エネルギー，熱エネルギー，化学エネルギー，電気エネルギーなどさまざまなものがあり，エネルギー資源の形態もまたさまざまなものがある。しかしながら，現代社会を支えうるほどのエネルギー資源は，化石燃料はもとより再生可能エネルギーにしても，そのエネルギー資源を得る際の効率を考慮すれば，生産地は消費地から遠く離れた場所となる場合が多く，エネルギーの輸送が，エネルギーの量的な確保と同等に重要なものとなる。現在，社会インフラとして整備されている，あるいは整備されつつあるおもなエネルギー輸送形態としては以下のものが挙げられる。

1)電気エネルギー輸送

2)石油・ガス輸送

3)熱エネルギー輸送

4)水素輸送

これらの輸送形態の特徴を**表 3.1** にまとめる[4]。電気エネルギーは輸送（送配電）における損失・コストが小さいため，長距離の空間的利用が容易，すなわち長距離の輸送に向いている。石油・ガスや水素のような化学エネルギーの形態による輸送では，長時間の貯蔵が容易かつ貯蔵時のエネルギー密度が高いという特徴から，電気エネルギー以上の長距離の輸送に向いている。一方，熱エネルギーは，貯蔵できる時間が短く，輸送における損失が大きいため，小さいエリアにおける輸送，いわゆるエネルギーの地産地消に向いている。

表 3.1 エネルギー輸送形態の特徴

エネルギー形態	輸送手段	空間的利用の適応距離 短 ←――→ 長
電気	送配電線	⟷（短〜中）
石油・ガス	パイプライン，タンカー等	⟷（中〜長）
熱	配管（蒸気，温水等）	⟷（短）
水素	パイプライン，タンカー等	⟷（中〜長）

エネルギー流通システムにおいては，これらの輸送形態の特徴を生かすとともに，相互のエネルギー変換効率も考慮して相補的にネットワークの構築がなされてきた。持続可能なエネルギー社会の実現のために今後さらに導入が期待される再生可能エネルギー源の多くは広く分散して存在しているものが多く，エネルギー輸送技術の重要性はさらに増してくるとともに，各輸送形態の特徴を踏まえて総合的に効率の良いエネルギーネットワークの構築が必要となるであろう。以降では，エネルギー輸送形態ごとに，現状と今後の課題について解説していく。

〔2〕 電気エネルギー流通システム

現代社会で利用されている電気エネルギー（電力）の大部分は，火力発電所，水力発電所，原子力発電所などで生産（発電）されている。これらの発電所にて発電される電気エネルギーの電圧は数～20 kVであるが，隣接した変電所において275～500 kVの超高電圧に変換されて，送電線に送り出されている。そして送電線に送り出された電力は，変電所を介して電気を使用する需要家に適した電圧に降圧されて供給されている[5)]。代表的な流通設備の構成例を**図3.1**に示す。

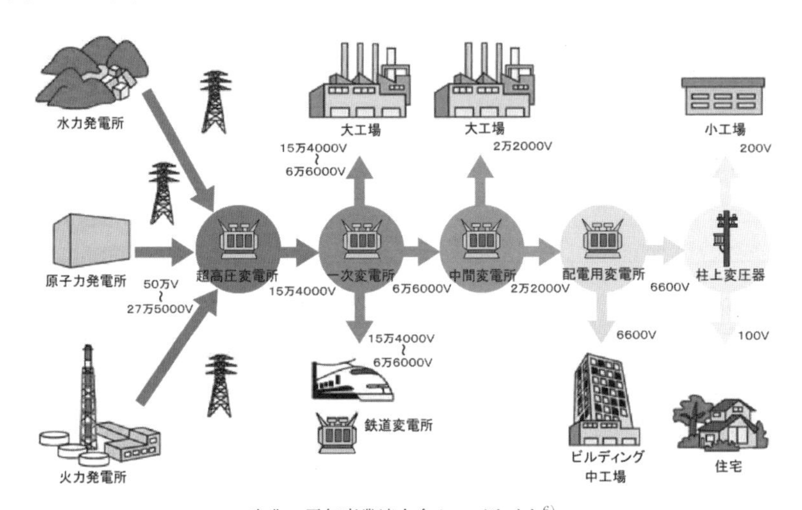

出典：電気事業連合会ウェブサイト[6)]

図3.1　電気エネルギー流通設備の構成例

送電において高電圧化するのは，送電損失を小さくするためである。送電電圧を V，送電電流を I，送電電力を P，送電線の抵抗を R とすると，送電損失率 p は

$$p=\frac{RI^2}{P}=\frac{RI}{V} \tag{3.1}$$

と表され，抵抗 R は次式のように表される。

$$R=p\frac{V}{I}=p\frac{V^2}{P} \tag{3.2}$$

ここで，電線の線路長を l，断面積を S，抵抗率を ρ とすると，$R=\rho l/S$ なので

$$S=\frac{\rho lP}{pV^2} \tag{3.3}$$

となり，送電電力 P は

$$P=\frac{pSV^2}{\rho l} \tag{3.4}$$

と表される[†]。式（3.4）が示すように，送電損失率を低く抑えつつ送電電力を増加させるためには送電線断面積を大きくするか送電電圧を高くする必要があるが，送電線の重量は送電線断面積に比例して大きくなり送電鉄塔の機械的強度の増強が必要となるため，長距離大容量送電においては高電圧化が適用される。現在では，1 000 kV 級の **UHV**（ultra high voltage）**送電**技術が確立されており，中国などの超長距離の電気エネルギー輸送が必要とされている地域に導入が進められている。

上記の理由から，図 3.1 で示されるような送配電系統においては，変電所で送電区間ごとに送電容量に応じた適切な電圧に変換される。現在の送配電系統においては主として交流が用いられているが，これは，交流は変圧器によって電圧変換を容易に行うことが可能なためである。電力輸送に用いられる交流の周波数は，電力利用の黎明（れいめい）期にはさまざまな送電周波数が存在したが，現在では**図 3.2** に示すようにほとんど 50/60 Hz に集約されている。日本においては，

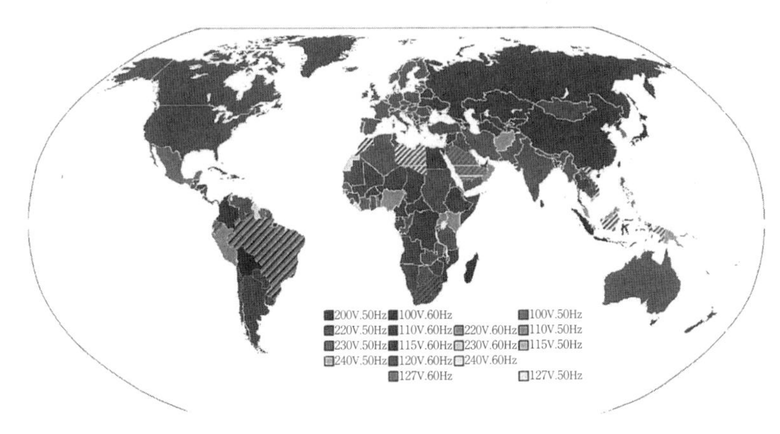

出典：商用電源周波数（ウィキペディア）[7)]

図 3.2　世界の商用電源周波数

† 実際の送電においては交流三相三線式が一般的に用いられており，正確には，電線 1 条当りの送電電力が異なることや，力率の考慮が必要である。

明治時代に東日本ではドイツから，西日本ではアメリカから発電機が導入された歴史的経緯から，**図3.3**のように東西で周波数が異なる。交流送電においては，各発電所の発電機が交流のタイミングを一致させる，すなわち同期運転を行う必要がある。この同期が崩れた場合は，電力系統に事故が発生し，電力が供給できなくなることを示している[5)]。日本においては，各周波数系統において周波数変動幅がおおむね0.1 Hz以内に収まるように需給調整が行われている。需要すなわち負荷の変動にはさまざまな周期のものが含まれており，**図3.4**に示す各種の制御機能が分担して対応している。変動周期の短いものか

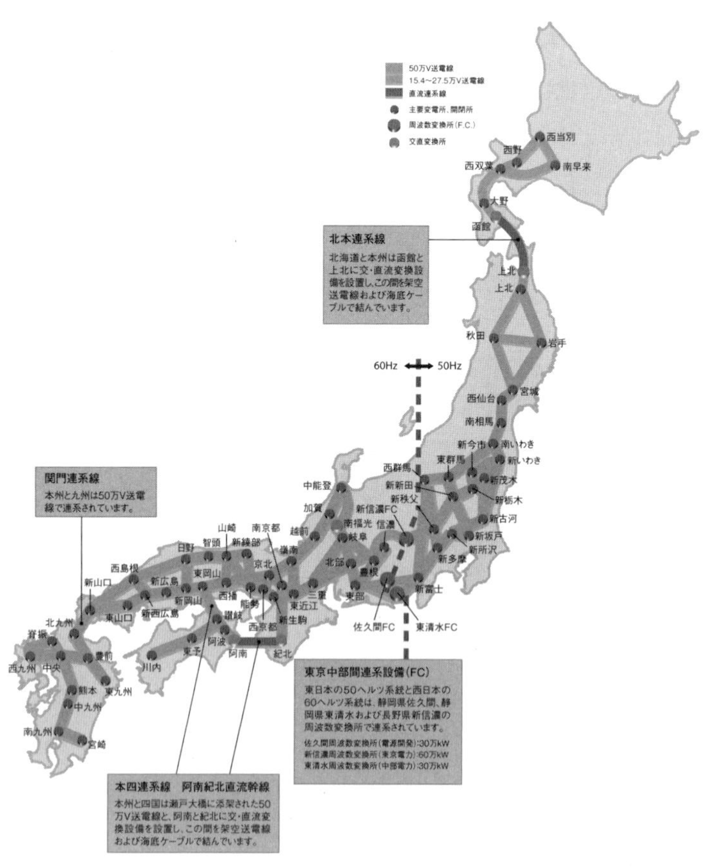

出典：電気事業連合会ウェブサイト[8)]

図3.3　日本の送電ネットワーク

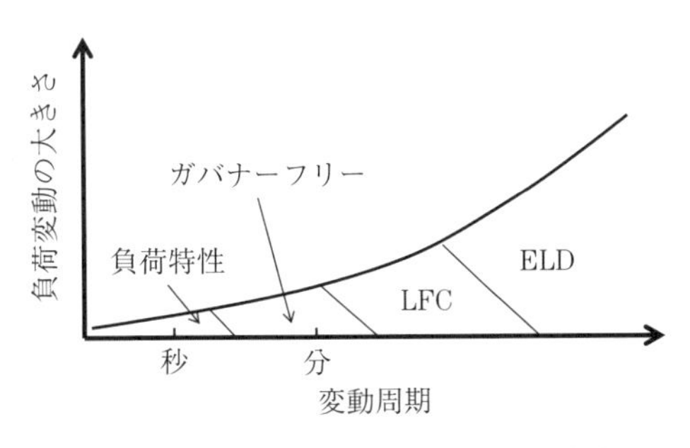

図 3.4 負荷変動に対する周波数制御方法

ら，負荷特性によるもの，調速機により発電機回転数を一定に保つガバナフリー運転，負荷周波数制御（load frequency control, LFC），経済負荷配分（economic load dispatch control, ELD）の順で分担している。

交流系統間の連系においては，上記のように同期が必要であることから，安定運転が維持できる送電電力に限界がある。**図 3.5** のような，送電端電圧 V_s，受電端電圧 V_r，送電線の抵抗が R，リアクタンスが X である系統（1 機-無限大母線系統[†]）を考える。送電線で送られる有効電力 P_r は，V_s と V_r の位相差を δ として

$$P_r=\frac{V_s V_r}{X}\sin\delta \tag{3.5}$$

と表される。式（3.5）より，P_r の最大値は $V_s V_r/X$ であり，交流送電においては送電線の電流容量とは別の送電限界が存在することを示している。これを**定態安定極限電力**という。なお，実際には過渡的な安定度も要求されるため，通常は $\delta<20\sim30°$ で運用されている。このように電力系統間の連系では，安定度や周波数維持，電圧安定性の制限を受け，結果として，日本における各電力供給エリア間の運用容量も**図 3.6** に示すように多くの箇所で式（3.4）に基づく送電線の熱容量上限よりも小さい値となる。

† 無限大母線とは，内部リアクタンスを 0，慣性定数を無限大とした仮想的な母線である[9)]。

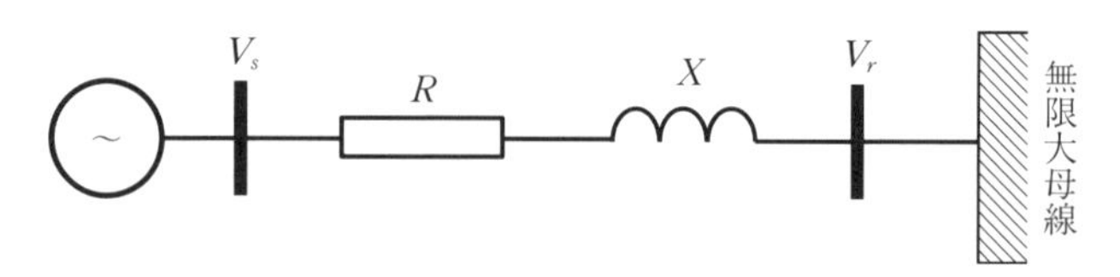

図 3.5　1 機-無限大母線系統

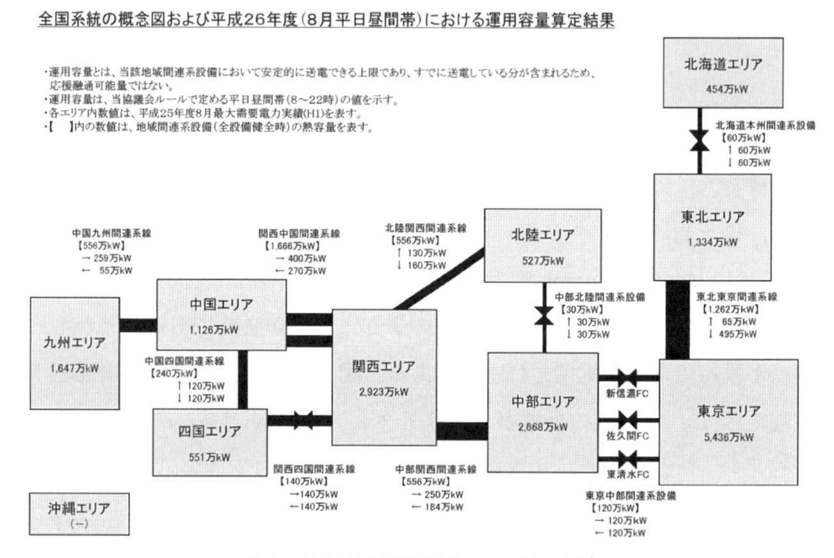

出典：電力系統利用協議会ウェブサイト[10)]

図 3.6　日本における電力系統間の運用容量

交流送電は，電圧変換が容易というメリットがある一方，前述のように同期や安定度の問題があることから，**直流送電**が近年，改めて注目されている。現在の交流で構築された電力系統内に直流送電系統を取り入れるためには，交直変換装置が必須となるため，直流送電は経済的に不利であるとされてきた。しかしながら，近年のパワーエレクトロニクス技術の進展により，長距離送電（300 km 以上の架空送電線や 40 km 以上のケーブル送電線）においては経済的に有利となるとされている[11)]。また，日本における東西間の連系のように，異周波数系統を連系する際には，直流送電が必須となる。直流送電は架空送電線よりも海底ケーブル送電でコスト面などでメリットを得やすく，近年では，洋上風力発電所からの送電における直流送電の適用が進められつつある[12)]。

〔3〕 超電導送電

超電導とは，特定の物質を極低温へと冷却したときに，電気抵抗が急激にゼロになる現象である。これは，超電導現象を用いれば，ジュール熱損失なしに電力輸送が行えることを表している[13)]。1986年に液体窒素温度において超電導を示す物質（高温超電導体）が発見されたことにより，超電導による電力輸送の実用化への道が大きく拓(ひら)かれることとなった。

超電導が持つ電気抵抗がゼロという特徴を電力輸送に直接的に用いたものが**超電導ケーブル**である。超電導ケーブルは，大容量の電力を，コンパクトな形状で，かつ，低損失で送電することが可能であり，世界各地で研究開発や実用試験が実施されている[14)]。代表的な超電導ケーブルの構造を**図3.7**に示す。

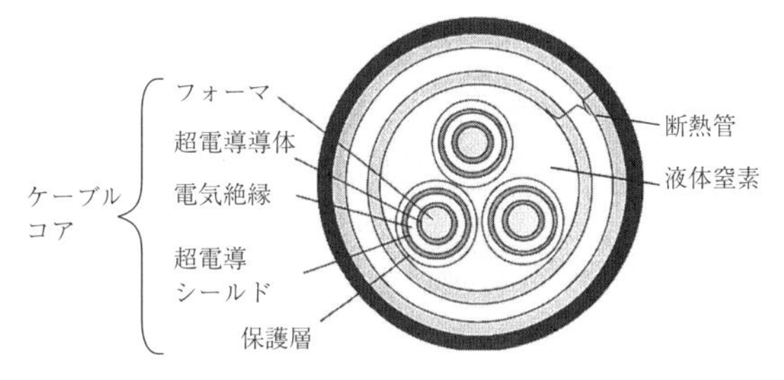

出典：超電導電力機器とシステムの高性能・多機能化[14)]

図3.7 代表的な超電導ケーブルの構造（三心一括型）

日本国内においても，新エネルギー・産業技術総合開発機構(NEDO)の委託研究として2007年より開始された高温超電導ケーブル実証プロジェクトにおいて，実系統に接続した形態での長期試験が東京電力の旭変電所にて実施されている。超電導ケーブルは，大容量・小スペース化という特長から，特に，大都市間の大容量電力輸送への適用が期待されている。なお，超電導体の電気抵抗がゼロであると述べたが，これは直流に対しての場合であり，交流通電においては磁束の振舞いによってさまざまな交流損失が発生し，冷却コストを押し上げる一因にもなっている。そのため近年では，〔2〕で述べたような直流送電技術の進展に伴い，直流超電導ケーブルも本格的に検討されてきている[15)]。

超電導技術の電力輸送への適用としては，超電導ケーブル以外にも，直流通電時の抵抗がゼロであることを利用して磁気エネルギーの形で電力を直接貯蔵する**超電導磁気エネルギー貯蔵**（superconducting magnetic energy storage, SMES；3.1.2 項参照）や，過電流通電時に超電導状態が破れることを利用して系統故障時の過電流を抑制する**超電導限流器**（抵抗型，磁気遮蔽型）[16] などが挙げられる。特に超電導限流器は，これまでにない機能を持つ電力機器であり，送電システムの運用・制御を大きく変える機器として期待されている。

〔4〕 ガス流通システム

天然ガスは化石燃料の中では CO_2 排出量が少なく，液化により輸送・貯蔵がしやすく，また，資源の埋蔵地域が石油に比べて偏りが少ないなどの理由から大きく注目されている。天然ガスの輸送においては，長距離海上輸送では**液化天然ガス**（liquefied natural gas, LNG）としてタンカーによる輸送が主となるが，陸上における輸送では，連続輸送が可能，埋設が可能，輸送コストが小さいなどの理由により，パイプラインによる輸送がおもに適用されている。

LNG による輸送とガスパイプラインによる輸送の経済性は，条件によるが数千 km にブレークイーブンがあり，これより短距離ではガスパイプラインが有利であるとされている[17]。ヨーロッパや北米においては，国内ガス田や LNG 輸入基地と消費地を結ぶネットワーク整備が需要の拡大を生むという好循環により数十年かけて大規模なガスパイプラインネットワークが構築されてきた。ヨーロッパにおけるガスパイプラインネットワークを**図 3.8** に示す。一方で，日本おけるガスパイプラインは約 3 000 km 程度[18] であり，ヨーロッパ，北米などに比べ小規模にとどまっている。

ガスパイプラインと電力系統が相補的にネットワークを構築する場合もあり，送電設備への投資インセンティブが働きにくい地域では，送電線が増強されない代わりにガスパイプラインが敷設され，需要地近傍に小容量のガスタービン発電機が建設される傾向がある地域もある[19]。**図 3.9** は米国のペンシルバニア州，ニュージャージー州，メリーランド州地域（3 州の頭文字をとった PJM という地域送電機関がある）における電力系統とガスパイプラインであるが，ガスパイプラインが発達している地域では送電線が少ないことがわかる[20]。

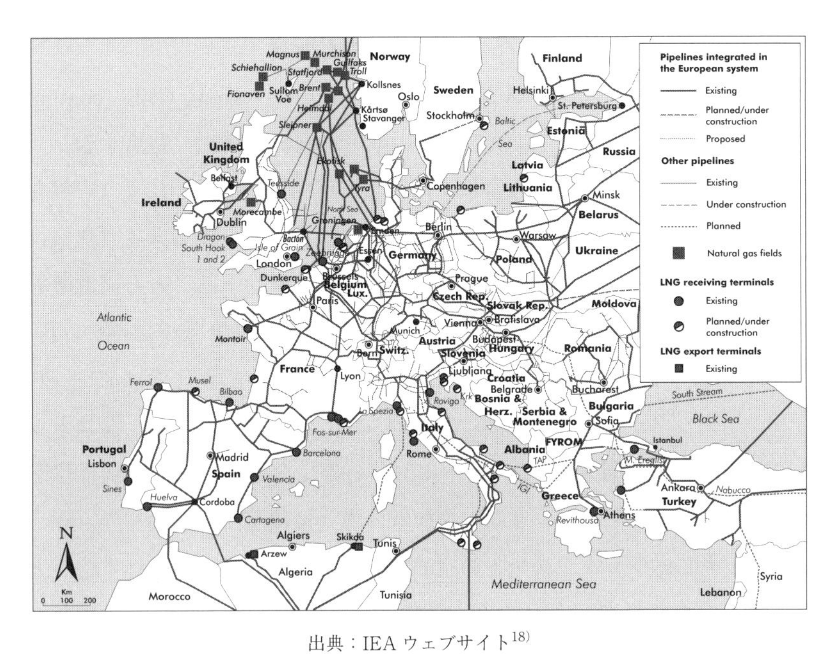

出典：IEA ウェブサイト[18]

図 3.8　ヨーロッパにおけるガスパイプラインネットワーク

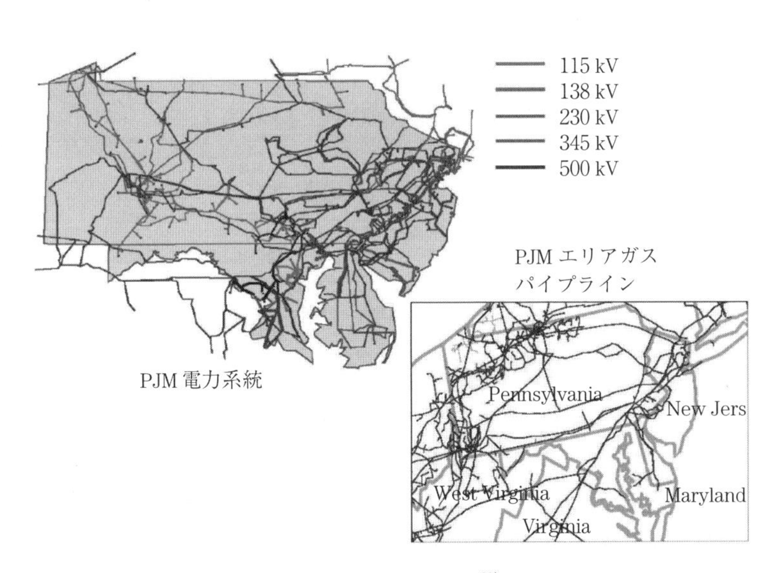

出典：田村和豊（2004）[20]

図 3.9　PJM 地域における電力系統とガスパイプライン

〔5〕 コージェネレーションシステム，地域熱輸送

コージェネレーションシステム（co-generation system, CGS；combined heat and power, CHP）は，二つのエネルギーを同時に発生・利用するシステムである。例えば，発電に伴う排熱を回収して再利用することにより，電力需要のみならず，給湯・冷暖房などの熱需要をまかなうことができる（熱電併給システム）[21]。コージェネレーションシステムの発電効率は，火力発電所等の発電効率よりも低いが，排熱回収・再利用分を含めた総合効率は高い。**図3.10**[22]に示すように，コージェネレーションシステムの総合効率は75～80％であり，従来システムの総合効率（40％）よりもはるかに高く，省エネルギー性に優れている。**図3.11**[23]の日本における累積発電容量の年度別推移が示すように，コージェネレーションシステムの導入量は著しく増大している。

コージェネレーションシステムの運転においては，電力供給と熱供給が上述のように一定の割合で行われるが，通常は電力需要と熱需要の時間パターン（日負荷曲線など）が異なる[24]ため，余剰電力あるいは余剰熱が発生し，総合効率は上述の値よりも低くなる。実際には，コージェネレーションシステムの

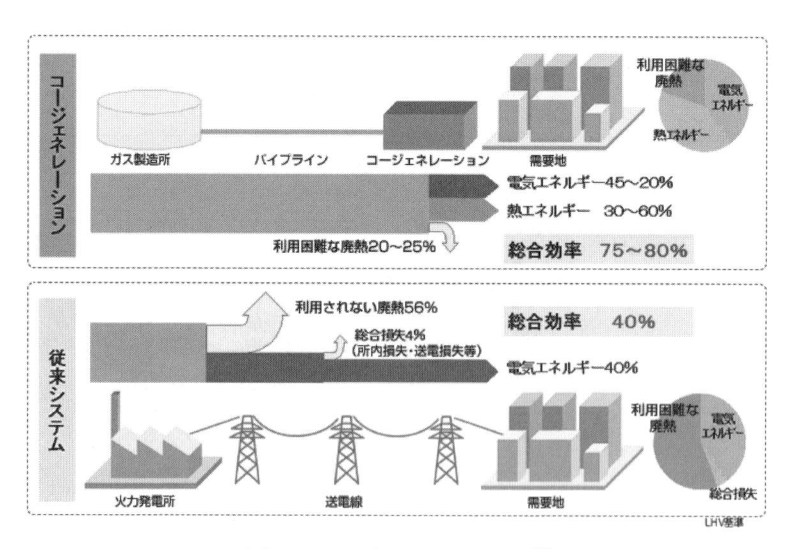

出典：コージェネ財団ウェブサイト[22]

図3.10　コージェネレーションシステムの総合効率

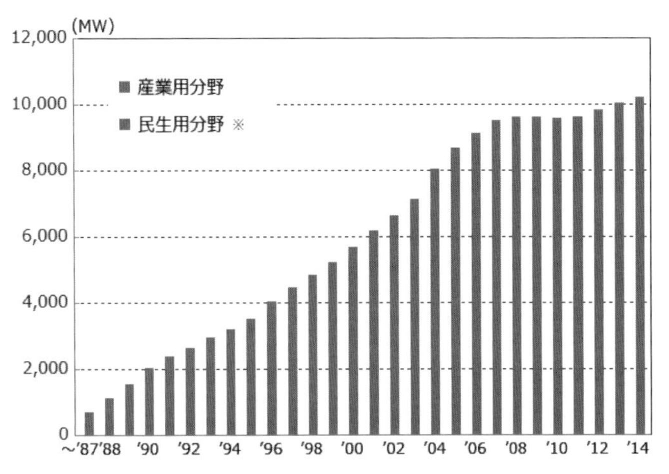

※民生用には，戸別設置型の家庭用燃料電池（エネファーム）やガスエンジン（エコウィル）等を含まない。

出典：コージェネ財団ウェブサイト[23]

図 3.11 コージェネレーションシステムの累積発電容量

発電出力を主として制御し，それに応じた排熱出力を発生する電主熱従運転，逆に排熱出力を主として制御し，それに応じて発電する熱主電従運転などが行われている。

一方，北欧などの寒冷地では電力需要よりも熱需要が大きく，熱エネルギーを中心とした地域熱供給システムがインフラとして構築されている。例えば，スウェーデンのヨーテボリ市では 1950 年ごろから地域暖房が開始され，その後，環境問題を含む長期的・社会的な視野に立ち，工場排熱などの未利用エネルギーを有効に活用する広域エネルギーネットワークが構築された。具体的には，ごみ焼却場，石油精製工場，下水処理場等の各種排熱を回収・再利用して，85 ～ 110 ℃の温水を市街地全域へ供給し，市全体の約 80 %の熱需要を賄うまでに成長した[25]。

日本における地域熱供給システムに関する取組みとしては，経済産業省資源エネルギー庁「未利用エネルギー面的活用熱供給適地促進調査」[26]，環境パートナーシップ CLUB・EPOC 温暖化・省エネ分科会「熱輸送ネットワークによる低温排熱の地域内利用研究」[27] などがある。前者では，**図 3.12**[26] の「エネ

地域熱供給事業型

通常「地域熱供給」あるいは「地域冷暖房」と称され，熱供給事業法の適用対象となるシステムをイメージしたもの。

集中プラント（地点熱供給）型

集中熱発生施設による熱供給システムであるが，規模が小さいものであったり同一の敷地内で特定の需要家に供給するもの。

建物間融通型

近隣の建物相互間で熱を融通したり，熱源設備を共同利用するもの。

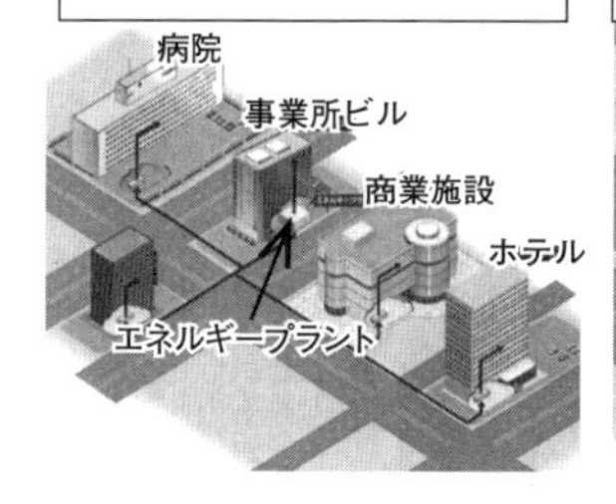

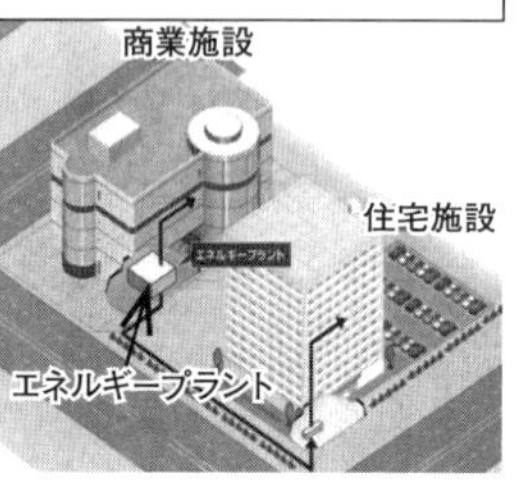

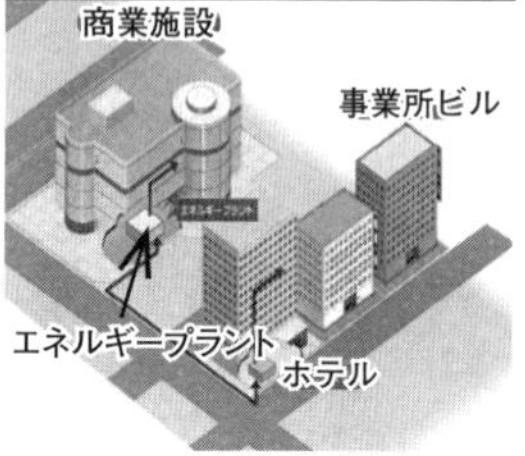

出典：資源エネルギー庁（2008）[26]

図 3.12　エネルギーの面的利用

ルギーの面的利用」により，**図 3.13**[26] に示すような大幅な省エネルギー効果が期待されている。後者では，**図 3.14**[27] の「エネルギーのカスケード利用」によるエネルギーネットワークの構築が提案されている。工業地域を対象としたある試算[28] では，異業種間ヒートカスケーディングの導入により，熱利用設備の燃料エネルギー消費量を約 80 %低減できる可能性があることが指摘されている。ただし，電気エネルギーの輸送に比べて，熱エネルギーの輸送は損失が大きいため，エネルギーの発生から輸送・貯蔵（蓄電，蓄熱）・消費に至る一連のエネルギー流通システムの構築・運用が必要であると考えられる。

個別熱源システム
　平均総合エネルギー効率：0.675
地点熱供給システム
　平均総合エネルギー効率：0.735
地域熱供給システム【全体平均】
　平均総合エネルギー効率：0.749
地域熱供給システム【未利用エネ利用】
　平均総合エネルギー効率：0.850

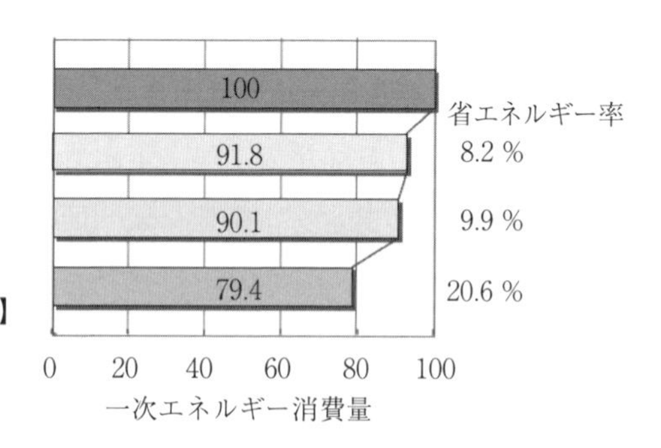

出典：資源エネルギー庁（2008）[26]

図 3.13　エネルギーの面的利用による省エネルギー効果

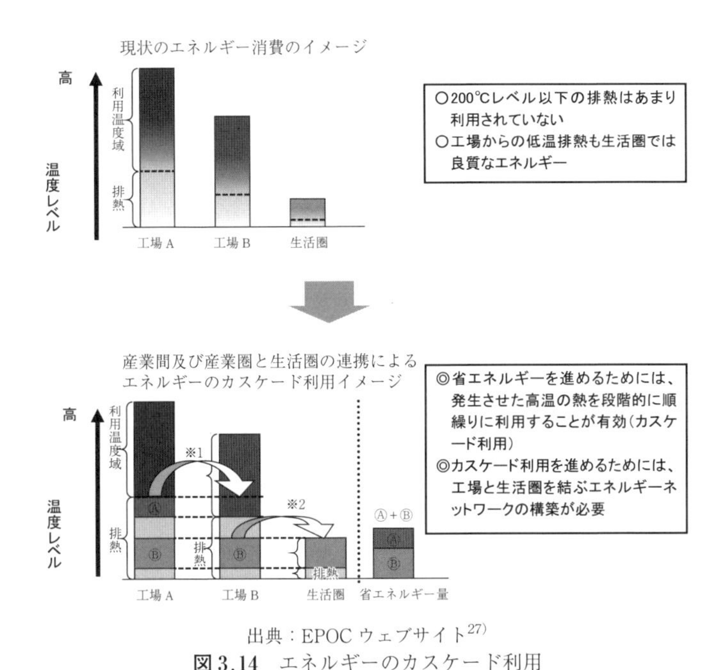

出典：EPOC ウェブサイト[27)]

図 3.14　エネルギーのカスケード利用

〔6〕 水素エネルギー輸送

次世代のエネルギーネットワークとして，水素によるエネルギー輸送が検討されている。水素エネルギー輸送は，化学エネルギーとして貯蔵・輸送するという観点では天然ガス流通システムに特性が近いが，さらに

1)熱・電気エネルギーへの変換が比較的容易

2)多様なエネルギー源から製造可能（水の電気分解など）

3)エネルギー変換時に CO_2 を排出しない

という特性を持つ[4)]。これらの特長は再生可能エネルギーとの親和性が高く，また，2.3 節で述べられた近年の燃料電池技術の向上・コスト低減により，水素によるエネルギーネットワークの実用の可能性が高まってきている。しかしながら，安全性の問題から水素の大量貯蔵・輸送が困難なことが，水素エネルギーネットワークの構築の壁となっている。水素の安全かつ大量な輸送・貯蔵技術の確立が，今後の水素エネルギーネットワークの発展の鍵となるであろ

う。また，貯蔵のために液化した水素（約 20 K）は，超電導の冷媒としての役割を果たすことも可能であり[29)]，〔3〕の超電導送電技術との融合により，新たなエネルギーネットワークを構築できる可能性を秘めている。

3.1.2 電気エネルギー貯蔵技術

電気エネルギーはエネルギー効率が高い一方，電力需要が昼間と夜間で大きく異なるなどの需要の変動が実質的なエネルギー効率を下げる要因の一つとなっている。また，再生可能エネルギーの出力は，気象条件などにより変動が大きいものが多く，電力系統の安定度や電力品質に及ぼす影響が大きい。社会の高度化に伴い，先端産業への高品質な電力のニーズが高まってきている中，電気エネルギー貯蔵の重要性が高まってきている。

〔1〕 貯蔵方法の形態

電気エネルギーはほかのエネルギーへの変換が容易な反面，ほかのエネルギー形態に比べて貯蔵が困難であるが，昨今の電力品質向上の要請からさまざまな電力貯蔵技術が開発され，近年，いくつかの技術が実用段階に達している。

電気エネルギー貯蔵方法は，貯蔵する際のエネルギー形態で類別される。**表 3.2** におもなエネルギー貯蔵方式を示す。これらの貯蔵方式には，出力は小さいが応答特性の優れたものから，大容量で長時間動作の可能なものまで，さまざまな特性のものがある。**図 3.15** に代表的な電力貯蔵技術の性能を出力と持続時間の観点で示す。電力エネルギー貯蔵技術を用いる際には，これらの特性

表 3.2 種々の電気エネルギー貯蔵方式

貯蔵エネルギー形態	おもな貯蔵方式
電磁気エネルギー	電気二重層キャパシタ 超電導磁気エネルギー貯蔵（SMES）
位置エネルギー	揚水発電
運動エネルギー	フライホイール
圧力エネルギー	圧縮空気エネルギー貯蔵（CAES）
化学エネルギー	二次電池 （NAS 電池，レドックスフロー電池など）

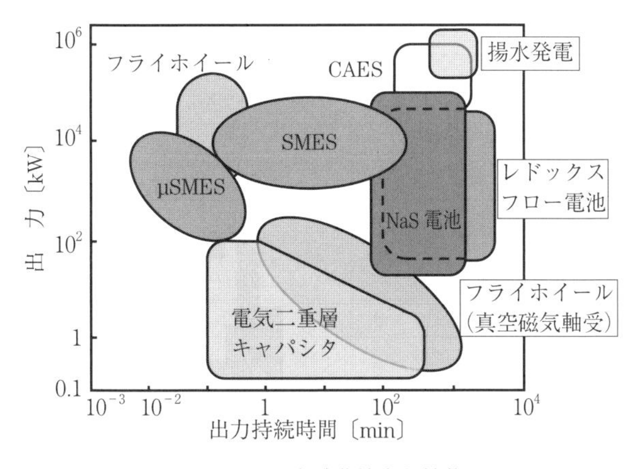

図 3.15　電力貯蔵技術と性能

を考慮し，目的に応じ適切な貯蔵技術が選択される必要がある。

〔2〕 二次電池

二次電池を用いた電力貯蔵では，電気エネルギーを化学エネルギーに変換して貯蔵する。電池の出力は直流であるため，交流電力系統との接続においては，交流と直流を変換する交直変換装置を介して接続される。二次電池は自己放電によって貯蔵時間が決まるが，図 3.15 に示されるように，ほかの電気エネルギー貯蔵形態に比べれば十分に長く，時間・日単位での負荷平準への応用が期待される。

二次電池にはさまざまなものがあるが，電力貯蔵用に用いるためには充放電限度（回数）が十分に高い必要があり，配電変電所に設置される大規模なものでは，**表 3.3**[30] に示す NAS 電池，レドックスフロー電池，鉛蓄電池，亜鉛-臭素電池が日本において国家プロジェクトとして開発された。これらのうち，NAS 電池やレドックスフロー電池は電力貯蔵用電池として実用段階に至っている。NAS 電池はエネルギー密度が高い一方で高温での運転が必要であり，レドックスフロー電池は寿命が長く大型化が可能な一方で原料となるバナジウムが高価であるという課題がある。

表 3.3　電力貯蔵用蓄電池

		NAS	レドックスフロー（バナジウム）	鉛	亜鉛-臭素
開路電圧	〔V〕	2.08	1.4	2.0	1.8
理論エネルギー密度	〔Wh/kg〕	780	100	110	430
	〔Wh/L〕	1 000	120	220	600
充放電効率	〔%〕	90	80	85	80
作動温度	〔℃〕	280～350	40～80	5～50	20～50
電解質		β アルミナ固体電解質	バナジウム硫酸水溶液	H_2SO_4 水溶液	$ZnBr_2$ 水溶液
副反応		なし	水素発生	水素発生	水素発生
自己放電		なし	あり	あり	あり

需要家レベルの二次電池では，**図 3.16**[31] に示すようにエネルギー密度の高いリチウムイオン電池の需要がますます高まってきている。図 3.16 に示す二次電池は表 3.3 に示した二次電池に比べ大容量化は困難であるが，例えば電気自動車は単体では小規模の電力貯蔵システムであるが実用化すれば膨大な数量となり，社会や電気エネルギー流通に大きな影響を与えると考えられる[32]。

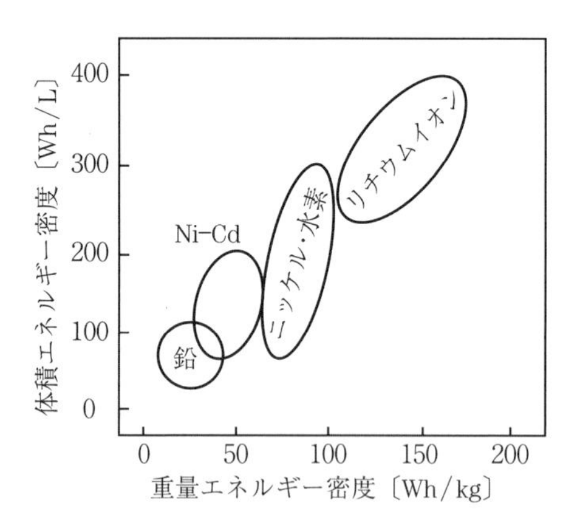

図 3.16　二次電池のエネルギー密度

〔3〕 電気二重層キャパシタ

電気二重層キャパシタは，電気二重層という界面現象を利用したキャパシタであり，誘電体を用いた一般のコンデンサとはその原理が異なる。電気二重層キャパシタでは，電極と電解質溶液の界面においてきわめて短い距離を隔てて正電荷の層と負電荷の層とが隣り合っている電気二重層と呼ばれる状態を用いる（**図 3.17**）。これは物理的なイオンの吸脱着であり，化学反応を伴わないため，応答が早く，繰返し充放電に強く寿命が長いなどの特長がある。最近では，静電容量が数万 F，エネルギー密度が約 10 Wh/kg という大容量の電気二重層キャパシタが開発されてきている[33]。

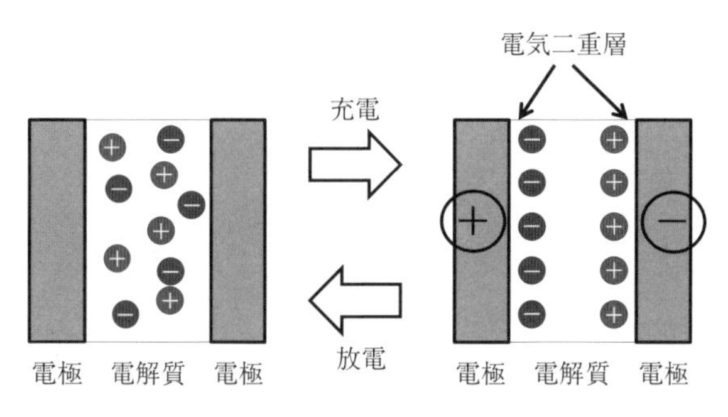

図 3.17　電気二重層キャパシタの原理

電気二重層キャパシタは，**表 3.4** のように，従来からあるアルミ電解コンデンサと二次電池との中間的な特徴を持っている[34]。0.1 秒から 10 分程度の時間オーダーでの充放電に適しているという特長から，短時間無停電電源装置（UPS）やエレベータなどの産業機器の回生電力有効利用などへの適用が期待できるほか，太陽光発電，風力発電等の出力平準化や瞬時負荷変動によるフリッカ補償などにも使用可能である。

表 3.4　電気二重層キャパシタとほかの貯蔵媒体との特性比較

	電解コンデンサ	電気二重層キャパシタ	二次電池（鉛）
エネルギー密度〔Wh/kg〕	0.1 以下	0.2～10	10～40
出力密度〔W/kg〕	10 000～100 000	100～5 000	50～130
放電時間	～100 ms	0.1 s～10 min	10 min～10 h
サイクル寿命	100 000 以上	100 000 以上	200～2 000

〔4〕 SMES

SMES（superconducting magnetic energy storage，超電導磁気エネルギー貯蔵）は電気エネルギーを超電導コイルに磁気エネルギーとして貯蔵するものである。基本的な原理は，超電導状態では電気抵抗が0なので，閉ループを作ってやれば電流が流れ続けるというもので，超電導が発見されてすぐに考案された。SMESは電気二重層キャパシタと同じく，電気をそのまま電磁気エネルギーとして貯蔵するため，貯蔵効率が高く応答が速いという特徴がある（図3.15）。

SMESの基本構成は**図3.18**のようになる。超電導コイルに蓄えられるのは直流電流のため，電力系統との接続には交直変換器が必要となる。また，もし超電導コイルの微小な部分で超電導状態が破れると，電力貯蔵のために大電流が流れていることから，その部分での急激なジュール加熱により周辺温度を上げ，そのためさらなる超電導の破れが生じ，急激に超電導コイル全体が常電導となるクエンチと呼ばれる現象が発生し，機器の損傷を引き起こすおそれがある。そのため，SMESにおいては，遮断器などの一般的な保護機器に加え，クエンチ保護システムが必要となる。

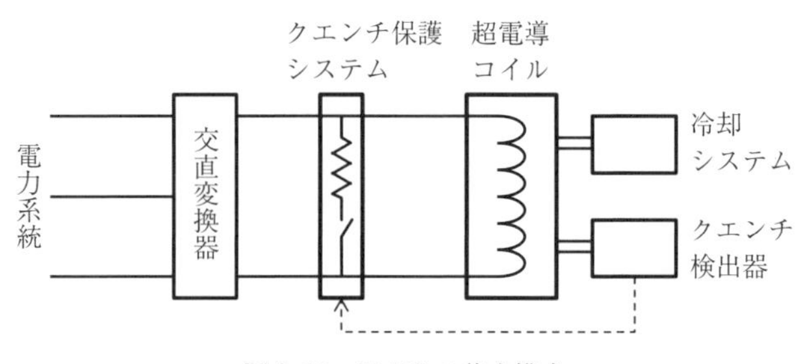

図3.18 SMESの基本構成

SMESに期待されている電力貯蔵の用途を**図3.19**に示す[35]。応答が速いという特性から，瞬低補償や系統安定化，負荷変動補償への用途が特に期待されている。超電導コイルに蓄えられるエネルギーWは，コイルのインダクタンスをL，コイル電流をI，磁束密度をB，真空の透磁率をμ_0として

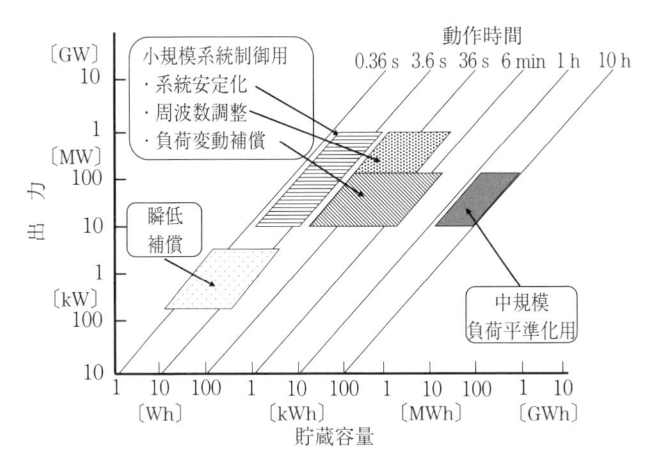

図 3.19 SMES の規模と用途

$$W=\frac{1}{2}LI^2\propto\frac{B^2}{2\mu_0} \tag{3.6}$$

と表される。つまり，SMES に蓄積されるエネルギーを増加させるためには L，I，B を大きくすればよい。このうち I，B については，超電導線材の特性によって決まり，L を大きくするためにはコイルの巻数を大きくする必要がある。しかしながら，現状では SMES システムにおいて超電導コイルと冷却システムがコストの 8 割程度を占めており[35]，大容量化による適用範囲の拡大や実用化における大きな課題となっている。

〔5〕 化学物質による貯蔵

電気エネルギーを別のエネルギー形態に変換して貯蔵する方法として，貯蔵が容易な化学物質の化学エネルギーとして貯蔵する方法がある。その代表的なものが水素エネルギーである。電気エネルギーと水素エネルギーとは電気分解や燃料電池（2.3 節）により相互に変換可能である。3.1.1〔6〕で述べたように，水素エネルギーは貯蔵のみでなくエネルギー輸送形態としても可能性があり，電気エネルギー流通システムと水素エネルギー輸送システムとの相補的なエネルギーネットワークの構築も期待される。

3.2 エネルギーの効率的利用

3.2.1 機器の省エネ・高効率化

〔1〕 エネルギー確保としての省エネ

明治維新の後，日本の政府は欧米諸国との文明差が非常に大きいことを痛感した。この文明差を埋めるための近代化を富国強兵の政策で進めた結果，大量のエネルギーが必要となった。そこで，1872年ごろに鉱山開放令を公布して炭鉱開発を急速に進め，日本各所に石炭を入手するための炭鉱を開設し，動力用の熱源として使用した。

1950年代後半から中東で本格的に石油が生産されるようになる，そして，1962年頃から日本が高度成長期になるとコスト面，および，取扱いやすさから石炭から石油へ需要が移行し，日本の炭鉱はつぎつぎに閉鎖された。1973年には第四次中東戦争を契機に，中東諸国がアラブ非友好国への段階的石油を供給削減するとともに，石油価格を一方的に引き上げた第一次オイルショックが発生した。

第一次オイルショックによってエネルギーを安定的に供給することが国家の最重要課題であると認識された。そこで，日本政府は，石油依存度の低減，エネルギーの多様化，石油の安定確保，省エネルギーの推進，新エネルギーの開発の施策を決めた。エネルギーの多様化では天然ガス，石炭への移行が行われた。石油の安定確保では中東以外での新しい油田開発，調査が積極的に行われた。省エネルギーの推進では，ネオンサイン，深夜テレビ番組の中止が行われた。このとき，省エネルギーもエネルギー確保の一手法として位置づけられた。新エネルギーの開発では，石油に替わるエネルギー供給方式を研究する「**サンシャイン計画**」が1974年から実施された。このときから，原子力，風力，太陽光，地熱等，非石油エネルギーの研究が強力に推進された。省エネルギーに関して，1978年には「**ムーンライト計画**」が始まり，エネルギー転換効率の向上，未利用エネルギーの回収・利用技術開発が進められた。

〔2〕 トップランナー制度

1979年に「**エネルギーの使用の合理化に関する法律（省エネ法）**」が制定され，工場，建築物および機械器具を所有する事業者が取り組むべき内容が決められた[36),37)]。

1998年に改正された省エネ法に基づき，自動車や家電などについて**トップランナー方式**がトップランナー制度として導入されている[38)]。法律制定からほぼ毎年見直しが実施され，2015年9月末時点で，**表3.5**に示す28種類の特定機器が対象となっている。

表3.5 特定機器（28機器）

1．乗用自動車	2．エアコンディショナー	3．照明器具	4．テレビジョン受信機
5．複写機	6．電子計算機	7．磁気ディスク装置	8．貨物自動車
9．ビデオテープレコーダー	10．電気冷蔵庫	11．電気冷凍庫	12．ストーブ
13．ガス調理機器	14．ガス温水機器	15．石油温水機器	16．電気便座
17．自動販売機	18．変圧器	19．ジャー炊飯器	20．電子レンジ
21．DVDレコーダー	22．ルーティング機器	23．スイッチング機器	24．複合機
25．プリンター	26．電気温水機器	27．交流電動機	28．LEDランプ

特定機器とは，機械器具のうち“日本で大量に使用されるもの”，“相当量のエネルギーを消費するもの”，“改善の余地があり性能の向上を図ることが特に必要なもの”の三つの条件を満たしているものである。

トップランナー方式とは，現在商品化されている特定機器に係る性能向上に関する製造事業者などの判断基準（以下，省エネルギー基準，略称 省エネ基準という）に基づき，製品のうちエネルギー消費効率が最も優れているもの（トップランナー）の性能と，将来の技術開発の見通しを考慮して目標を定めて，機械器具のエネルギー消費効率の更なる改善の推進を行う方法である。**図3.20**に示すように，例えば乗用車では，あるメーカで製造する車種区分で17 km/Lの燃費のものが10万台，16 km/Lの燃費のものが20万台，15 km/Lの

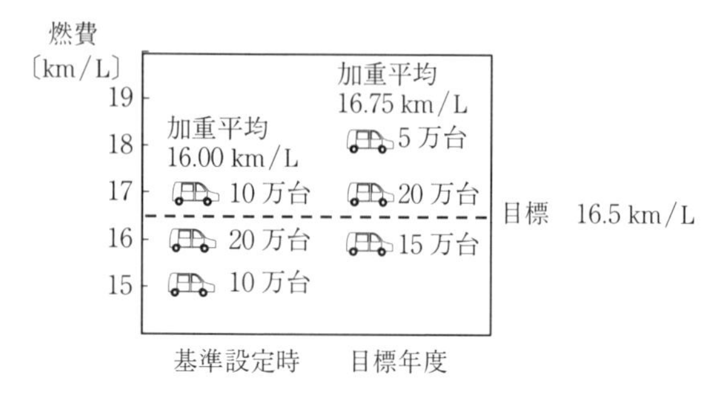

図 3.20　トップランナー方式（乗用車の例）

燃費のものが10万台とすると加重平均は16 km/Lとなる。このときに，技術開発を予測して数年後には16.5 km/Lと目標設定して，開発の推進を行う。目標年になったときに加重平均が16.5 km/Lから著しく低く，相当程度燃費を向上させることが必要であると認められるときは，経済産業大臣および国土交通大臣がメーカに対して勧告を行う。これに従わなかった場合にはメーカ名公表および，罰金を科すことになっている[37]。

特定機器のうち新しい機器として，スイッチング機器とルーティング機器がある。スイッチング機器は通信回線の信号制御のための回路のスイッチングを行う機器である。また，ルーティング機器は別名ルーターで，インターネットなどのネットワークに接続するポートの側と，そのほかの機器などに接続するポートの側を結ぶ機器である。このように従来から広く用いられている家電用機器，産業機器だけでなく，近年急速に大量に普及して，総計として多くのエネルギーを消費するものが選定されている。

〔3〕　省エネルギー技術戦略

「**エネルギー基本計画**」[39]は，2002年6月に成立した「エネルギー政策基本法」[40]第12条に基づき，エネルギーの需給に関する施策を長期的，総合的かつ計画的に推進するため政府が定めたもので，2003年に策定され，2014年までに3回改定された。このエネルギー基本計画では，エネルギーが国民生活や経済活動の基盤であることを踏まえ，政策の基本を3E（① エネルギー安定供給の確保，②環境への適合，③市場機能を活用した経済効率性）の実現を図ることとしている。このことにより，省エネルギーの重要性が明確化された。

また，2030年に向けた日本のエネルギー消費効率の改善を目指した「新・エネルギー戦略」[41]に基づいて，長期的に革新的な省エネルギー技術開発の推進を図るため，2007年に「省エネルギー技術戦略」が策定された。その後，改訂を順次行っており，2011年に産業，家庭・業務，運輸の3部門および部門横断のカテゴリーで見直している[42]。

この「省エネルギー技術戦略」で取り上げられたものを**表3.6**に示す。この中で特に，省エネルギーに貢献するものとして，部門横断のパワーエレクトロニクス（ワイドギャップ半導体：LED照明，インバーター），次世代型ヒートポンプ，熱・電力の次世代ネットワーク（エネルギーシステム：ソフトエネルギーパス，スマートグリッド）ならびに産業部門の次世代自動車（高効率モータ）について取り上げ，次項以降詳しく述べる。

表3.6　省エネルギー技術戦略で取り上げられた機器

部　門	重要技術	主要機器・プロセス
部門横断	次世代ヒートポンプ	家庭・産業・工場用ヒートポンプ
		給湯
		冷凍・冷蔵庫
		カーエアコン
	パワーエレクトロニクス	ワイドギャップ半導体
		高効率インバーター
	熱・電力の次世代ネットワーク	次世代エネルギーマネジメント
		次世代送配電ネットワーク
		次世代地域熱ネットワーク
		熱輸送・蓄熱
		産業用燃料電池
産業	エクセルエネルギー損失最小化技術	省エネ型製造プロセス
		革新的製鉄プロセス
		産業用ヒートポンプ
		高効率火力発電（高温／複合）
	省エネ促進システム化技術	産業間エネルギーネットワーク
		レーザー加工プロセス
	省エネプロダクト加速化技術	セラミック製造
		炭素繊維・複合材料製造

表 3.6 （つづき）

家庭・業務	ネット・ゼロ・エネルギー・ビル／ハウス	断熱・高気密建材
		高効率空調・蓄熱
		高効率照明
		高効率給湯
		ビル・ハウスエネルギーマネジメント
	省エネ型情報機器・システム	データセンター
		クラウドコンピューティング
		ルーター通信機器
		光スイッチ
		省電力電源モジュール
		デジタル制御電源技術
		高効率ディスプレー
	快適・省エネヒューマンファクター	快適照明
		体感温度センサー
	定置用燃料電池	固体酸化物燃料電池（SOFC）
		固体高分子形燃料電池（PEFC）
輸送	次世代自家用車	電気自動車
		ハイブリッド自動車
		燃料電池自動車
	ITS	省エネ走行支援
		交通需要マネジメント
		交通流緩和
	インテリジェント物流システム	荷物のトレーサビリティ技術

〔4〕 LED 照明

省エネルギーな照明として注目されているものに **LED** 照明がある。この照明の特長として，① 高効率，② 長寿命，③ 低発熱，④ 高速応答，⑤ 小型軽量が挙げられる。これらの特長のうち，① の高効率は入力された電気エネルギーを効率良く光エネルギーに変換するため，直接省エネルギーにつながる。一方，② 長寿命，⑤ 小型軽量は，LED 素子を製造する材料やエネルギーが少なくて済むために間接的な省エネルギーにつながる。

LED が発光する機構は以下のように説明される[43)]。LED は**図 3.21**（a）に示すように純粋な半導体素子の結晶に，正極性電荷が多くなるような不純物を混ぜたp型半導体と，逆に負極性電荷が多くなるような不純物を混ぜたn型半導体を接合して構成している。このp型半導体とn型半導体を接合したpn接合部分では，電荷がほとんど存在しない空乏層ができる。この部分ではp型

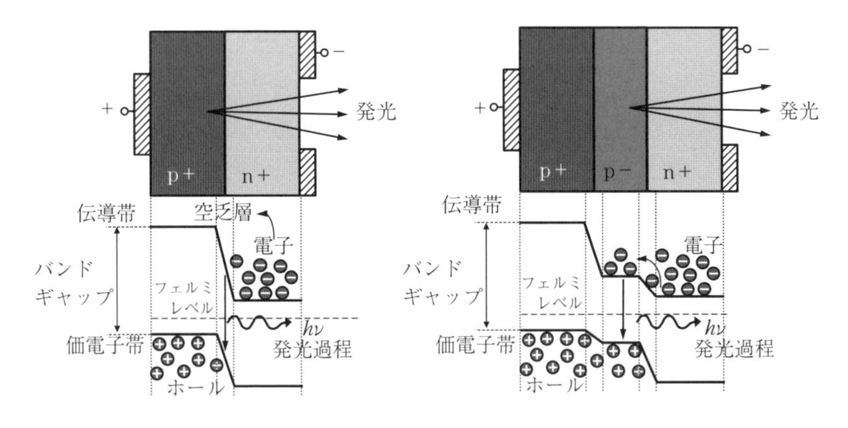

（a） LED ヘテロ結合部の発光　　（b） LED ダブルヘテロ結合部の発光

図 3.21 LED の発光原理

半導体から入ってきた正電荷と n 型半導体から入ってきた負電荷が再結合し，持っていたエネルギーを放出して光を出す。このエネルギーは，価電子帯の上端と伝導帯の下端とのエネルギー差であるバンドギャップに相当する。

高いエネルギーの光が pn 接合部分近傍に入射されると，p 型半導体では正電荷のホールが，n 型半導体部分では電子が基底状態から励起状態に移行する。励起されたホールは p 型半導体から n 型半導体に，励起された電子は n 型半導体から p 型半導体に流れることで起電力が発生する。

p 型半導体と n 型半導体を接合した pn 接合部分だけでは，空乏層に入ってきた電子やホールが空乏層で再結合せずに，素通りしてしまうことがある。この素通りした電子やホールは発光に寄与しないので，発光の効率が低くなる。これを解決するために，図 3.21（b）に示すようなダブルヘテロ型の接合が用いられる。すなわち，p 型半導体と n 型半導体の間にわずかに p 型を示す p^- 半導体層を挟み込む構造とする。このようにすることで p^- 半導体層では，安定して電子とホールが存在することができ，ここで多くの電子とホールが再結合を起こして，光を効率良く発生させることができるため高効率になる。一方，このバンドギャップに相当した単一波長の光を出すために，非常にシャープなスペクトル波長の光となる。

外部電源より入力されたエネルギーでどれだけの光を発するかを示す表現は，**放射束**といい，単位時間当りに放出された光のエネルギーとして定義され電気と同じ単位のワットで表す。一方，人間の目は光の波長によって感じる感度が異なり，**図 3.22** に示すように 555 nm の緑の波長が最も感度がよい[43),44)]。このため同じ放射束であっても，555 nm の緑の波長から外れるほど人間の目の感度が低くなる。この感度校正（各光の波長に対して人間の目の感度を基準に直すこと）を行って，どれほど人間の目に感じるかを示したものが光束であり，ルーメンの単位で表す。ディスプレイなどで，青，赤，緑の 3 色の LED を用いて白色を得ようとする場合，青，赤の感度が緑よりも低いためにより明るい光を出す必要があり入力エネルギーを多くする必要がある。

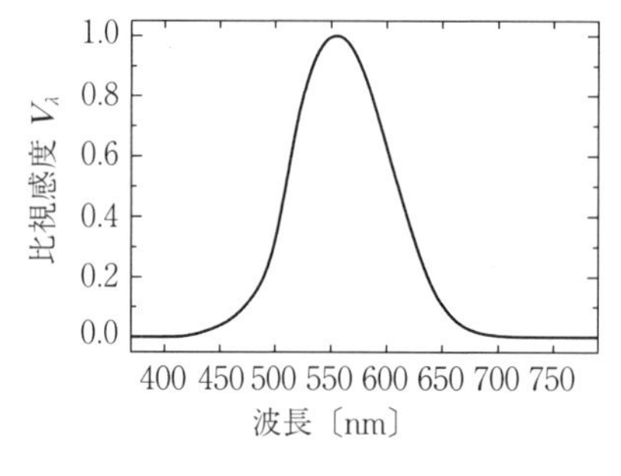

図 3.22 光の波長に対する人間の目の感度[43)]

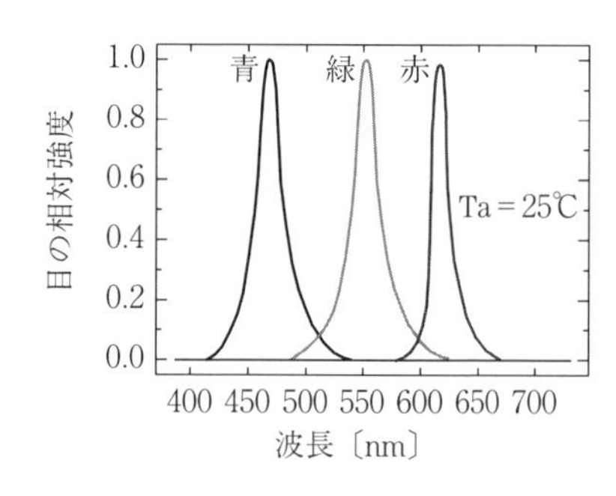

図 3.23 青，赤，緑の 3 色を用いた白色照明 LED の模式図[44)]

一方，青，赤，緑の 3 色の白色照明 LED を照明として用いると，前述したようにそれぞれが**図 3.23** に示すように単一波長の光で構成されているので，物体が持つ中間色に対応した光が存在しない。このため，**表 3.7**（a）のような構成では光源としては任意の色の色調を再現できるが，3 色波長での反射により物体の色が識別されて，本来の色調と異なって見えることが発生する。そこで，表（b）に示すように青色の LED と黄色の蛍光体を組み合わせることが行われる[44)]。LED から放射された青色の光を，黄色を中心としたバンドギャップを持つ蛍光体の物質に当てて荷電粒子を励起させ，緑から赤の分布を持つ低いエネルギーの光に変えて放射する。さらに，光源に近紫外の LED を用

表 3.7 白色 LED の原理[44]

組合せ	(a) 青LED＋緑LED＋青LED	(b) 青LED＋黄蛍光体	(c) 短波長LED＋複数蛍光体
原　理	白色	白色	白色 複数蛍光体を励起
特　徴	・高光度 ・白色バランスの調整容易 ・任意の色を実現	・高光度 ・作成容易	・演出性良好 ・任意の色を実現 ・色のばらつき小

いることで緑，赤だけでなく青色も蛍光体により発光させることができる（表(c)）。このようにすることで放射された光は波長が途切れることがなく，分布を持つため物体の色調を正しく認識できる。しかし，高エネルギーの近紫外線を用いて低エネルギーの赤を発光させるため発光効率は低くなるという課題を持つ。

照明器具のエネルギー消費効率は，全光束を lm（ルーメン）で表した数値を，消費電力をワットで表した数値で割って求める。波長 555 nm の緑の光のみを放射するエネルギー変換効率 100 % の LED が存在したとすると，683 lm/W となる。一般家庭用の蛍光灯では 20 型以上の直管タイプやサークルタイプでは，2012 年 4 月現在ではトップランナー方式により平均 75 lm/W 以上が求められている[42]。

〔5〕 インバーター

小型で低損失の**インバーター**を実現するためには，素子のオン抵抗の低下とインバーター周期の高周波化が必要である。ここで，オン抵抗とは，素子が導通した時に生じる抵抗 R であり，素子がオン時に流れる電流を I とすると $VI=RI^2$〔W：ワット〕の電力損失を発生させる。時間 T〔s〕の動作時間では，電力損失量は TRI^2 となりオンの時間に比例して増加する。さらに，RI〔V：ボルト〕の逆起電力を発生して負荷に加わる電圧が小さくなる。また，素子がオンからオフ，また逆にオフからオンになる際に，**図 3.24** に示すよう

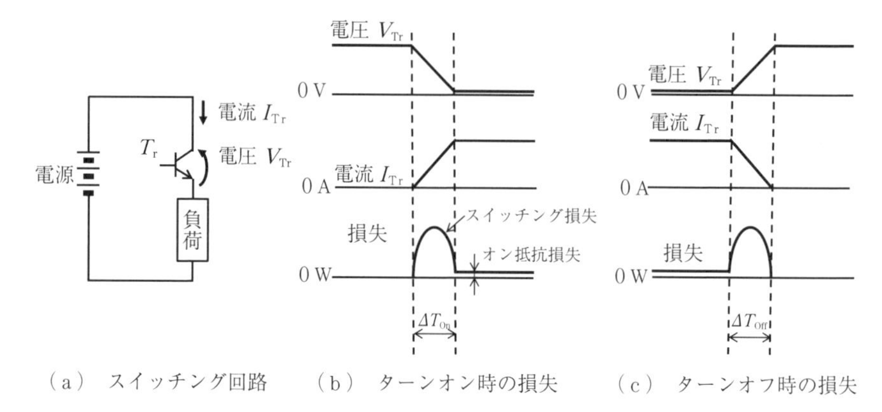

図 3.24 スイッチング損失の発生の模式図

にスイッチング素子の抵抗 R_{Tr} に加わる電圧 V_{Tr} および流れる電流 I_{Tr} が変化する。この際，オン抵抗と同様に $V_{\mathrm{Tr}}I_{\mathrm{Tr}}$ の電力損失が発生するが，これをスイッチング損失と呼び，スイッチング時間 $\varDelta T_{\mathrm{On}}$，$\varDelta T_{\mathrm{Off}}$ が短いほど電力損失の時間積分である電力損失量 $\int V_{\mathrm{Tr}}I_{\mathrm{Tr}}\mathrm{d}t$ は小さくなる。

Si 素子を用いた場合，**図 3.25**（a）に示す MOSFET（metal-oxide-semiconductor field effect transistor）を用いるとスイッチング損失は小さいが高耐圧に伴ってオン抵抗が大きくなる[45)]。この問題を解決するために，図（b）に示す IGBT（insulated gate bipolar transistor）が用いられる。ゲートから MOSFET 構成を利用してキャリアを注入して pnp トランジスタ構成を利用してスイッチングするために，オン抵抗を小さくできる[45)]。しかし，MOSFET

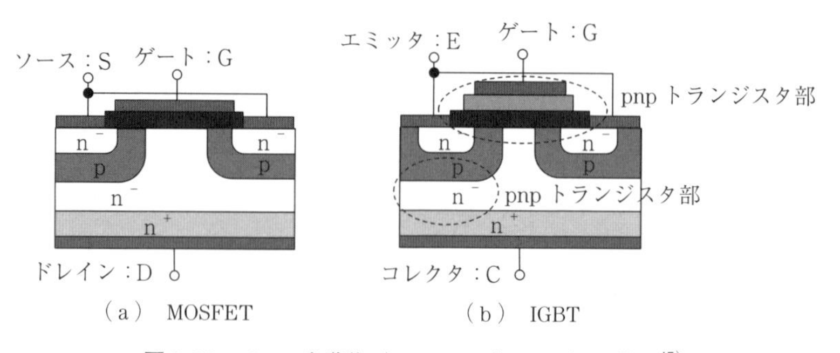

図 3.25 パワー半導体（MOSFET と IGBT）の構造[45)]

構成から注入したキャリアが消滅するまでに時間がかかりスイッチング時間が長くなり損失が大きくなる傾向がある。そこで，Si よりもオン抵抗が小さく，高耐電圧で高速スイッチング動作できる材料で FET を作製できれば，オン抵抗とスイッチング損失の両方を低減することが可能になる[44)]。GaAs は電子移動度が大きいため高速スイッチングが可能であるが，Si とほぼ同じバンドギャップであるため，破壊電圧を高くできず，大きな電力を扱うには不向きである。

オン抵抗と**スイッチング損失**の両方を低減するためには，SiC，GaN やダイヤモンドなどの**バンドギャップ**の広い材料が適している。

表 3.8 の各種半導体の物理特性に示すように SiC のバンドギャップは，Si のそれの約 3 倍あり，絶縁破壊電界は約 10 倍大きい[44)]。また，熱伝導度も，Si のそれの約 3 倍あり，銅と同程度と放熱特性に優れている。

SiC の絶縁破壊電界は Si の約 10 倍あることから，絶縁を保持する層であるドリフト層の厚さを 1/10 にすることができる。さらにキャリア密度は電界の 2 乗に比例することから，オン抵抗は破壊電界の 3 乗に反比例することになり大幅に小さくすることができる。さらに，ドリフト層の厚さが薄くなることで，スイッチングの時間が早くできる。これらのことから Si を SiC に変更す

表 3.8　各種半導体の物理特性[44)]

	バンドギャップ〔eV〕	電子移動度〔$cm^2/V \cdot s$〕	絶縁破壊電界〔MV/cm〕	熱伝導度〔W/cm·K〕	飽和ドリフト速度〔cm/s〕	比誘電率
シリコン（Si）	1.12	1 500	0.3	1.5	1.0×10^7	11.8
シリコンカーバイト（4H-SiC）	3.26	1 000	3.0	4.9	2.0×10^7	10.0
ガリウムナイトライド（GaN）	3.42	1 200	3.3	2.1	2.5×10^7	9.5
ダイヤモンド（C）	5.5	1 800	4.0	20.9	2.5×10^7	5.5
ガリウムヒ素（GaAs）	1.42	8 500	0.4	0.5	2.0×10^7	12.8

ることでオン抵抗を小さくでき，スイッチング損失も小さくすることができる。

さらに，ダイヤモンドはSiCに比べて，絶縁破壊電界は1.3倍，熱伝導率は4倍と特性が優れているうえに，誘電率は約半分とさらに優れた特性を持つため，製造技術が整えば電力用半導体，通信用半導体として適用されることが期待されている[46]。

〔6〕 ヒートポンプ

家庭部門と業務他部門（事務所・ビル，デパート，卸小売業者，飲食店，学校，ホテル・旅館，病院，劇場・娯楽場，その他サービス（福祉施設など）の9業種）をあわせると，**図3.26**に示すように日本におけるエネルギー消費の約33％を占める[47]。この内，暖房と給湯が占める割合は42％となり非常に大きい。このためヒートポンプを用いて省エネする大きな動きが出てきた。**ヒートポンプ**とは，投入エネルギーより多い熱エネルギーを移動することで，大きな熱エネルギー（または，冷熱エネルギー）として利用する装置のことである。

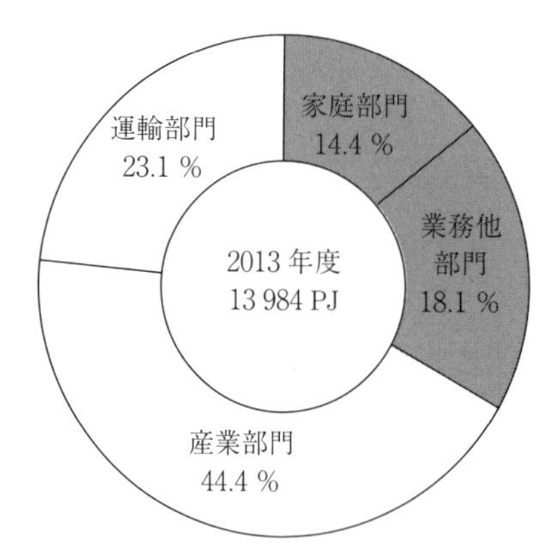

注：構成比は端数処理（四捨五入）の関係で合計が100％とならないことがある
出典：資源エネルギー庁「総合エネルギー統計」を基に作成

図3.26 日本における最終エネルギー消費の構成比（2013年度）[47]

ヒートポンプの原理[48),49]を用いて熱を集積して加熱する場合には，**図3.27**に示すように電気などのエネルギーを用いて圧縮機を動作させて，冷媒を断熱圧縮して高温・高圧を得る。この高温の熱を空気に与えて暖房，水に与えて給

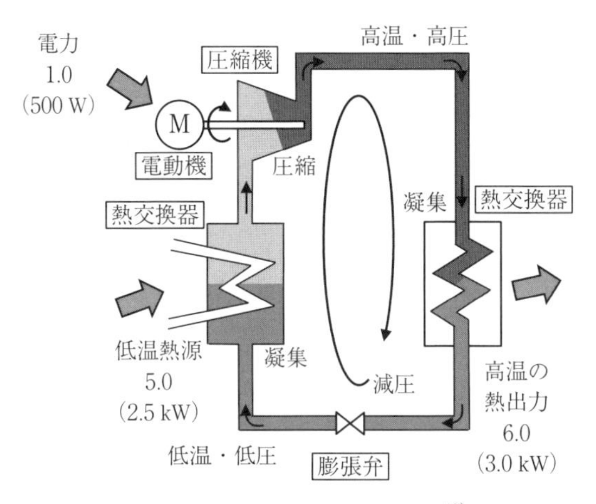

図 3.27 ヒートポンプサイクル[48)]

湯に使用する。熱を奪われた冷媒を低圧部分に移動することで断熱膨張して低温・低圧となる。低温・低圧の冷媒に外気，河川から熱を与えてもとの状態に戻す。このようなサイクルを繰り返すことで熱エネルギーを効率的に移動している。一方，熱を奪って冷却する場合には，上記の逆に高温の熱を外気・河川に与えて冷媒を冷却し，その後，断熱膨張をさせて冷たくなった冷媒で室内の空気を冷却する。

ヒートポンプの原理を使用した身近な機器では**トップランナー**制度の特定機器に指定された表 3.5 に示されているエアコンディショナー（以降エアコンと略す），電気冷蔵庫，電気冷凍庫がある[38)]。

例えばエアコンでは，3.0 kW の直吹き型の壁掛け型で，エネルギー消費効率（coefficient of performance, COP）6.0 とする。これを図 3.27 で説明すると，エネルギー消費効率 6.0 に対して，500 W の電力の使用でその 6 倍に相当する 3.0 kW の熱を屋内に移動する能力があることを意味する。しかし COP は，周辺の温度等の条件で変わってくるため，2010 年から実使用状態に沿った省エネルギー性能を示す指標として通年エネルギー消費効率（annual performance factor, APF）を用いるようになっている。4.0 kW 超 5.0 kW 以下の冷房能力を持つ家庭用の直吹き型の壁掛け型エアコンではトップランナーの目標基準値（APF）が 5.5 となっており 2010 年が目標年度となっている[38]。この目標値に対してどの程度達成したのかを省エネ基準達成率として商品に表示している。

ヒートポンプは，最近では効率良くお湯を沸かす電気給湯器であるエコキュートなどにも利用されている省エネ技術である。エコキュートとは自然由来のガスである二酸化炭素を冷媒とするヒートポンプを利用した電気給湯器だけが名乗ることができる。ほかの冷媒としてフロン系の R134a，R410A やアンモニアがおもに使用されている。R134a や R410A は毒性が低いが地球温暖化係数（100 年積分値）が，それぞれ 1 430，2 090 と大きな値を持つ。一方，地球温暖化係数が 0 のアンモニアは毒性が高い。ここで，地球温暖化係数とは温暖化ガスの一種である二酸化炭素を基準にして，一定期間内に温暖化する能力が二酸化炭素の何倍かを示すものである。

ヒートポンプの効率を向上させるには，圧縮機の効率向上と，熱交換器の効率向上が重要である。

〔7〕 高効率モータ

日本の 2013 年における輸送部門エネルギー消費（3.2×10^{15} J）は最終エネルギー使用の 23.1 % あるが，輸送部門エネルギー源の 57.1 % がガソリン，29.0 % が軽油で合計 86.1 % を占める。この大部分が乗用車，トラック，バスで占めている[47]。現在，ガソリン，軽油はガソリンエンジン，軽油エンジンで消費されているが，今後，電気自動車（EV）が普及すると，電気を使うモータが駆動源となり，ガソリン・軽油の使用量は大幅に減少する。

これまでは，（三相）モータの使用電力量は，産業部門の電力消費（使用電力量）の 75 % 程度を占め，産業部門の電力消費は最終エネルギー消費の 7.2 % を占めるため，最終エネルギー使用全体に対するモータの使用電力量の割合は 5.4 % となる[50]。これに EV 用のモータ分が加わるとすると，モータによる最終エネルギー使用量は最大 25 % 近くまで高くなる可能性がある。このため，モータの効率を向上させることで大幅な省エネが期待できる。

モータの必要な特性であるトルク T は式 (3.7) に示されるように，モータ

回転子の半径 r と力の積である。

$$T=r\times F$$
$$=r\times(B\times I\times L) \quad (3.7)$$

力はフレミングの法則より，巻線に鎖交する磁束 B，巻線の等価電流 I，軸方向の巻線長さ L の積で表される。この結果大きなトルク T を得るには，モータ半径，鎖交磁束，等価電流，コイル長さを大きくする必要がある。同じサイズのモータであれば，回転子半径 r と回転子長さ L は同じであるので，鎖交磁束 B か電流 I を増やせばトルクは大きくなる。

自動車の運転状況によって必要なトルクと出力は変化するが，安全を確保するためには走行中に発生する可能性のある条件で十分な性能の発揮が要求される。特に，車両に搭載する関係上，① 小型，② 軽量，③ 高出力，④ 最大トルク，⑤ 広い回転速度での高出力維持，⑥ 無負荷・軽負荷時の低損失，などの特性が要求される。これらの要求を満たすために，**図 3.28**（a）に示すような同機器である**永久磁石リラクタンスモータ**（permanent-magnet reluctance moter, PRM）が開発されている[51)]。PRM は，リラクタンスモータと永久磁石モータを複合したモータであり，リラクタンストルク，および永久磁石と電流によるトルクの両方を発生させることができる。大きなリラクタンスを発生させるために，回転子の鉄心内に永久磁石を V 字状に配置して磁気異方性の高い形状にしている。このモータの最高効率は図（b）に示すよう 97 %であり，

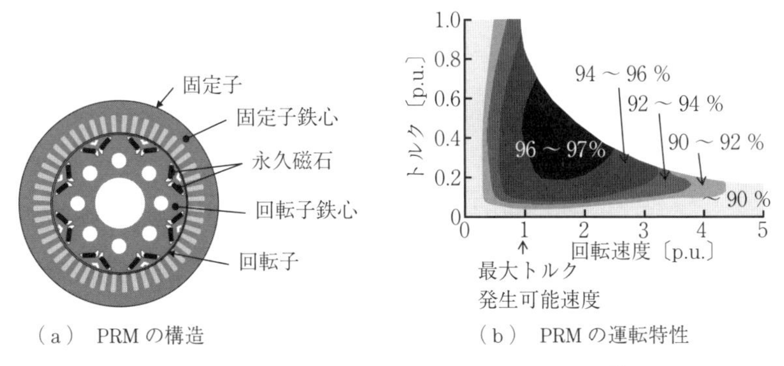

（a） PRM の構造　（b） PRM の運転特性

図 3.28　永久磁石リアクタンスモーター（PRM）[51)]

90 %以上の高効率の運転が可能になっている。

また，今後はさらにPRMの運転効率を向上させるため可変磁力モータが注目されている。磁力を可変にするために各種方式が考えられているが，より機構がシンプルな電気方式が有望である。この方式は，保持力の強い固定磁石と弱い可変磁石を組み合わせ，外部からの運転電流にパルス電流を重畳させて可変磁石の磁力を変化させることができる。この方式を用いることで高速回転時の運転で磁力を低減できるため，運転電流を低下させ不要な損失を低減できる。

一方，大きなトルクを発生しつつ損失を低減させる方式としては，電流 I を大きくして抵抗損を低減する方法もある。巻線が常伝導では抵抗を下げるためには巻線を太くして抵抗を下げることができるが，回転子の質量が大きくなり現実的ではない。この解決策として，巻線を超伝導化することが考えられる。電流を流して界磁の鎖交磁束をつくる場合も，コイルに電流を流す場合も，流す導線を超伝導にすることで抵抗分の損失は低下する。電流が直流の場合には抵抗はゼロになるが，電流が交流の場合には，超伝導線中に磁束が拘束されるピン止め効果で損失が発生するため損失がゼロにはならないといわれている[52)]。

現在，重機機器メーカでは，大型船の推進機や産業用の大型駆動装置向けに，大幅な省エネルギー化と小型化が実現できる超伝導モータの開発を進めている[53)]。この超伝導モータは，**図 3.29**（a）に示すような通常のモータであるラジアル型ではなく，図（b）に示すアキシャル型で，超伝導コイルを固定子へ配置している。大きな電流を流すことで鉄芯がなくても強力な磁場を発生で

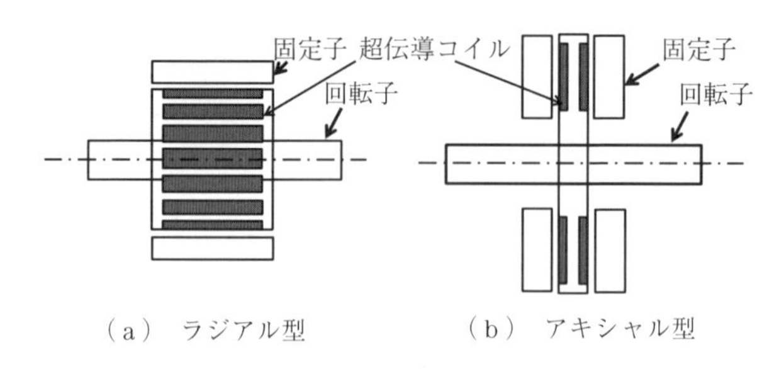

図 3.29 回転磁界型同期モータ[53)]

きることから，従来のモータと比べて半分程度の大きさに小型化することが可能である。試作機では 450 kW の国内最高出力と非常に高いモータ効率 98 % を達成している。この結果から，1 MW の出力の超伝導モータも実現可能となっている。

3.2.2 エネルギーシステムの効率化

〔1〕 ソフトエネルギーパス

今後もエネルギー需要は増大するが，石油資源は生産量のピークを過ぎ，エネルギー不足の危険性がある[54)]。このため，エネルギーの不足分を補充するために原子力や石炭を代替エネルギーとして使用するというのが，従来先進各国において進められてきたハードエネルギーパスである[55)]。しかし，**ハードエネルギーパス**には，核拡散の危険，廃棄物処理，環境破壊，集中管理的社会指向等の問題がある。いずれにしても人間が使用できるようにしたエネルギーは**図 3.30** に示すように，一時的に加工品として残るものもあるが，長期使用後には捨てられる。そのため，最終的にはすべて損失になり，資源が一方的に減少することにほかならない。このため，個々の機器のエネルギー使用の効率化も必要であるが，システムとしてエネルギー使用の効率化も重要である。

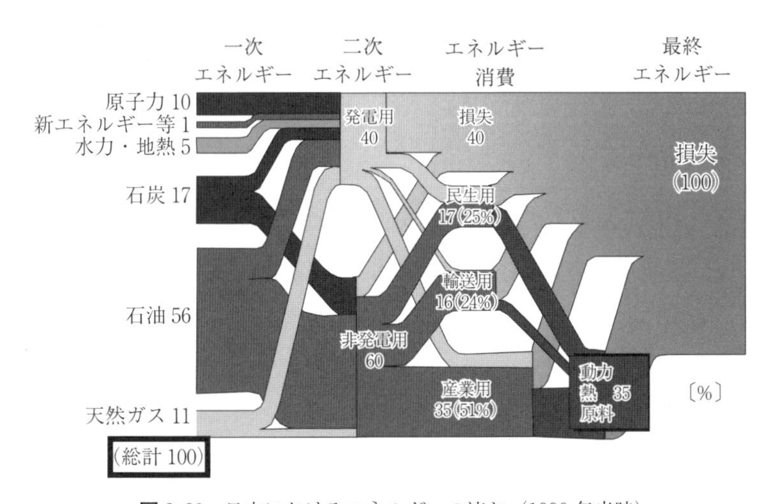

図 3.30 日本におけるエネルギーの流れ（1990 年当時）

そこで考え出されたのが**ソフトエネルギーパス**である。ソフトエネルギーパスとは，英国の物理学者エイモリー・ロビンズが，1976年に提唱したエネルギーの需要と供給に関する考え方である[55)]。この考えは，エネルギー需要の質と量を検討し，その最終用途での利用効率を高めるようなエネルギー供給体系を構築することである。そのためには石油，石炭などの化石燃料資源を効率よく利用しつつ，太陽光・熱，風力，水力等の再生可能な自然のエネルギーを，利用地点付近で需要の質と規模に合わせて分散的に得ることが必要となる。この考え方を1976年から30年程度進めることで，**図3.31**に示すようにハードエネルギーパスはすべてソフトエネルギーパスに置き換わることができると提言されていた。

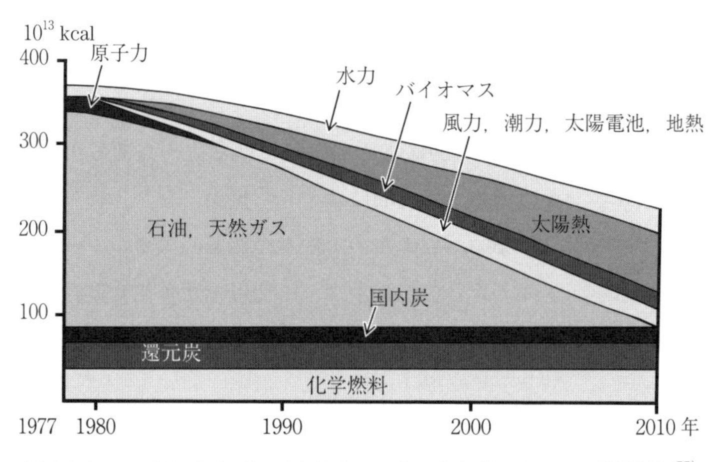

図3.31　ハードエネルギーパスからソフトエネルギーパスへの移行過程[55)]

この考えの中心となるのは，エネルギーの質を考慮に入れたエネルギー需給構造の確立にある。すなわち，質の低い（低温熱）エネルギーで十分な需要に対して，必要以上に質の高い（高温熱）エネルギーを供給しており，そこでむだ（損失）を生じる。

このむだ（損失）を生じないようにするために，高温熱を必要とする需要に対して供給された高温熱が消費されて排出された中温熱を，さらに中温熱を必要とする需要に供給する。そして，中温熱が消費されて排出された低温熱を，低温熱が必要な需要に供給する，というように徐々にエネルギーの質を下げながら複数の需要に対応することで大幅な省エネルギーが可能となる。言い換えればエネルギーを有効に使うことである。例えば，発電をするためにタービンを回す際に，従来では燃料を燃焼させて水を高温の水蒸気にして，この水蒸気の運動量でタービンを回していた。しかし，燃焼した高温ガスの運動量を用いてタービンを回し，さらにタービンを回し終わった排熱で水を高温の水蒸気にして，もう一度タービンを回すことができる。このようにエネルギーを何段階にも分けて取り出すコンバインドサイクルを使用することで，燃料の持つ化学エネルギーを電気エネルギーに変換する発電効率を一つのエネルギーサイクルでは不可能であった50 %を超える約54 %に上昇させることができ，より多くのエネルギーを利用することができる[47)]。

〔2〕 スマートグリッド

スマートグリッドという言葉の意味はあいまいで，現在でもいろいろな定義で使用されている。一つには**図3.32**に示すように既存の大容量発電所につながる電力系統に，太陽電池，風力発電機とともに蓄電システムを持つ分散型電源が接続される[56)]。これらの発電側のその時間の発電量およびこれからの発電量の情報と，交通インフラ，工場，ビル，家庭等の消費側の現在の電力使用量および今後の電力使用量の見込みの情報を電力供給の安定受給の制御の責任を持つ送配電機関と電力の料金の情報とともにやりとりして知的に（うまく）受給バランスを保つシステムがスマートグリッドといえる。日本では，経済産業省が**スマートコミュニティ**としてスマートグリッドと安心・安全なコミュニティを併せ持つ意味で使用している。ソフトエネルギーパスの考え方では，地域（コミュニティ）ごとに使用形態に合わせてエネルギーを供給することから考えると，整合性がある。

スマートグリッドが注目を集めるようになった要因は，2003年8月14日に発生したいわゆるニューヨーク大停電である[57)]。アメリカ合衆国は送配電分離が進んでおり，発電所の事業者，送電線を持つ事業者が非常に多く存在し，それが一つの送電網で接続されている。小規模の独立事業者の参入によって電

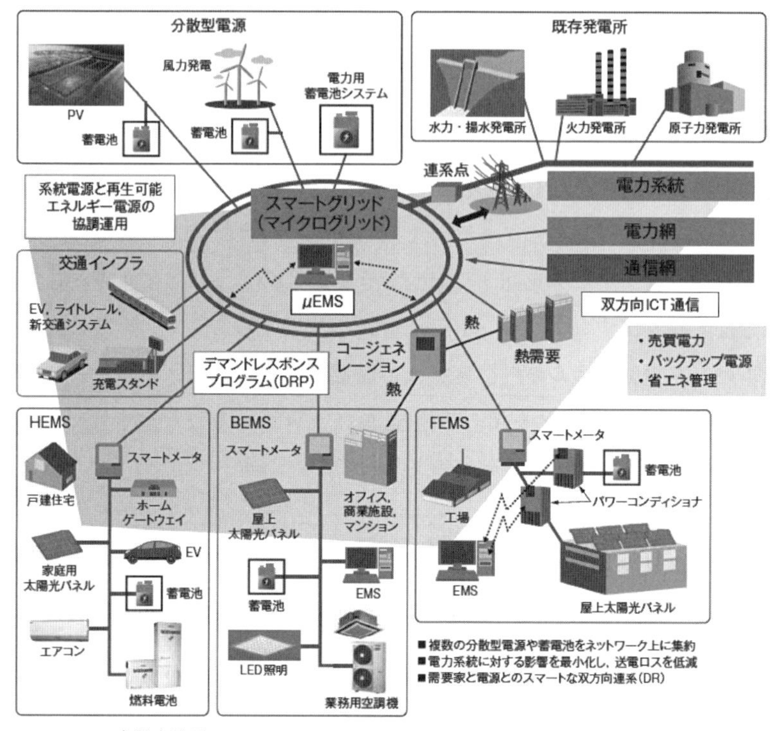

PV　：太陽光発電
EV　：電気自動車
LED：発光ダイオード
EMS：エネルギー管理システム

HEMS：Home Energy Management System
BEMS：Building Energy Management System
FEMS：Factory Energy Management System

出典：東芝ウェブサイト[56)]

図 3.32　スマートグリッドの概念

力の安定供給や信頼性維持を軽視し，各事業者が自らの利益を追求した結果，メンテナンスなどの再投資が抑制された。送電線に隣接する木の枝の伐採を行わなかったため，ファーストエネジー社の発電所内の送電線に木が接触して地絡が起こり，これが発端となって停電が始まった。さらに，地絡が発生した場合に必要な系統全体の安定性を確保するシステムが正常に働かなかった。このため，各事業者が所有する機器が故障しないように系統から切り離した結果，大停電に発展した。

世界的な経済不況からの立ち直りをめざして，2008 年 12 月にアメリカ合衆国大統領のバラク・オバマ氏が「米国再生・再投資法」に調印し，エネルギー関係に417億ドルを投資することを決めた。この内の約25％が送配電網の高信頼化，高効率化であるスマートグリッドの整備に当てられた[58)]。基本的には，電気の発電量と消費量のバランスをとるために，発電と消費の状況を示す情報をリアルタイムで共有し，制御する。特に，スマートメータを導入することで，各家庭の電力使用状況をリアルタイムで計測できるようにしている。発電量が消費量よりも多い場合には，発電量を減らせばよいが，太陽電池や風力発電では困難である。この原因は，太陽電池や風力発電を持つ業者や個人が発電した電気を売電する機会を失うことに対して補償を求める可能性が大きいからである。このため，発電が消費よりも大きい時間帯は電気料金を低減して蓄電などの消費を促し，逆に発電が消費より少なくなる時間帯は電気料金を上げて消費を抑制する方法が考えられる。一方，発電量が消費量よりも少ない場合には，電気料金を上げて消費量を抑制するか，強制的に電気使用量を制限するかを行う必要がある。

現在，日本の系統は交流で構築されている。交流では，周波数，電圧を考慮して潮流制御を行い，非常に品質の優れた電力を供給している。この周波数，電圧は限られた大容量の発電機を制御して行われている。

電力を使用する負荷として，非常に高品質な交流電源を必要とするものはモータなどの回転機器，一定のエネルギーを注入する必要のある化学プラント，機械プラント等がある。一方，照明，パソコンなどの機器は直流でのエネルギー供給を行っており，交流から直流に変換して使用している。これらの機器は，交流でエネルギーを受ける必要はなく，動作するための十分なエネルギーが得られれば直流電圧をインバーターで変換して適切な直流電圧に変換して使用することで十分機能を果たすことができる。

再生可能エネルギーは，発電量が不安定なため電圧および周波数も不安定になる。この不安定な電源を，非常に品質の保たれた系統につなぎ，系統全体の電気の品質を低下させるのは，ソフトエネルギーパスの考えからすれば不合理である。例えば　現在，100 V，60 Hzの電源では，電圧が95～107 V，周波数は59.9～60.1 Hzで制御されている。この交流系統に電圧が不安定な再生可能エネルギーである太陽電池や風力発電で発電された直流電源をインバーターで接続するとする。急に太陽電池や風力発電の出力が大きくなり，大きなエネルギーが交流側に入ってくると電圧および周波数が高くなり，上記の制御範囲を超える。100 V電源を前提に製造された機器は上記制御範囲を超える領域では正常な動作をしないことがあり，場合により破損する。

図3.33に示すように周波数，電圧共に高精度に安定化させた交流電源とは別系統で電圧が不安定な低品質の直流電源を供給することで，交流電源の発電業者，再生可能エネルギーによる直流の発電業者，電力使用者にそれぞれ利点がある。再生可能エネルギーによる直流の発電業者は，電圧を制御せずに直流系統に供給できる。電力使用者は安定しないけれども安い電気をバッテリーなどに直流で蓄電して使用できる。また，足りない電力は価格が高いけれども安定した電力が得られる交流電源から供給できる。交流電源の発電事業者は，電力使用者のバッテリーの減り具合により順次切り替わるため，急激な負荷の変化がなくなり安定した電圧・周波数制御がやりやすくなる。電流負荷，安定ソフトエネルギーパスの考えからすれば，品質が要求される負荷には100 V，60 Hzの高品質な電力を供給し，品質にこだわらない負荷には電圧が不安定な低品質の電力を供給することで受益者に対して都合がよい。

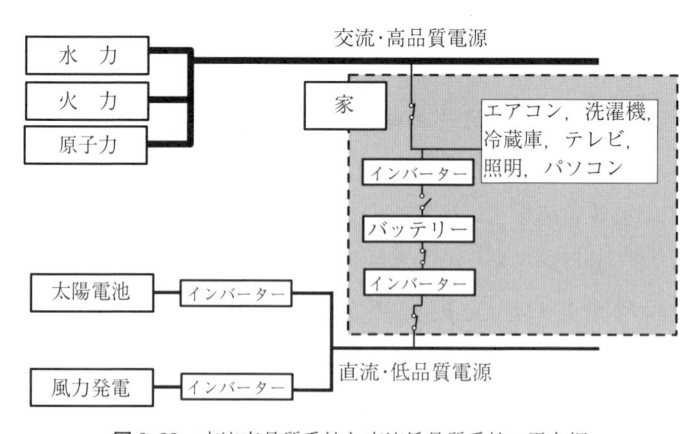

図3.33　交流高品質系統と直流低品質系統の電力網

上記のスマートグリッドは潮流をいかにうまく制御するかの考慮をすることが可能であるが，送変電システム全体の費用を考慮していないため必ずしも最適な運用をしていない。そこで，IGMS（intelligent grid management system）という，潮流の制御と電力機器や送配電線のメンテナンスの両方を考慮して運用するスマートグリッドを包含した概念も提案されている。このIGMSの概念図を**図3.34**に示す[59]。IGMSの行う具体的な運用は，診断システムで検出した現在の①機器状態を診断し，これまでの負荷・メンテナンスのアセットマネジメント情報をITシステムで制御センターに集約する。そのリアルタイムの機器データと，今後の②アセットマネジメントおよび現在必要な電力を流す系統を制御する③潮流制御を上記④スマートグリッドの制御で行い，⑤送変電損失の低減をしながら，さらにシステムの信頼性，過負荷による寿命推定などから今後数十年に及ぶ長期間のコストを算出する。この結果から短時間から長期間におよぶ最もコストが少ない潮流およびメンテナンス方法を選択できる。このようにスマートグリッドとアセットマネジメントステムを**図3.35**

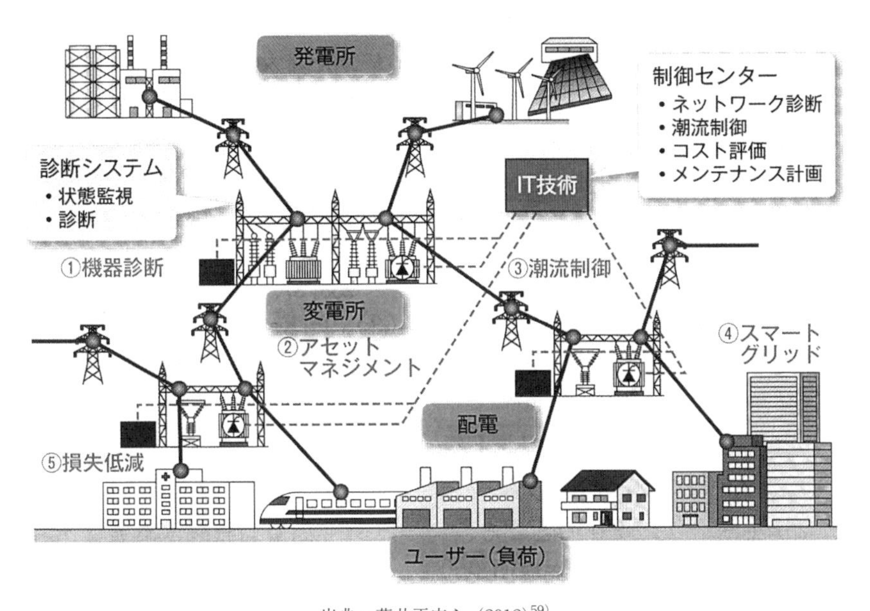

出典：花井正広ら（2012）[59]

図3.34　インテリジェントグリッドマネジメントシステム（IGMS）の概念

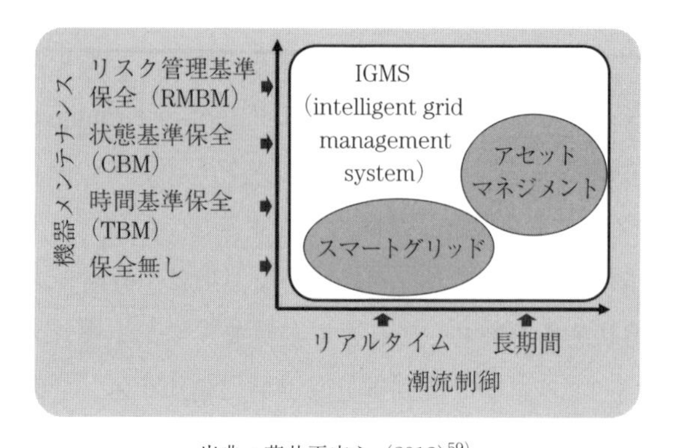

出典：花井正広ら（2012）[59]

図 3.35　スマートグリッドとアセットマネジメントを包含する IGMS

に示すような統合した全体システムとして信頼性を高く保つことができる。

この場合のコストとは，式（3.8）のコスト評価関数 Cost を用いて算出する。

$$\begin{aligned}\mathrm{Cost} &= \sum a_{ij}(X_{ij}) + \sum b_{ij}(X_{ij}) + \sum c_m(X_m) \\ &\quad + \sum d_n(X_n) + \sum e_n(X_n) + \sum f_m(X_m) \\ &\quad + \sum g_k(X_k) + \sum h_m(X_m, X_n) \end{aligned} \tag{3.8}$$

ここで，右辺第 1 ～ 8 項はそれぞれ，定常運転時の送変電損失，過負荷運転時の送変電損失，過負荷運転による機器の寿命短縮，需要家の停電被害，売電できなかったことによる損害，保守費用，燃料費，および機器故障に伴う費用を表す。

このように潮流制御を主体とするスマートグリッドと，機器のメンテナンスを主体とするアセットマネジメントの項目を目的関数とすることで，分単位の短時間から年単位の長期間の両方の最適送電ルート・潮流，保守戦略を導出し，電力機器の運転・制御・保守へと適用が可能となる。さらに，このように既存設備と新規設備が混在する将来の電力システムにおいて，より大きな機能を発揮することが期待できる。

〔3〕 新しいエネルギーサイクル

日本のエネルギーシステムの効率化を考えるうえでエネルギー資源確保も非常に大きな課題である。現在，**図 3.36** に示すように日本で使用するエネルギ

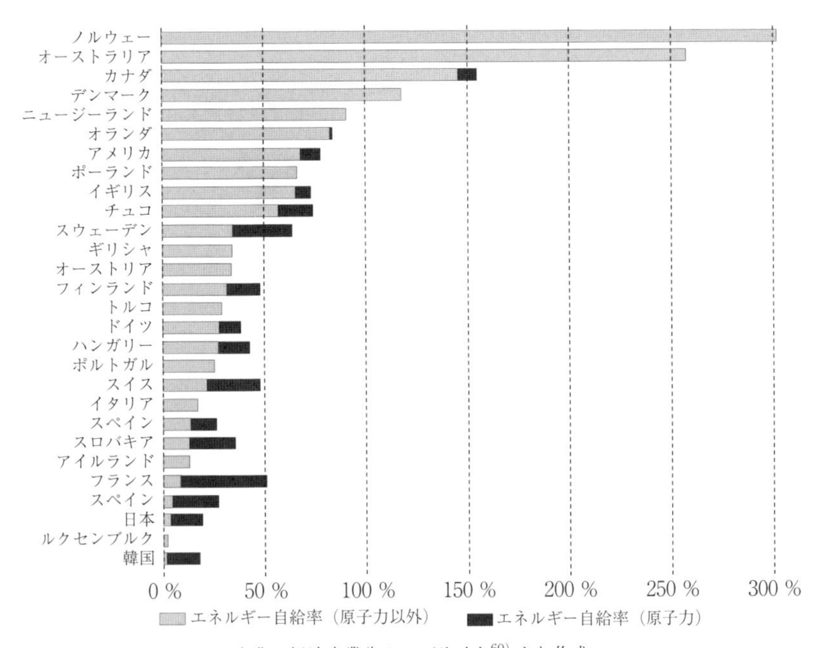

出典：経済産業省ウェブサイト[60]より作成

図 3.36　世界各国のエネルギー自給率

ーはほとんど輸入に頼っており，エネルギー自給率はきわめて低い。このため，石油，天然ガスの輸入国を分散させることで有事のリスクを低減している。しかし，中東で紛争が発生するとホルムズ海峡が閉鎖される可能性がある。その際，日本に輸入している石油の 80 %以上，天然ガスの 20 %以上が入らなくなり，大幅なエネルギー不足になる可能性がある[60]。一方，**図 3.37** に示すように日本の周りに多く存在するメタンハイドレードを採取して，石油・天然ガスに替わるエネルギーとして使用することでほかの国の要因による資源不足のリスクは解消され，エネルギー自給率を高くすることができる可能性がある[61]。

原子力発電，石油，石炭，天然ガス等の化石燃料を用いた火力発電はいずれも有限で百年程度で使用ができなくなる[62]。それ以降は，恒久的に使用可能な太陽電池，太陽熱，風力，潮流発電等の再生可能エネルギーを使用する必要がある。

図 3.38 に示すように，太陽から地球表面に到達する光などの電磁波のエネ

出典：経済産業省資源エネルギー庁ウェブサイト[61]

図 3.37 日本の領海内のメタンハイドレード分布図

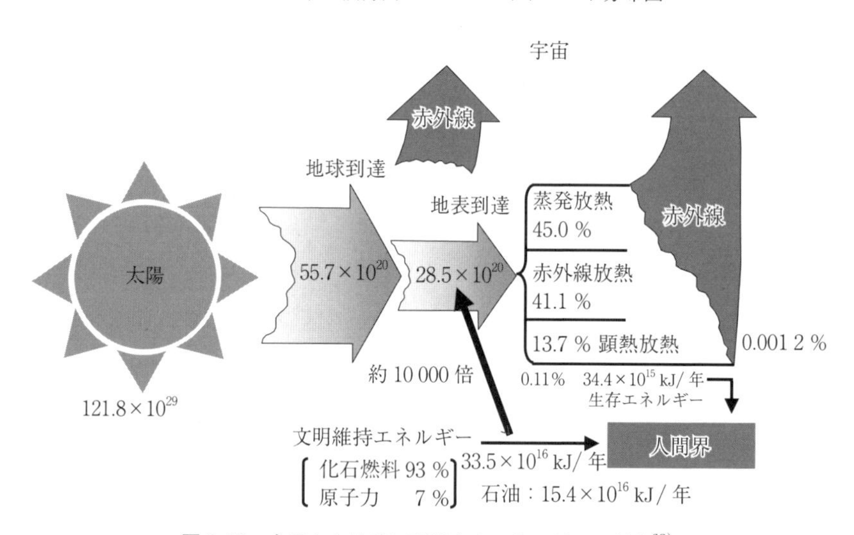

図 3.38 太陽から地球に到達するエネルギーの行方[63]

ルギーは 28.5×10^{20} kJ/ 年であり，この内の 99.8 %以上はなんら利用されないまま宇宙に放散されている[63)]。この地球表面に到達する光の，10 000 分の 1 を再生エネルギーとして使用できるようにすれば，現在の文明が維持できるエネルギーを確保できる。

太陽電池は雲などの日照の変化により数分単位で大きく変動し，風力発電も気象条件による風の変化があり，やはり分単位で大きく変動する。このような不安定なエネルギー源を安定して使用するためには，大容量のエネルギー貯蔵システムが必要になる。**図 3.39** に示すように，エネルギーを溜める方法として，電気エネルギーを直接溜めるコンデンサや超伝導を用いた SMES，力学的エネルギーで蓄積する揚水やフライホイール，化学エネルギーで蓄積する各種電池がある。しかし，これらのエネルギーの蓄積方法は非常に高価で複雑なシステムを構築する必要がある。そのため，**表 3.9** に示すような化学エネルギーとしてクリーンな燃料物質を合成して蓄積することが安価で優れた方法であると考えられる[64)]。

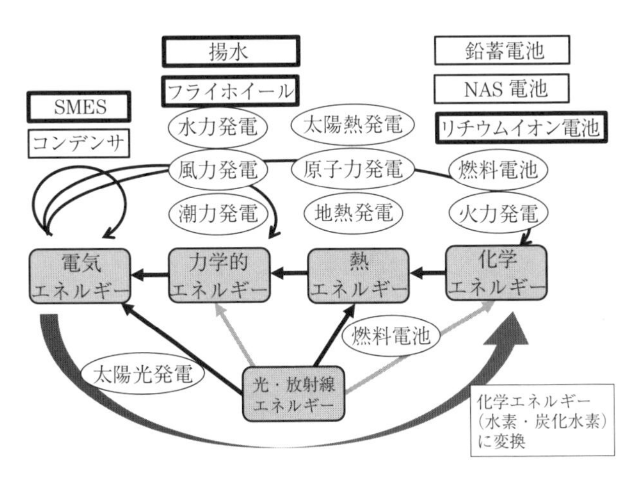

図 3.39 エネルギーの蓄積方法

このように，曇って太陽光が少なかったり，風が吹かない日があっても，蓄積したエネルギーを用いて不足分を補償するような，**図 3.40** に示すような新しいエネルギーサイクルを構築する必要がある。

表 3.9　クリーン燃料 [64]

	水素	エタノール	DME	GTL	メタン	ガソリン
化学式	H_2	C_2H_2OH	CH_3OCH_3	C_nH_{2n+2}	CH_4	—
分子量	2	46	46	—	16	—
ガス密度〔g/m^3N〕	90	—	1 956	—	710	—
液密度〔g/cc〕	0.71	0.79	0.67	0.8	0.42	0.72
沸点〔℃〕	−253	78	−25	—	−162	—
発熱量（高位）〔kcal/kg〕	34 000	7 100	7 600	11 230	14 000	11 600
発熱量（低位）〔kcal/kg〕	29 000	6 400	6 900	10 030	12 000	10 700

発熱量：ある一定の状態（例えば，1気圧，25℃）に置かれた単位量（1 kg，1 m^3，1 L）の燃料を，必要十分な乾燥空気量で完全燃焼させ，その燃焼ガスを元の温度（この場合 25℃）まで冷却したときに計測される熱量を発熱量という。

高位発熱量：燃焼ガス中の生成水蒸気が凝縮したときに得られる凝縮潜熱を含めた発熱量

低位発熱量：水蒸気のままで凝縮潜熱を含まない発熱量

低位発熱量 ＝ 高位発熱量 − 水蒸気の凝縮潜熱 × 水蒸気量

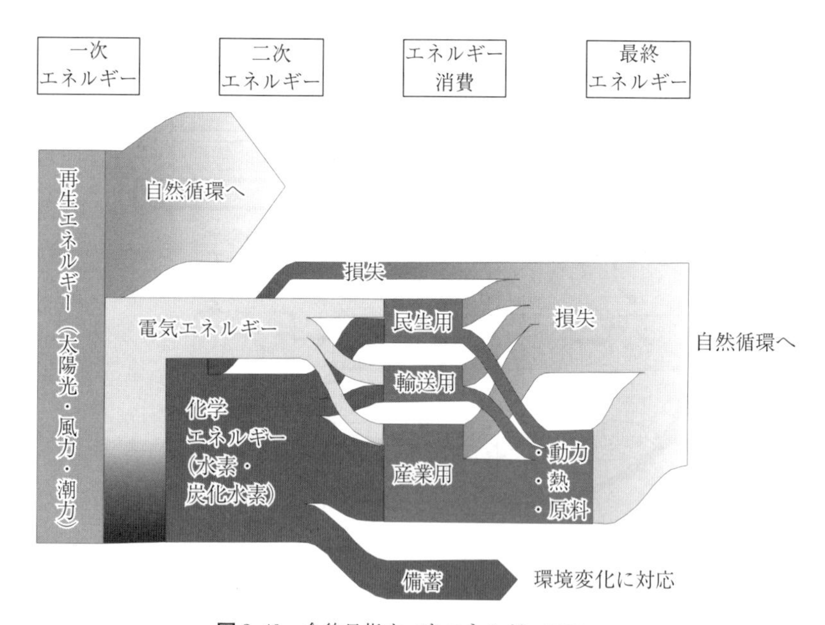

図 3.40　今後目指すべきエネルギーフロー

引用・参考文献

EcoTopia

（以下 URL は 2015 年 9 月現在）

序章

1）資源エネルギー庁ウェブサイト，「平成 26 年度エネルギーに関する年次報告」（エネルギー白書 2015）：http://www.enecho.meti.go.jp/about/whitepaper/2015pdf/
2）総務省統計局：日本の統計 2015（2015）
3）OECD Nuclear Energy Agency and International Atomic Energy Agency：Uranium 2014：Resources, Production and Demand, OECD（2014）
4）BP：BP Statistical Review of World Energy June 2015（2015）
5）NEDO 日照量データベース閲覧システムウェブサイト，日照量マップ，全天日射量年平均：http://app7.infoc.nedo.go.jp/colormap/colormap.html
6）総務省統計局：社会生活統計指標—都道府県の指標—2014（2014）
7）中部電力ウェブサイト，メガソーラー発電：http://www.chuden.co.jp/energy/ene_energy/newene/ene_torikumi/tor_sun/
8）NEDO エネルギー対策推進部：風力発電導入ガイドブック（2008 年改訂第 9 版）（2008）
9）日本風力発電協会ロードマップ検討 WG：風力発電の賦存量とポテンシャルおよびこれに基づく長期導入目標とロードマップの算定（Ver. 1.1）（2010）
10）日本風力発電協会：自然エネルギー白書（風力編）2013（2013）
11）村岡克紀：これからのエネルギー，産業図書（2012）
12）東京電力ウェブサイト，火力発電熱効率（低位発熱量）：http://www.tepco.co.jp/corporateinfo/illustrated/electricity-supply/thermal-lower-heating-j.html
13）東京電力ウェブサイト，柏崎刈羽原子力発電所 設備の概要：http://www.tepco.co.jp/kk-np/about/outline/index-j.html

1 章

1）名古屋大学エコトピア科学研究所 編：環境調和型社会のための ナノ材料科学，コロナ社，pp. 112～114（2015）
2）NREL ウェブサイト，Research Cell Efficiency Records, latest chart：http://www.nrel.gov/ncpv/

3) 名古屋大学エコトピア科学研究所 編：環境調和型社会のための ナノ材料科学，コロナ社，pp. 106～112（2015）
4) W. Shockley and H. J. Queisser：Detailed Balance Limit of Efficiency of p-n Junction Solar Cells, J. Appl Phys., **32**, 3, pp. 510～519（1961）
5) R. M. Swanson：Approaching the 29 % Limit Efficiency of Silicon Solar Cells, In：Proc. of the 31st IEEE PVSEC, p. 889（2005）
6) A. De Vos：Detailed Balance Limit of the Efficiency of Tandem Solar Cells, J. Phys. D：Appl. Phys., **13**, 5, pp. 839～846（1980）
7) 新太陽エネルギー利用ハンドブック編集委員会 編：新太陽エネルギー利用ハンドブック，日本太陽エネルギー学会発行（2001）
8) 金山公夫，馬場 弘：ソーラーエネルギー利用技術—地球温暖化の抑制と持続可能な発展のために—，森北出版（2011）
9) 吉田一雄，児玉竜也，郷右近展之：太陽熱発電・燃料化技術—太陽熱から電力・燃料をつくる—（シリーズ 21 世紀のエネルギー 10），コロナ社（2012）
10) チリウヒーター株式会社ウェブサイト，10)ソーラー給油システム：http://www.chiryuheater.jp/onsuiki.html
11) CSP today ウェブサイト，Why CSP's thermal storage is sagfe from competition… for now：http://social.csptoday.com/technology/why-csp's-thermal-storage-safe-competition…-now
12) Clean Technica ウェブサイト，New Solar Stirling Dish Efficiency Record Of 32 % Set：http: //cleantechnica. com/2013/01/17/new-solar-stirling-dish-efficiency-record-of-32-set/
13) NREL ウェブサイト，Leading Clean Energy Innovation, Solar Research, Assessment of Parabolic Trough and Power Tower Solar Technology Cost and Performance Forecasts：http://www.nrel.gov/solar/parabolic_trough.html
14) M. Mehos, D. Kabel and P. Smithers：Planting the Seed, IEEE Power and Energy Magazine, 7, 3, pp. 55～62（2009）
15) F. Trieb, C. Schillings, M. O'Sullivan, *et al.*：Global Potential of Concentrating Solar Power, SolarPaces Conference Berlin（2009）
16) NEDO 日照量データベース閲覧システムウェブサイト，日照量マップ，全天日射量年平均：http://app7.infoc.nedo.go.jp/colormap/colormap.html
17) 佐藤建吉，2020 年までに世界の電力の 12% を風力発電でまかなう計画書 "Wind Force12" の全訳（その 4），風力エネルギー，27-3, pp. 65～71（2003）
18) GWEC ウェブサイト，Global Wind Report Annual Market Update 2014：http://www.gwec.net/wp-content/uploads/2015/03/GWEC_Global_Wind_2014_Report_LR.pdf
19) D. A. Spera：Wind Turbine Technology：Fundamental Concept of Wind Turbine Engineering 2nd Edition, ASME Press（2009）

20) IEC 61400-1（Ed.3）：Wind Turbines—Part 1：Design Requirements（2005）
21) 長谷川豊，菊山功嗣，今村　博ら：風力エネルギ賦存量推定のための基礎研究（竜飛ウインドパークにおける風況精査），日本機械学会論文集（B 編），**69**，685，pp. 2052～2058（2003）
22) 丸山 敬，河井宏允，奥田泰雄ら：宮古島を来襲した台風 0314 号についてその 2 被害の特性），京都大学防災研究所年報（B），**47**，pp. 491～502（2004）
23) European Wind Atlas ホームページ：http://www.windatlas.dk/Europe/Index.htm，（執筆当時）
24) WAsP ウェブサイト，the Wind Atlas Analysis and Application Program：http://www.wasp.dk/
25) NEDO ウェブサイト，Local Area Wind Energy Prediction System：http://app8.infoc.nedo.go.jp/nedo/top/top.html
26) 三菱電機株式会社ウェブサイト，ドップラーライダシステム：http://www.mitsubishielectric.co.jp/lidar/
27) RIAM-COMPACT ウェブサイト：http://riam-compact.com/
28) R. Gasch and J. Twele：Wind Power Plants—Fundamentals, Design, Construction and Operation—, James & James, London（2002）
29) D. A. Griffin：Text of Sandia Blade Technology Workshop（2004）
30) O. Fleig, M. Iida and C. Arakawa：Aeroacoustics Simulation around a Wind Turbine Blade using Compressible LES and Linearized Euler Equations, DGLR-Report 2002-03, Proceedings LES for Acoustics, Goettingen, Germany, October 7-8（2002）
31) ゼファー株式会社ウェブサイト：http://www.zephyreco.co.jp/jp/products/technology.jsp
32) 4C Offshore ウェブサイト，MHI VESTAS Offshore Wind, The V164-8.0MW Turbine：http://www.4coffshore.com/windfarms/turbine-mhi-vestas-offshore-wind-v164-8.0-mw-tid89.html
33) Duwind report：Offshore Wind Energy Ready to Power a Sustainable Europe（Final Report）, NNE5-1999-562（2001）
34) J.M. Jonkman：Dynamics Modeling and Loads Analysis of an Offshore Floating Wind Turbine, NREL/TP-500-41958（2007）
35) W. Musial, S. Butterfield and B. Ram：Energy from Offshore Wind, NREL/CP-500-39450（2006）
36) AMPELMANN 社ウェブサイト：http://www.ampelmann.nl/
37) 東京電力ウェブサイト，風力発電利用に向けた取り組み—洋上風力発電システム実証研究—：http://www.tepco.co.jp/csr/renewable/wind/offshore.html
38) 福島洋上風力コンソーシアムウェブサイト，福島復興･浮体式洋上ウィンドファーム実証研究事業：http://www.fukushima-forward.jp/
39) 板谷義紀：下水汚泥のアップグレード化，化学工学, **77**, 3, pp. 175～178（2013）

40）NEDO ウェブサイト，バイオマス賦存量・有効利用可能量の推計：http://app1.infoc.nedo.go.jp/biomass/index.html
41）農林水産省ウェブサイト，統計情報，わがマチ・わがムラ：
http://www.machimura.maff.go.jp/machi/
42）環境省ウェブサイト，白書・統計・資料：http://www.env.go.jp/doc/index.html
43）国土交通省ウェブサイト，統計情報・白書：https://www.mlit.go.jp/statistics/index.html
44）宮地　健：バイオカスケード事業を支える熱分解・ガス化技術，三井造船技報，200, pp. 65～69（2010）
45）NEDO：バイオマスエネルギー導入ガイドブック（第3版），p. 38（2010）
46）城子克夫：バイオマスの変換技術，化学装置，**46**，3，pp. 31～37（2004）
47）N. Kobayashi, M. Tanaka, G. Piao, *et al.*：High Temperature Air-Blown Woody Biomass Gasification Model for the Estimation of an Entrained Down-Flow Gasifier, Waste Management, **29**, 1, pp. 245～251（2009）
48）M. A. Rachman, Y. Nakashimada, T. Kakizono, *et al.*：Hydrogen Production with High Yield and High Evolution Rate by Self-Flocculated Cells of Enterobacter Aerogenes in a Packed-Bed Reactor, Appl. Microbiol. Biotechnol., **49**, 4, pp. 450～454（1998）
49）荒木　廣：分散型小規模バイオメタンエネルギーシステム，平成24年度廃棄物資源循環学会東海・北陸支部市民フォーラム資料集，p.27（2012）
50）関根啓蔵，長谷川達也：生ごみ処理装置，特願 2009-073922，特許第 5217007 号（2013）
51）BIN ウェブサイト，バイオマス白書 2009：http://www.npobin.net/hakusho/2009/
52）高橋多鶴夫：小規模バイオメタンエネルギーシステムの開発と評価，名古屋大学工学部卒業論文，p.19（2011）
53）森田仁彦：固定床式メタン発酵における発酵槽能力と微生物群集への担体の影響，地球工学研究所・環境科学研究所研究概要―2009 年度研究成果―（2010）http://www.denken.or.jp/jp/env/outline/2009/report/pdf/81.pdf
54）森田仁彦，佐々木建吾，平野伸一：微生物変換における複合微生物系の利用（その1）―固定床式メタン発酵における発酵槽能力と微生物群集への担体の影響―，電力中央研究所報告，V09009（2010）
http://criepi.denken.or.jp/jp/kenkikaku/report/detail/V09009.html
55）科学データ集「吸着剤の性質」：
http://www4.ocn.ne.jp/~katonet/kagaku/kyuchaku.htm，（執筆当時）
56）H. Marsh and F. Rorigues-Reinoso（林昌彦，川下由加 訳）：活性炭ハンドブック―構造制御とキャラクタリゼーション―，丸善（2011）
57）島津製作所ウェブサイト，粉博士のやさしい粉講座:実践コース：
http://www.an.shimadzu.co.jp/powder/lecture/practice/p02/lesson06.htm
58）K. Kaneko, K. Murata, K. Shimizu, *et al.*：Enhancement Effect of Micropore Filling for

Supercritical Methane by MgO Dispersion, Langmuir, **9**, 5, pp. 1165～1167（1993）
59）北見市ウェブサイト，高度浄水処理：http://www.city.kitami.lg.jp/docs/5941
60）東京都水道局ウェブサイト，水質に関するトピック第14回，生物活性炭処理：
https://www.waterworks.metro.tokyo.jp/suigen/topic/14.html
61）NEDO：即効的･革新的エネルギー環境技術研究開発，第1回「吸着材を用いた新規な天然ガス貯蔵技術開発」（中間評価）分科会報告（2002）
62）立本英機，安部郁夫 監修：活性炭の応用技術―その維持管理と問題点―，テクノシステム（2000）
63）奥原ら：「環境保全のためのナノ構造制御触媒および新材料の創成」研究終了報告書，戦略的創造研究推進事業ナノテクノロジー分野別バーチャルラボ研究領域（2000）
64）御園生誠（研究総括）：「環境保全のためのナノ構造制御触媒および新材料の創成」研究終了報告書，戦略的創造研究推進事業ナノテクノロジー分野別バーチャルラボ研究領域（2000）
65）大久保達也：天然ガスを室温近傍で高密度貯蔵可能な新規吸着材料の創出，日産科学振興財団研究報告書，**25**，pp. 61～64（2002）
66）名古屋大学大学院工学研究科量子工学専攻齋藤弥八研究室ウェブサイト，カーボンナノチューブの3Dモデル：
http://www.surf.nuqe.nagoya-u.ac.jp/gallery/nanotubes/nanotubes.html
67）王 正明，楚 英豪，山岸美貴ら：グラファイト酸化物層間への有機金属種の挿入方法，及びそれを用いる含炭素多孔体複合材料の合成，特願2004-151471，特許第4552022号（2006）
68）R. Kodama, P. A. Norreys, K. Mima, *et al.*：Fast Heating of Ultrahigh-Density Plasma as a Step towards Laser Fusion Ignition, Nature, **412**, pp. 798～802（2001）
69）G. Brumfiel：Laser Lab Shifts Focus to Warheads, Nature, **491**, pp. 170～171（2012）
70）国際熱核融合実験炉ウェブサイト，ITERの位置づけとは？：
http://www.naka.jaea.go.jp/ITER/iter/page1_3.php
71）大平茂：核融合炉の安全性（連載講座 よくわかる核融合炉のしくみ 第11回），日本原子力学会誌，**47**，12，pp. 51～57（2005）
72）小川雄一：核融合エネルギーの特徴と核融合炉の安全性・安心感，原子力科学技術委員会 核融合研究作業部会（第33回）（2012）：
http://www.mext.go.jp/b_menu/shingi/gijyutu/gijyutu2/056/index.htm
73）The Economist ウェブサイト：NEXT ITERaction?（Sep. 3rd 2011）：
http://www.economist.com/node/21528216
74）J. Wesson：Tokamaks (3rd Ed.), Oxford University Press（2004）
75）T. C. Hender, J. C. Wesley, J. Bialek, *et al.*：Chapter 3：MHD Stability, Operational Limits and Disruptions, Nucl. Fusion, **47**, 6, pp. S128～S202（2007）
76）A. Loarte, B. Lipschultz, A. S. Kukushkin, *et al.*：Chapter 4：Power and Particle Control, Nucl. Fusion, **47**, 6, pp. S203～S263（2007）

77) 国際熱核融合実験炉ウェブサイト，ITERって何？：
http://www.naka.jaea.go.jp/ITER/iter/index.php
78) 池田 要：ITER の現状と ITER の望む人材，J. Plasma Fusion Res., **84**, 1, pp. 3～9 (2008)
79) T. Shikama, T. Kakuta, M. Narui, *et al.*：Behavior of Radiation-Resistant Optical Fibers under Irradiation in a Fission Reactor, J. Nucl. Mater., **212-215**, pp. 421～425 (1994)
80) A. Litnovsky, V. Voitsenya, T. Sugie, *et al.*：Progress in Research and Development of Mirrors for ITER Diagnostics, Nucl. Fusion, **49**, 7, 075014 (2009)
81) S. Kajita, T. Hatae and O. Naito：Optimization of Optical Filters for ITER Edge Thomson Scattering Diagnostics, Fusion Eng. Des., **84**, 12, pp. 2214～2220 (2009)
82) T. Hatae, J. Howard, N. Ebizuka, *et al.*：Progress in Development of the Advanced Thomson Scattering Diagnostics, J. Phys.：Conference Series, **227**, 1, 012002 (2010)
83) D. V. Orlinski, V. S. Voitsenya and K. YU. Vukolov：First mirrors for Diagnostic Systems of an Experimental Fusion Reactor I. Simulation Mirror Tests under Neutron and Ion Bombardment, Plasma Devices and Operations, **15**, 1, pp. 33～75 (2007)
84) A. Litnovsky, M. Laengner, M. Matveeva, *et al.*：Development of *in situ* Cleaning Techniques for Diagnostic Mirrors in ITER, Fusion Eng. Des., **86**, 9-11, pp. 1780～1783 (2011)
85) A. Widdowson, J. P. Coad, G. de Temmerman, *et al.*：Removal of Beryllium-Containing Films Deposited in JET from Mirror Surfaces by Laser Cleaning, J. Nucl. Mater., **415**, 1, pp. S1199～S1202 (2011)
86) M. Sato, S. Kajita, R. Yasuhara, *et al.*：Assessment of Multi-Pulse Laser-induced Damage Threshold of Metallic Mirrors for Thomson Scattering System, Opt. Express, **21**, 8, pp. 9333～9342 (2013)
87) S. Kajita, E. Veshchev, A. Alekseev, *et al.*：Stray Light Modeling for Spectroscopy in ITER, In Proc. 29th JSPF annual meeting (30D42P) (2012)
88) S. Kajita, *et al.*：Influence of stray light on visible spectroscopy for the scrape-off layer in ITER, Plasma Physics and Controlled Fusion, **55**, 8, 085020 (2013)
89) D. Nishijima, H. Iwakiri, K. Amano, *et al.*：Suppression of Blister Formation and Deuterium Retention on Tungsten Surface due to Mechanical Polishing and Helium Pre-Exposure, Nucl. Fusion, **45**, 7, pp. 669～674 (2005)
90) S. Takamura, N. Ohno, D. Nishijima, *et al.*：Formation of Nanostructured Tungsten with Arborescent Shape due to Helium Plasma Irradiation, Plasma Fusion Res., **1**, 051 (2006)
91) S. Kajita, W. Sakaguchi, N. Ohno, *et al.*：Formation Process of Tungsten Nanostructure by the Exposure to Helium Plasma under Fusion Relevant Plasma Conditions, Nucl. Fusion, **49**, 9, 095005 (6 pages) (2009)
92) S. Kajita, T. Saeki, N. Yoshida, *et al.*：Nanostructured Black Metal：Novel Fabrication Method by Use of Self-Growing Helium Bubbles, Appl. Phys. Express, **3**, 8, 085204

(2010)
93) D. Nishijima, M. J. Baldwin, R. P. Doerner, *et al.*：Sputtering Properties of Tungsten 'Fuzzy' Surfaces, J. Nucl. Mater., **415**, 1, pp. S96～S99 (2011)
94) S. Kajita, S. Takamura, N. Ohno, *et al.*：Sub-ms Laser Pulse Irradiation on Tungsten Target Damaged by Exposure to Helium Plasma, Nucl. Fusion, **47**, 9, pp. 1358～1366 (2007)
95) S. Takamura, T. Miyamoto and N. Ohno：Deepening of Floating Potential for Tungsten Target Plate on the way to Nanostructure Formation, Plasma Fusion Res., **5**, 039 (2010)
96) S. Kajita, N. Ohno, S. Takamura, *et al.*：Plasma-assisted Laser Ablation of Tungsten：Reduction in Ablation Power Threshold due to Bursting of Holes/Bubbles, Appl. Phys. Lett., **91**, 261501 (2007)
97) K. R. Umstadter, R. Doerner and G. Tynan：Effects of Transient Heating Events on Tungsten Plasma-facing Materials in a Steady-State Divertor-Plasma Environment, Nucl. Fusion, **51**, 5, 053014 (2011)
98) S. Kajita, S. Takamura and N. Ohno：Prompt Ignition of a Unipolar Arc on Helium Irradiated Tungsten, Nucl. Fusion, **49**, 3, 032002(4 pages) (2009)
99) S. Kajita, N. Ohno and S. Takamura：Observation of Arc Spots Initiated on Nanostructured Tungsten, IEEE Trans. Plasma Sci., **41**, 8, pp. 1889～1895 (2013)
100) S. Kajita, N. Ohno, T. Yokochi, *et al.*：Optical Properties of Nanostructured Tungsten in near Infrared Range, Plasma Phys. Control. Fusion, **54**, 10, 105015(7 pages) (2012)
101) S. Kajita, T. Yoshida, D. Kitaoka, *et al.*：Helium Plasma Implantation on Metals：Nanostructure Formation and Visible-Light Photocatalytic Response, J. Appl. Phys., **113**, 13, 134301 (2013)

2章

1) 石田　愈：熱力学—基本の理解と応用—，培風館（1995）
2) 小島和夫：エネルギーとエントロピーの法則—化学工学の立場から—，pp. 84～87，培風館（1997）
3) 化学工学会 監修：最新 燃焼・ガス化技術の基礎と応用（化学工学の進歩 43），147, 三恵社（2009）
4) 経済産業省ウェブサイト，1700℃級ガスタービン実用化技術開発（2011）：
http: //www. meti. go. jp/policy/tech_evaluation/c00/C0000000H25/141219_denryoku2/denryoku2_siryou2_4_1_1.pdf
5) JCOAL ウェブサイト，木村直和：多目的石炭ガス製造技術（EAGLE）の開発と CO_2 分離回収，Clean Coal Day in Japan 2008；
http://www.jcoal.or.jp/coaldb/shiryo/material/CCD2008Symposium21.pdf
6) 鈴置保雄：低炭素社会を目指して—要素技術・エネルギーシステムから，実現への政策

まで—，通産資料出版会（2012）
7）加藤睦男，氣駕尚志，山田敏彦：CO_2回収型微粉炭酸素（O_2/CO_2）燃焼プラント開発および実証に向けて，CCT Journal，**13**，pp. 11～16（2005）
8）電気化学会 電池技術委員会：電池ハンドブック，オーム社（2010）
9）水素・燃料電池ハンドブック編集委員会：水素・燃料電池ハンドブック，オーム社（2006）
10）吉川栄和，垣本直人，八尾健：発電工学（電気学会大学講座），電気学会（2003）
11）渡辺　正，片山　靖：電池がわかる 電気化学入門，オーム社（2011）
12）妹尾　学，阿部光雄，鈴木　喬：イオン交換—高度分離技術の基礎—，講談社（1991）
13）和田洋六：入門 水処理技術，東京電機大学出版局（2012）
14）寺田一郎，中川秀樹：固体高分子形燃料電池，高分子，**57**，7，pp. 498～501（2008）
15）M. Eikerling, A. A. Kornyshev and A. R. Kucernak（水崎純一郎 訳）：高分子電解質燃料電池のなかの水 敵か味方か，パリティ，**22**，6，pp. 4～13（2007）
16）荒又明子：燃料電池の電極触媒，北海道大学出版会（2005）
17）南雲道彦：水素脆性の基礎—水素の振るまいと脆化機構—，内田老鶴圃（2008）
18）橘川武郎：通商産業政策史 10—資源エネルギー政策—，経済産業調査会（2011）
19）文部科学省 科学技術政策研究所 科学技術動向研究センター：図解 水素エネルギー最前線，工業調査会（2003）
20）中島　良，小川雅弘，宮原秀夫：地球温暖化防止に貢献する家庭用燃料電池 エネファーム，東芝レビュー，**64**，10，pp. 46～49（2009）
21）藤田稔彦：熱電変換の多様な活用に向けて，熱電発電フォーラム概要集，エンジニアリング振興協会，pp. 23～24（2005）
22）G. A. Slack：New Materials and Performance Limits for Thermoelectric Cooling, CRC Handbook of Thermoelectrics, Edited by D. M. Rowe, Chapter 34, pp. 407～440, CRC Press（1995）
23）G. J. Snyder, M. Christensen, E. Nishibori, *et al.*：Disordered Zinc in Zn_4Sb_3 with Phonon-glass and Electron-crystal Thermoelectric Properties, Nature Materials, **3**, 7, pp. 458～463（2004）
24）T. Itoh, J. Shan and K. Kitagawa：Thermoelectric Properties of β-Zn_4Sb_3 Synthesized by Mechanical Alloying and Pulse Discharge Sintering, J. Propul. Power, **24**, 2, pp. 353～358（2008）
25）B. C. Sales, D. Mandrus, B. C. Chakoumakos, *et al.*：Filled Skutterudite Antimonides：Electron Crystals and Phonon Glasses, Phys. Rev. B, **56**, 23, pp. 15081～15089（1997）
26）X. Tang, Q. Zhang, L. Chen, *et al.*：Synthesis and Thermoelectric Properties of p-type- and n-type-Filled Skutterudite $R_yM_xCo_{4-x}Sb_{12}$（R：Ce, Ba, Y；M：Fe, Ni), J. Appl. Phys., **97**, 9, pp. 093712-1～093712-5（2005）
27）T. Itoh and M. Matsuhara：Influence of Addition of Alumina Nanoparticles on Thermoelectric Properties of La-Filled Skutterudite $CoSb_3$ Compounds, Mater. Trans.,

53, 10, pp. 1801～1805（2012）
28）G. S. Nolas, J. L. Cohn, G. A. Slack, *et al.*：Semiconducting Ge Clathrates：Promising candidates for thermoelectric applications, Appl. Phys. Lett., **73**, 2, pp. 178～180（1998）
29）H. Shimizu, Y. Takeuchi, T. Kume, *et al.*：Raman Spectroscopy of Type-I and Type-VIII Silicon Clathrate Alloys $Sr_8Al_xGa_{16-x}Si_{30}$, J. Alloys Compd., **487**, 1-2, pp. 47～51（2009）
30）I. Fujita, K. Kishimoto, M. Sato, *et al.*：Thermoelectric Properties of Sintered Clathrate Compounds $Sr_8Ga_xGe_{46-x}$ with Various Carrier Concentrations, J. Appl. Phys., **99**, 9, 093707（8 pages）（2006）
31）Y. Nishino：Unusual Electron Transport in Heusler-type Fe_2VAl Compound, Intermetallics, **8**, 9-11, pp. 1233～1241（2000）
32）H. Hohl, A. P. Ramirez, C. Goldmann, *et al.*：Efficient Dopants for ZrNiSn-based Thermoelectric Materials, J. Phys.：Condens. Matter, **11**, 7, pp. 1697～1709（1999）
33）N. Shutoh and S. Sakurada：Thermoelectric Properties of The $Ti_x(Zr_{0.5}Hf_{0.5})_{1-x}NiSn$ Half-Heusler Compounds, J. Alloys Compd., **389**, 1-2, pp. 204～208（2005）
34）松野光晴，伊藤孝至：液相-固相反応法によるマグネシウムシリサイド化合物の合成とその熱電特性，粉体および粉末冶金，**56**，1，pp. 26～29（2009）
35）M. Fukano, T. Iida, K. Makino, et al.：Crystal Growth of Mg_2Si by the Vertical Bridgman Method and the Doping Effect of Bi and Al on Thermoelectric Characteristics, Mater. Res. Soc. Proc., **1044**, pp. 247～252（2008）
36）T. Itoh and K. Hagio：Thermoelectric Properties of Mg_2Si-based Compounds Synthesized Partially Using Magnesium Alloy, AIP Conf. Proc., **1449**, 1, pp. 207～210（2012）
37）Y. Miyazaki：Superspace Group Approach to the Crystal Structure of Thermoelectric Higher Manganese Silicides $MnSi_\gamma$, Neutron Diffraction, Chapter 11, pp. 231～242（2012）
38）T. Itoh and M. Yamada：Synthesis of Thermoelectric Manganese Silicide by Mechanical Alloying and Pulse Discharge Sintering, J. Electron. Mater., **38**, 7, pp. 925～929（2009）
39）吉倉雅晶，伊藤孝至：MG-PDS 法で合成した高マンガンシリサイド化合物の熱電特性，粉体および粉末冶金，**57**，4，pp. 242～246（2010）
40）M. Otake, K. Sato, O. Sugiyama, *et al.*：Pulse-current Sintering and Thermoelectric Properties of Gas-atomized Silicon-germanium Powders, Solid State Ionics, **172**, 1-4, pp. 523～526（2004）
41）梶川武信，佐野精二郎，守本　純 編：新版 熱電変換システム技術総覧，pp. 33～40，リアライズ理工センター（2004）
42）R. Funahashi, S. Urata, K. Mizuno, *et al.*：$Ca_{2.7}Bi_{0.3}Co_4O_9/La_{0.9}Bi_{0.1}NiO_3$ Thermoelectrics Devices with High Output Power Density, Appl. Phys. Lett., **85**, 6, pp. 1036～1038（2004）
43）金坂俊哉，小棚木進，中林　靖ら：熱発電ウォッチの開発，マイクロメカトロニクス，**43**，3，pp. 29～36（1999）

44) 新藤尊彦，中谷祐二郎，大石高志：未利用エネルギーを有効に活用する熱電発電システム，東芝レビュー，**63**，2，pp. 7～10（2008）
45) D. Crane, J. LaGrandeur, V. Jovovic, *et al.*：TEG On-Vehicle Performance and Model Validation and What It Means for Further TEG Development, J. Electron. Mater., **42**, 7, pp. 1582～1591（2013）

3章

1) 花井正広，小島寛樹，早川直樹ら：電力系統の保守と潮流の信頼性を確保する新しい概念「IGMS」，OHM，2012年9月号
2) REUTERSウェブサイト：「東芝の工場が瞬間停電で操業停止，NAND出荷量最大2割減も」（2010）：http://jp.reuters.com/article/2010/12/09/idJPJAPAN-18561020101209
3) Wikipedia「1987年7月23日首都圏大停電」：
http://ja.wikipedia.org/wiki/1987年7月23日首都圏大停電
4) 産業競争力懇談会：2013年度研究会中間報告「エネルギーネットワークへの最先端技術適用」（2013）
5) 依田正之：電気エネルギー概論（新インターユニバーシティ），11章，オーム社（2008）
6) 電気事業連合会ウェブサイト，電気が伝わる経路：
http://www.fepc.or.jp/enterprise/souden/keiro/index.html
7) Wikipedia「商用電源周波数」
https://ja.wikipedia.org/wiki/商用電源周波数
8) 電気事業連合会ウェブサイト：電気事業の現状，p. 21（2013）；
http://www.fepc.or.jp/library/pamphlet/pdf/genjo2013.pdf
9) 大久保仁：電力システム工学（新インターユニバーシティ），6章，オーム社（2008）
10) 電力系統利用協議会ウェブサイト：「各地域間連系設備の運用容量算定結果―平成26年度―」（2014）：http://www.escj.or.jp/obsolete/rep/pdf/h2604_opecapa_posting.pdf
11) 町田武彦：直流送電工学，東京電機大学出版局（1999）
12) J. Kreusel：The Future is Now - Linking Up the World's Largest Off shore Wind-Farm Area with HVDC Transmission, ABB Review, **4**, pp. 40～43（2008）
13) 独立行政法人 新エネルギー・産業技術総合開発機構：「超電導技術 解説資料」（2010）
14) 超電導電力機器とシステムの高性能・多機能化調査専門委員会 編：超電導電力機器とシステムの高性能・多機能化，電気学会技術報告，**1290**（2013）
15) 廣瀬正幸，増田孝人，佐藤謙一ら：高温超電導直流ケーブルについて，SEIテクニカルレビュー，**167**，pp. 42～48（2005）
16) M. Noe and M. Steurer：High-Temperature Superconductor Fault Current Limiters：Concepts, Applications, and Development Status, Supercond. Sci. Technol., **20**, 3, pp. R15～R29（2007）

17) 十市　勉：21 世紀の天然ガスとわが国の課題，季報 エネルギー総合工学，**24**，3 (2001)
18) IEA ウェブサイト，IEA：Natural Gas Information (2012)；
http://www.iea.org/media/training/presentations/statisticsmarch/naturalgasinformation.pdf
19) 佐々木鉄於：電力市場構造と信頼度を含む諸問題に関する考察，平成 13 年電気学会全国大会，S20-4 (2001)
20) 田村和豊：わが国の電力系統設備形成，電気学会シンポジウム「欧米大停電の教訓は何か？」(2004)
21) 柏木孝夫，浅野浩志，船橋信之ら：スマートエネルギーネットワーク最前線―新エネルギー促進，制御技術からシステム構築，企業戦略，自治体実証試験まで―，エヌ・ティー・エス (2012)
22) コージェネ財団ウェブサイト，コージェネの特長：
http://www.ace.or.jp/web/chp/chp_0030.html
23) コージェネ財団ウェブサイト，年度別累積導入実績：
http://www.ace.or.jp/web/works/works_0020.html
24) 加藤丈佳，早川直樹，鈴置保雄ら：エネルギーシステム全体の省エネルギー性からみた民生部門における CGS の導入ポテンシャル評価」，電気学会論文誌 B，**118**，5，pp. 542〜547 (1998)
25) エネルギー・資源学会：エネルギー負荷平準化に関するヨーロッパ調査報告書(1998 年 3 月)
26) 資源エネルギー庁　平成 19 年度未利用エネルギー面的活用熱供給適地促進調査報告書概要版：未利用エネルギー面的活用熱供給の実態と次世代に向けた方向性 (2008 年 3 月)
27) EPOC ウェブサイト，環境パートナーシップ CLUB・EPOC 温暖化・省エネ分科会：「熱輸送ネットワークによる低温排熱の地域内利用研究」結果報告書 (2008 年 3 月 31 日)，第一部 アンケート調査編：
http://www.epoc.gr.jp/katudou_old/kenkyukai/200331/pdf/200331_02.pdf；
第二部 Feasibility Study 編：
http://www.epoc.gr.jp/katudou_old/kenkyukai/200331/pdf/200331_03.pdf
28) 若園芳嗣，加藤丈佳，早川直樹ら：産業排熱のカスケード利用による環境低負荷型ヒートコンビナートの有効性評価，電気学会論文誌 B，**119**，10，pp. 1026〜1034 (1999)
29) T. Nakayama, T. Yagai, M. Tsuda, *et al.*：Micro Power Grid System with SMES and Superconducting Cable Modules Cooled by Liquid Hydrogen, IEEE Trans. Appl. Supercond., **19**, 3, pp. 2062〜2065 (2009)
30) 中林 喬：NAS 電池，エコトピア科学シンポジウム「電力貯蔵の最新動向と将来展望」(2006)
31) J. -M. Tarascon and M. Armand：Issues and Challenges Facing Rechargeable Lithium

Batteries, Nature, **414**, pp. 359～367（2001）
32）依田正之：電気エネルギー概論（新インターユニバーシティ），12 章，オーム社（2008）
33）杉本重幸：電気二重層キャパシタを用いた電力貯蔵装置の要素開発，中部電力 技術開発ニュース，**86**，pp. 11～12（2000）
34）奈良秀隆：電気二重層キャパシタと適用装置，エコトピア科学シンポジウム「電力貯蔵の最新動向と将来展望」（2006）
35）辰田昌功，高祖聖一，寺薗完一ら：超電導電力貯蔵システム（SMES）のコスト低減，低温工学，**40**，5，pp. 141～149（2005）
36）一般財団法人省エネルギーセンターウェブサイト，省エネ法関係情報：http://www.eccj.or.jp/law06/index.html
37）e-Gov ウェブサイト，エネルギーの使用の合理化等に関する法律：http://law.e-gov.go.jp/htmldata/S54/S54HO049.html
38）資源エネルギー庁ウェブサイト，省エネ性能カタログ（2014 年夏版）：http://www.enecho.meti.go.jp/category/saving_and_new/saving/general/more/pdf/summer2014.pdf
39）資源エネルギー庁ウェブサイト，エネルギー基本計画（2014 年 4 月）：http://www.enecho.meti.go.jp/category/others/basic_plan/pdf/140411.pdf
40）e-Gov ウェブサイト，エネルギー政策基本法（2002 年 6 月）：http://law.e-gov.go.jp/htmldata/H14/H14HO071.html
41）経済産業省ウェブサイト，新・国家エネルギー戦略（2006 年 5 月）：http://www.meti.go.jp/policy/external_economy/toshi/trade_insurance/pdf/energy/senryaku-houkokusho-set.pdf
42）NEDO ウェブサイト，省エネルギー技術戦略 2011（2011 年 3 月）：http://www.nedo.go.jp/content/100561674.pdf
43）長谷川竜生，釜野　勝，上原信知：図解入門よくわかる最新 LED の基本と仕組み，秀和システム（2012）
44）高橋　清 監修，長谷川文夫，吉川明彦編著：ワイドギャップ半導体光・電子デバイス，森北出版（2006）
45）日本電気技術者協会ウェブサイト，トランジスタの構造と基本特性（2）MOSFET と IGBT：http://www.jeea.or.jp/course/contents/02107/index_small.html
46）NEDO ウェブサイト，NEDO 研究評価委員会：「ダイヤモンド極限機能プロジェクト」事後評価報告書（2006 年 10 月）：http://www.nedo.go.jp/content/100096469.pdf
47）資源エネルギー庁ウェブサイト，平成 26 年度エネルギーに関する年次報告（エネルギー白書 2015），pp. 114～120, p. 108, p. 150（2015 年 7 月）：http://www.enecho.meti.go.jp/about/whitepaper/2014pdf/
48）斎川路之：ヒートポンプの役割と課題，電力中央研究所フォーラム 2010，研究成果発表会資料，電力中央研究所ウェブサイト：

http://criepi.denken.or.jp/result/event/forum/2010/seika_program.html#D2
49) ヒートポンプ・蓄熱センターウェブサイト，ヒートポンプとは：
http://www.hptcj.or.jp/study/tabid/102/Default.aspx
50) エネルギー総合研究所編：平成 21 年度省エネルギー設備導入促進指導事業（エネルギー消費機器実態等調査事業）報告書，IAE-0919107（2010）
51) 荒木邦行，大野基晴，結城和明：HEV・EV ドライブシステムを支える最新技術と次世代システムへ向けての取組み，東芝レビュー，**66**，2，pp. 8～12（2011）
52) 馬場　猛，尾山　仁，有吉　剛ら：超伝導モータの設計，SEI テクニカルレビュー，**176**，pp. 45～50（2010）
53) 川崎重工ウェブサイト，メガワット級超伝導モータで国内最高出力達成―高効率の電気推進船の実現に向けて―：http://www.khi.co.jp/news/detail/20101101_1.html
54) 木船久雄：ピークオイル論の検討，名古屋学院大学論集，社会科学篇，**44**，2（2007）
55) 長洲一二 編著：ソフト・エネルギー・パスを考える―A・ロビンス論文「ソフト・パスとは何か」収録―，学陽書房（1981）
56) 高木喜久雄，竹田大輔，飯野穣：災害に強い電力供給インフラを実現するスマートグリッド技術，東芝レビュー，**66**，8，pp. 8～12（2011），東芝ウェブサイト：
http://www.toshiba.co.jp/tech/review/2011/08/66_08pdf/a03.pdf
57) 畑村創造工学研究所ウェブサイト，失敗知識データベース，ニューヨーク大停電：
http://www.sozogaku.com/fkd/cf/CZ0200723.html
58) 山藤 泰：図解入門よくわかる最新スマートグリッドの基本と仕組み 第 2 版，秀和システム（2011）
59) 花井正広，小島寛樹，早川直樹，大久保仁：電力系統の保守と潮流の信頼性を確保する新しい概念「IGMS」，OHM，**99**，9，pp. 4～5（2012）
60) 経済産業省ウェブサイト，「平成 22 年度エネルギーに関する年次報告」（エネルギー白書 2011），p. 54（2011 年 6 月）：
http://www.enecho.meti.go.jp/about/whitepaper/2011pdf/
61) 資源エネルギー庁ウェブサイト，「平成 24 年度エネルギーに関する年次報告」（エネルギー白書 2013），p. 82（2013 年 6 月）：
http://www.enecho.meti.go.jp/about/whitepaper/2013pdf/
62) 浜松照秀：日本のエネルギー安全保障を考える，OHM，**98**，5，pp. 28～31（2011）
63) 内嶋善兵衛：〈新〉地球温暖化とその影響―生命の星と人類の明日のために―（ポピュラーサイエンス 267），裳華房（2005）
64) 浜松照秀：水素システムは究極か？―化石燃料時代終焉後は何故水素か―，OHM，**98**，2，pp. 50～53（2011）

索引

環境調和型社会のための　エネルギー科学

Energy Science for Sustainable Society

2016 年 1 月 28 日　初版第 1 刷発行

検印省略

編　　者	名古屋大学 未来材料・システム研究所
発 行 者	株式会社　コ ロ ナ 社 代 表 者　牛 来 真 也
印 刷 所	新日本印刷株式会社

112-0011　東京都文京区千石 4-46-10

発行所　株式会社　**コ　ロ　ナ　社**

CORONA PUBLISHING CO., LTD.

Tokyo Japan

振替 00140-8-14844・電話(03)3941-3131(代)

ホームページ http://www.coronasha.co.jp

ISBN 978-4-339-06883-2　（中原）　（製本：愛千製本所）

Printed in Japan